U0378866

创新工程实践丛书

创新工程实践

iCAN·PKU

Project Practices of Innovation

张海霞　鲁百年　陈　江　朱明明
朱伊枫　邢建平　李忠利　黄文彬　著
尚俊杰　陈　根　费宇鹏　吕　帆

机械工业出版社
CHINA MACHINE PRESS

创新是每个人均应该具备的基本素质，是可以培养和训练并形成习惯的一种基本能力，创新创业教育就是要让每个人都能够获得这种能力。

本书通过讲解系列创新方法，激发读者的创新意识并掌握创新思维方法，传授与创新项目密切相关的工程管理方法，引导读者能够在自己的项目中演练和实践，从而提升自己的创新能力，训练“勇于创新、敢于冒险、永不满足、坚忍不拔、追求梦想”的创业精神。本书适用于所有想创新创业的人。

图书在版编目（CIP）数据

创新工程实践／张海霞等著. —北京：机械工业出版社，2020. 8（2024. 8重印）
（创新工程实践丛书）
ISBN 978－7－111－65940－2

Ⅰ. ①创… Ⅱ. ①张… Ⅲ. ①创新工程 Ⅳ. ①T－0

中国版本图书馆 CIP 数据核字（2020）第 110553 号

机械工业出版社（北京市百万庄大街 22 号　邮政编码 100037）
策划编辑：张潇杰　　责任编辑：张潇杰
责任校对：张　力　　封面设计：鞠　杨　赵　烨
责任印制：单爱军
北京虎彩文化传播有限公司印刷

2024 年 8 月第 1 版·第 4 次印刷
210mm×285mm·20. 25 印张·2 插页·348 千字
标准书号：ISBN 978－7－111－65940－2
定价：79. 80 元

电话服务
客服电话：010-88361066
010-88379833
010-68326294

网络服务
机　工　官　网：www. cmpbook. com
机　工　官　博：weibo. com/cmp1952
金　　书　　网：www. golden-book. com
机工教育服务网：www. cmpedu. com

名人推荐

杨叔子，我国著名教育专家，中国科学院院士，华中科技大学前校长

北京大学张海霞教授在学校的支持下，2007 年就创办了国际大学生 iCAN 创新创业大赛。她 1995 年考取了我的博士生，以优异成绩获得博士学位。后又有机会，在北京大学王阳元院士直接领导下工作，以卓越的才能获得王阳元院士与北京大学领导的大力支持，由于工作出色，她的舞台已从北大、中国走上了国际，是 IEEE 高级会员，也是国际 iCAN 联盟主席。

2012 年我与夫人徐辉碧教授在北京观看了 iCAN 决赛，我们深知，青少年创新能力关乎国家、民族的未来，绝非小事。张海霞清楚地认识到："在 iCAN 这个国际化的平台上，今天孩子们的创新能力差距，也许有一天就成为国家与国家之间的差距。"我们的未来绝不是北京、上海之争，更不是中国东部与西部之争，而一定是北京与柏林、与东京之争，一定是中华民族如何傲立于世界民族之林之争。"讲得好！"风物长宜放眼量"！

时代大不同了！我们过去谈创新，往往只同 Why、Who、What、When 与 How 的 4 个 W 和 1 个 H 联系，而在这个"创新工程实践"中，这些只不过是它的组成部分，当然是很重要的一部分，然而绝非全部内容。

我想，我就抄录张海霞的一段话作为这个"序"的结束语："创新"本身就是一条不平坦的道路，"工程"的实施又需要具备专业化、系统解决问题的能力。因此，在学校期间的"实践"才能够培养大家具备"敢想"的精神，"实干"的能力，去迎接创新创业道路上的挑战。中国人民一定能再创造出世界奇迹！

何志明，美国加州大学洛杉矶分校前副校长，美国工程院院士，中国台湾"中央研究院"院士

我记得 Alice（张海霞）第一次跟我谈到 iCAN 比赛是 2007 年，在一次国际会议上她很兴奋地说正在跟企业合作积极推动学生用微纳米的新器件开展创新竞赛，这当然是件好事，有利于我们走出学术界的小圈子。可是没想到 2009 年 1 月在深圳见到学生实际的创新作品还是让我大吃一惊，特别是那个匪夷所思的电子鱼漂，学生们怎么

想出来的？ 真的是创新无处不在啊，年轻人的潜力在正确的引导下可以颠覆这个世界！ 我跟 Alice 说：“你把这件事做好，坚持十年，你就是中国的创新之母！”因为我相信 Alice 的热情、执着和领导力，是能够在中国教育急缺创新引领的当下带领大家闯出一条路的，也就是这个比赛所提倡的“Yes，iCAN”的精神！

果然，在后来的十几年里，每次见到 Alice 就能够听到 iCAN 的好消息：比赛在国内迅速大规模铺开，并且得到了国内外同行的大力支持，不但把比赛很快变成了国际赛，而且还开始在国际上主要国家轮流举办。 更加不可思议的是：Alice 竟然通过和 CEA（法国原子能和替代能源委员会）的合作在世界上最火热的科技创新展会——CES（国际消费类电子产品展览会）上得到了免费展位，这真的是一件了不起的事，让 iCAN 登上了国际大舞台！

这仅仅是个开始，Alice 和她的团队在紧锣密鼓地组织赛事的同时，还开始了创新教育的尝试。 记得 Alice 第一次跟我说她开创新工程实践课程的事是 2010 年前后。她说：“要想让更多人开始创新必须要上课教，形成教育方法，才能普及创新教育；只有普及创新教育，中国才有希望！”那时我真的开始对她刮目相看，想不到平日里看起来风风火火、从事科研工作的她看得如此深刻，和我这几年对中国教育的观察和看法一致：中国的教育，什么都不缺，独缺创新这一根本！ 很高兴她看清楚这一点，可真的没想到她走得这么快：她带着同事们在北大的课堂不断地进行教学改革，带着学生到美国各大学校访问交流、提升和完善课程，在国际上形成了一定的影响力。

2015 年，中国开始全面推动创新创业，Alice 和她的 iCAN 比赛以及课程经过了将近十年的摸索，已经走到了时代的前面，形成了适合中国实际情况的创新创业教育模式：从创新意识的启发和培养入手，进行全方位的创新能力提升，并结合比赛让创新走出校门、走向国际，让每个青年学生充满自信地开启自己的新人生。 这就是中国最需要的创新教育，也是应该大力普及的模式：根植创新教育，iCAN 影响世界。

陈刚，美国麻省理工学院（MIT）机械系系主任，美国工程院院士

张海霞是中国创新与创业教育的先驱。 她的能量、热情和投入有巨大的召唤力。10 年前她创立 iCAN，通过竞赛方式来激发大学生的创业热情并把竞赛推广到世界多个国家。 她通过“创新工程实践”来讲授创新创业过程并辐射全国学生。 非常高兴看到 iCAN 和“创新工程实践”教学的成功，我为张海霞感到骄傲。 因为这与我们在麻省理工学院的理念不谋而合，我们推崇与实际需要紧密结合的创新创业教学，经常通过竞赛方式激发学生热情，如现在风靡全球的机器人大赛就是从我们的本科课程扩展出去的。 今天，更高兴看到张海霞和她的合作者把实际的教学经验总结出来，写成此书。 这是一个新的升华。 能让更多的人学习和领悟创新创业过程；以及创新创业为什

么能培养人才、创造财富。在此向他们表示衷心的祝贺！

许智宏，中国科学院院士，北京大学前校长

我从“创新工程实践”中学习了不少，特别是其对革新教育的理念以及大胆的实践，使我十分敬佩和由衷的高兴。在我任校长期间，我一直觉得，今天的北大，虽然仍属精英教育，但与那种主要是培养学者、教授、科学家已有极大的变化，今天的北大虽然仍要培养学者、教授、科学家，但有相当大一部分学生毕业后面临创业就业的困惑。有感于我校学生毕业后缺少创新的理念、创业的实践，虽然当时提出要让理工科有创业意愿的学生在毕业前就接受必要的创业教育，培养创新理念，但是当初也只能是让学生可以去选读管理、经济、法律等方面的课程。现在你们把所有这些有机地整合成一门课，重在实践，并且带动了海内外的创新创业教育，本身就是一种创新，很有意义。

期待这门课越办越好。现在这门课还是比较侧重于“互联网＋”，希望以后能增加不同领域的内容和案例。也希望通过你们的努力，让将来走出北大校门而成为企业家的北大人，能恪守职业道德，有强烈的社会责任感。祝你们取得更大的成功！

李培根，中国工程院院士，华中科技大学前校长

“创新工程实践”是非常有价值的创新教育实践。

高松，中国科学院院士，北京大学副校长，教务长

“创新工程实践”是由北京大学推出的全国高校共享学分慕课，为促进全国高校创新创业教育的全面开展起到了良好的促进作用。本书的出版让更多学生在课内外受益，为中国创新创业教育提供范例。

杨斌，清华大学副校长，教务长

作为一直关注张海霞老师及“创新工程实践”探索的同行，我推荐你们通过阅读本书而领略一二，他们教的是很硬、很工程的领域，却充满着对育人的热爱，更希望受到“张海霞们”的启发和激励，我们各自开展富有生命力的教学创新，让工程课程、让创新育人鲜活起来。

王中林，中国科学院外籍院士，美国佐治亚理工大学教授

科学的生命在于探索和创新，创新来源于教育和科研历练。张海霞老师和她的团队正在把这样的创新教育通过“创新工程实践”贯彻到中国的教育体系中去，相信会影响和教育更多的年轻人开启自己的创新人生。

孙宏斌，清华大学教授，中国高校创新创业教育联盟秘书长

赛课合一，十年一剑。历经十年努力，张海霞教授发起的 iCAN 大赛已经成为全国乃至全世界创新创业教育的一张熠熠生辉的名片。它以学生为主体，将创新教育融入大学课堂，将创新精神融入学生血液，充满了梦想、勇气和挑战。本书将大赛和课程沉淀下来，变成文字，其中包括了设计思维、技术创新和商业创新等核心内容，鲜活案例无处不在，可读性强，令人爱不释手。

冯林，大连理工大学创新创业学院院长

“想到就要做到，做到就要创造。”“创新工程实践”告诉我们如何想、如何做、如何创造，张海霞教授及其团队做了大量卓有成效的探索，是我国高校创新创业教育教学改革的典范。

前　言

创新创业，**Yes，iCAN**！

2020年的春天，新冠肺炎疫情肆虐，这已经是我从2006年6月4日晚上含泪吃着“妈妈的饺子”回家的第15年了，也是创办iCAN国际大学生创新创业大赛的第14年，开设“创新工程实践”课程的第十年，iCAN已经从当初几十个人参加的专业创新比赛，发展成为影响全世界二十多个国家和地区数十万学生的“iCAN赛课合一创新教育模式”，从当初一个人的执着到现在成为一群人共同奋斗的梦想，这15年的奋斗历程也是中国创新创业教育的发展缩影——从无到有，从有到盛。

那个第一届比赛获奖并说出“现在我知道比尔·盖茨和乔布斯不是神，我一样能行”的北大女生赵瑜，已经在深圳创办了一个非常有影响力的公司，成了创业的急先锋。

那个参加了几届比赛毕业后直接参与三家创业公司不断升级自己创业实战经验的西工大的男生张峰，已经从当初精精瘦瘦的“技术达人”成长为一个身经百战的“创业哪吒”。

那个在iCAN大赛中做出“世博会地球仪”一举斩获大奖的复旦小伙子曾祥宇，已经是日本欧姆龙这家世界级企业创新部门的领军人物。

做出“微跑小蛙”的宋子健和研发出“虚拟乐队”的牛亚峰，都已经带着自己的产品在市场上开始披荆斩棘地冲锋。

还有那些充满了创新创业激情的军校子弟兵，他们已经在祖国最需要的地方屡建奇功。

当然，不得不说的还有iCAN的青少年们，创新的种子已经在他们的心中种下，开始发芽……

尽管年年都会遇到无数的困难，但是每每想起这些，心中就充满了感动，也让我和团队充满了干劲和战斗力。2019年春季，我和我的小伙伴们全面升级了创新工程实践课程，我们又把配套的教材进行了重新编写，本书与第一版相比，安排更加合理，内容更加丰富，案例更加生动。本书的主要章节和内容安排如下。

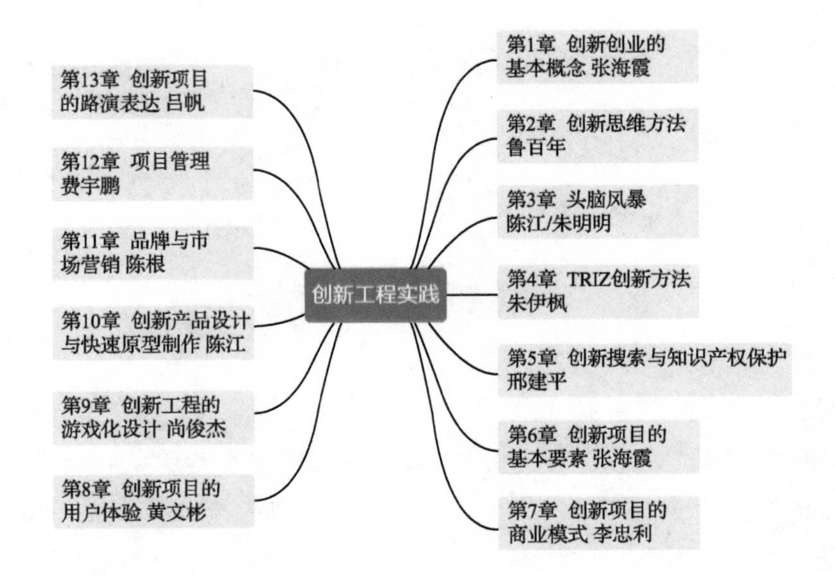

感谢各位老师的辛苦付出和精彩奉献，感谢肖海明、姚媛为本书第九章的编写所做出的工作。期待这本书能够带给天下创新创业的人以希望和力量。因为我们相信：

这世界上没有任何一件事能够像创新创业这样彻底改变世界！

这世界上没有任何一件事能够像创新创业这样推动世界发展！

创新创业，**Yes，iCAN**！

张海霞

目　录

第 1 章
创新创业的基本概念

2014年9月，李克强总理在夏季达沃斯论坛上提出“大众创业、万众创新”，福特公司创始人亨利·福特曾经说过“不创新，就灭亡”。创新能力是民族进步的灵魂、经济竞争的核心。当今社会，更是在各个领域各个层面全面演绎着创新创业的竞争。可究竟什么是创新？ 什么是创业？ 大家常说的创意、创新、创业、创造等名词之间的关系是什么？ 这些名词和想象力、创造力、发明、批判性思维等概念又是什么关系？ 在大学里把创新创业当成必修课，那么大学生到底要具备哪些创新创业能力？ 如何检验和提升创新创业能力？

本章旨在厘清创新创业概念，阐述创新创业能力，梳理创新创业分类，为创新创业教育提供理论依据和指导，为创新创业人才培养提供实践案例。

1.1 创新的概念

创新，对各行各业的从业者来说，从不同的角度，会产生不同的认知，这一节我们重点分析创新创业的定义、特征、模式和分类。

1.1.1 创新的定义

创新不是一个独立的新词，是一个存续已久的基本概念。早在1912年，美籍奥地利经济学家约瑟夫·熊彼特(Joseph Alois Schumpeter)就在《经济发展理论》(Theorieder wirtschaftlichen Entwicklung)一书中提出："创新是以现有的思维模式提出有别于常规或者常人思路的见解为导向，利用现有的知识和物质，在特定的环境中，本着理想化需要或者为满足社会需求，而改进或者创造新的事物（包括但不限于各种方法、元素、路径、环境等），并能获得一定有益效果的行为。"

随着新技术革命的迅猛发展，到20世纪60年代，美国经济学家华尔特·罗斯托把"创新"的概念发展为"技术创新"，这也体现在美国政府的研究报告中(Innovation in American Government: Challenges, Opportunities, and Dilemmas, Brookings Institution Press)：创新(Innovation)包括原始发明(Original Invention)和创造性使用(Creative Use)，也可以将创新定义为对新思想、产品、服务和过程的产生、接纳和实现。可见，此时"技术创新"已经提高到"创新"的主导地位。

但是，是不是所有技术发明都是创新呢？ 显然这里面也有很大的争论，马丁信托创业中心主席(Chairman of Martin Trust Center of Entrepreneurship)罗伯茨(CED Roberts)认为"创新是为世界创造有价值的东西(Innovation is something that generates value for the world)"，很多时候发明就是一个点子(Idea)或者某项技术，它可能会影响社会，但它不会产生任何价值。因此罗伯茨提出：创新=

发明×商业化(Innovation = Invention×Commercialization)，也就是说，一个有价值的创新，首先需要一个新的点子，然后它需要一些人或一些组织将这个想法商业化，并为世界创造价值。这就将创新从一个形而上的模糊概念转化为看得见、摸得着且具有一定评判标准的定义。持同样观点的还有熊彼特，他在其著名的《经济发展理论》中提出：创新是发明的第一次商业化应用。他也是最早对“发明、发现”与“创新”进行区别的学者。

之后，随着商业的不断发展和资本市场的扩大，在很多人的观念里，创新又直接跟创造财富联系在了一起，例如，著名管理学大师德鲁克于2002年8月在《哈佛商业评论》发表《创新定律》(“The Discipline of Innovation”，Harvard Business Review，August 2002.)，其中指出，“创新，是赋予资源一种新的能力，使之成为创造财富的活动，是企业家创造新财富或赋予现有资源以增加创造财富潜力的手段”(Innovation is the means by which the entrepreneur either creates new wealth-producing resources or endows existing resources with enhanced potential for creating wealth)。该定义进一步说明了创新需要创业者去实现，或者说创业者要创造财富必须要依靠创新。创新赋予资源一种新的能力，使之成为创造财富的活动。这个定义与《商业词典》(Business Dictionary)对创新的定义如出一辙：创新是将想法或发明转化为创造价值或客户愿意为此支付的商品或服务的过程(The process of translating an idea or invention into a good or service that creates value or for which customers will pay)。它们都强调了创新必须商业化，而且在这个过程中，必须要关注市场，关注用户的需求。

由此可见，创新不仅仅是想法、发明、发现，而是要能够创造价值，当然这个价值也不至于创富，它在各个领域都有体现，虽然熊彼特的定义十分全面，但是较为晦涩，难以被大众普遍接受，这里采用德鲁克于1984年在《创新与企业家精神》中给创新下的一个更加简洁明了的定义：

创新就是通过改变产品和服务，为客户提供价值和满意度！

这个定义既包括了创新该有的内涵和影响力：创新可以是任何人在任何时间、任何行业做的任何一件事，也可以以新思维、新发明和新描述等形式出现，它也不必局限于科技领域，也不必一定是产品和实物，它也具有比较明确可行的判定标准：即创新必须能够为客户提供价值和满意度！

1.1.2 创新的特征

从以上关于创新的定义的阐述中，我们可以归纳出创新必须具备的三个基本特征：差异性、价值性和可行性。

- 差异性：“改变产品和服务”。每一项创新一定要有改变，要有自己独特、不可替代的地方，要创造出新的东西，这就是“山寨”“复制”和创新的本质差别所在。
- 价值性：为客户提供价值和满意度。创新提供的价值既可以体现为经济价值，也可以体现为社会价值，因为创新最终的价值是“让世界因为创新变得更美好”！
- 可行性：创新就是通过改变产品和服务，为客户提供价值和满意度！ 创新是一个把改变转变成价值的过程，必须具有可行性和可操作性，解决方案和途径可以有很多，但是仅仅停留在纸上谈兵层面的方案、幻想和意念等是不可能为客户提供价值和满意度的，这就是“创意和创新的差别”，也是“科幻和科学的差别”，创意和科幻都不要求可行性和可操作性，而创新和科学要求。

从这里可以看出创新的三个特征是互相支撑、缺一不可的：没有差异性就没有创新的起点，有了差异性但是仅仅停留在概念阶段是纸上谈兵，只有努力去把具有差异性的创新做出来、实现了，这样的创新才可能给我们带来物质和精神的价值。

1.1.3 创新的模式

那么创新的具体模式有哪些呢？ 这也是一个仁者见仁、智者见智的讨论。常见的说法有以下几种。

从科技创新的角度来看，创新包含三种模式：发现、发明和革新。它们的含义如下。

- 发现与科学相关联，指观察事物而发现其原理或法则，即发现已经存在但不为人知的规律、法则或结构、功能。
- 发明与技术和工艺相关联，发明是根据发现的原理而进行制造或运用，产生一种新的物质或行动。根据发明性质的不同，发明又可以分为基本发明(Basic Invention)和改良发明(Improving Invention)两类。

- 革新即变革或改变原有的观念、制度和习俗，提出与前人不同的新思想、新学说、新观点，创立与前人不同的艺术形式等。

有人从企业创新的角度提出创新的模式有以下三种。

- 从无到有：指那些提供从 0 到 1 的产品和服务，诞生新的行业和领域。
- 从有到优：指那些从 1 到 ∞ 的产品和服务，在已有的行业和领域里产生和创造更多的价值。
- 重新定义和组合：指那些把不同的行业和领域里已有的产品和服务进行重新定义和组合从而产生新价值的产品和服务。

1997 年，哈佛大学的克莱顿·克里斯坦森(Clayton Christensen)在《创新者的窘境：当新技术使大公司破产》(The Innovator's Dilemma:When New Technologies Cause Great Firms to Fail)一书中把创新分为颠覆性创新(Disruptive Innovation)和可持续创新(Sustaining Innovation)两类。2012 年，威廉·泰勒(William C. Taylor)出版了《颠覆性创新》一书，对颠覆性创新对企业和社会的影响进行了更加深入的研究和分析。也有学者提出根本性创新(Basic Innovation)、渐进性创新(Incremental Innovation)、突变型创新、破坏性创新、突破性创新、集成创新、消化吸收再创新等概念。

经过分析，我们发现，克莱顿·克里斯坦森提出的颠覆性创新模式和可持续创新模式可以涵盖以上不同的观点。

- 颠覆性创新：它包括发现、基本发明、原始创新、根本性创新和突变/突破/破坏性创新等在内的从无到有的多种创新模式。这种创新模式的特点是创造出原本没有的东西，改变人类生产与生活方式，让世人受益。比较典型的例子有爱因斯坦提出相对论（原始理论创新），王选提出汉字的激光照排（原始技术创新），以及乔布斯发明 iPhone 智能手机（原始产品创新）等，他们都实现了在领域或者行业内从无到有的发明，启发了一系列后续的发明和改进，创造出新的行业和领域。
- 可持续创新：它包括改良性发明、革新、更新、改变、重新定义和组合等集成创新以及消化吸收再创新等从有到优再到大发展的多种创新模式。这种创新模式的特点是，它可以是一些观念、做法甚至是手段的改变，或者外观设计的不同以及新功能的组合等。比较典型的例子是乔布斯发明了 iPhone 智能手机以后，全世界涌现了数不清的基于 iPhone 各种类型的智能手机，它们虽然不是第一个发明和发现，有些甚至是通过一些小的更新来占领独特的市场，但它们同样为客户提供了价值和满意度、促进了行业和领域的发展，实现了从有到优再到大发展的过程。

一般说来，颠覆性创新居于最高层次，难度最大；可持续创新则相对来说表现形式更加多样化，难度小一些。企业在追求新的增长业务时，往往有两种选择：一种选择是通过可持续创新从市场领导者手中抢夺现有市场，另一种选择是通过颠覆性创新开辟新的市场。

1.1.4 创新的领域

我们首先分析一下科技创新，因为现阶段大家普遍理解的创新多数是科技创新，这主要得益于工业革命以来科学技术对社会发展做出了巨大的贡献。这里说的科技创新，它一般指通过科学研究解决某个领域或者行业的问题，形成论文、专利或者其他知识产权的过程。严格地说，**科技创新应该区分为科学创新、技术创新、工程创新。**

首先解释一下科学、工程、技术三个名词的基本概念。

- 科学，如同达尔文所说，就是整理事实，从中发现规律，得出结论，科学具有客观性、可证伪性、可重复验证、可怀疑性、抽象性和深刻性。
- 工程/技术是指应用科学知识，满足人类需要，提供物质财富。

由此我们给出科学创新、技术创新和工程创新的定义。

- 科学创新，是研究客观世界、揭示客观规律、形成客观结论。科学创新并不关心是否产生效益。科学创新的核心在于原创性，只有第一，没有其他。科学创新的表现形式主要是论文或者发明专利等。
- 技术创新，是以创造新技术为目的的创新，或者以科学技术知识及其创造的资源为基础的创新。技术创新是基于现有的科学知识体系，探究实现的新方法，是将科学创新推向应用的关键环节，它以创新新工艺、新方法、新材料等形式，使得科学创新得以实现。技术创新的主要表现形式是专利。

- 工程创新，是创新活动和建设国家创新系统的主战场，是不断突破壁垒和逃避陷阱的过程，工程创新不但包括技术要素而且包括非技术要素，必须从“全要素”和“全过程”的观点来认识和把握工程活动。如果说科学创新和技术创新以“可重复性”为基本特征，其社会评价规范只承认“首创性”，那么工程创新则是以“唯一性”“及时性”和“本土化”为基本特征，这就使得创新必然成为工程活动的内在要求，工程创新强调经济性和市场性。科学创新、技术创新和工程创新之间的关系如图1－1所示，也可以套用李政道先生的话：基础研究（科学创新）是水，应用研究（技术创新）是鱼，开发试验（工程创新）是鱼市场。

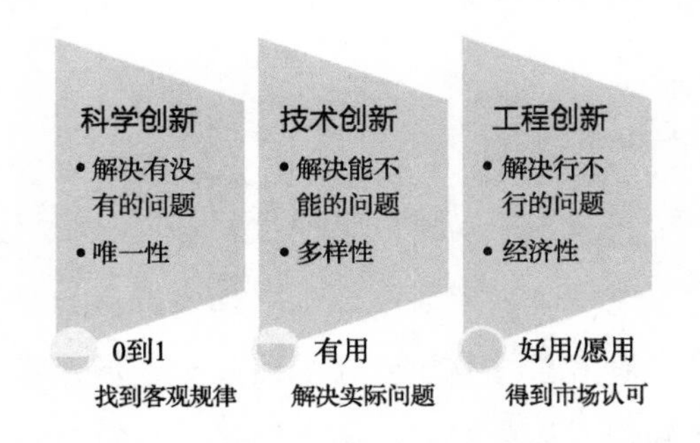

图1－1 科学创新、技术创新和工程创新之间的关系

这是对我们影响深远的科技创新的剖析。其实创新远远不止科技创新，它是一个系统工程，涵盖政治、军事、经济、社会、文化、科技等众多领域。除了科技创新以外，对我们影响很大的还有文化创新、商业创新、艺术创新、组织创新等。商业创新一般指将想法或发明转化为创造价值或客户愿意为此支付的商品或服务的过程。文化创新一般指将新概念、新思想、新理论、新方法、新发现和新假设转化为文化艺术作品。组织创新一般指将新概念、新思想、新理论等转化为组织管理和架构的新形式、新范式等社会管理体制领域的创新。这里不再一一赘述。

对于今天的广大学生和社会大众而言，需要掌握的是，创新不是一个时尚名词也不是一个遥不可及的概念，也不单纯局限在哪个领域或行业，它是我们每个人随时随地都可以参与和实践的一种基本能力，只要本着理想化需要或为满足社会需求积极地进行更新、创造、改变，这就是创新，这也是我们开展创新教育的意义。

1.2 创新能力与创新思维

我们常说要具备创新能力，其实很空泛。我们需要问自己：到底要具备哪些能力才可以去开展创新工作呢？ 或者说哪些能力算是创新能力？ 我们常说的创新思维和创新能力是什么关系？ 什么是创新思维？

1.2.1 创新能力

常说的创新能力一般有以下几种。

- 想象与联想能力（Imagination Skill）：指不受已有理论、观点、框架等的限制，通过直觉、形象思维或组合思维等提出新设想、新创见的能力。
- 跨学科学习能力（Interdisciplinary Learning Skill）：不局限于某个学科或者领域也不局限于特定的老师和学校，而是利用一定的认知方法积极主动地从不同的渠道广泛地获取所需要的相关知识、方法和经验的能力。
- 实践探究能力（Practical Discovering Skill）：指通过采取探究、考察、验证等方式提出问题并不断地进行尝试解决问题的能力。
- 分析评判能力（Critical Analytical Skill）：指能够通过对观察、体验、交流等方式对事物进行独立深入的分析与判断并能够进行批判性、选择性的吸收和接受的能力。
- 组织协调能力（Interpersonal Skills）：指能够与他人合作，理解他人并能够带领团队为了共同目标努力的能力，包含沟通、倾听、对话等。
- 资源整合能力（Integrate Skill）：指能够快速有效地把多种资源地整合在一起使其发挥作用的能力。
- 创造能力（Creative Skill）：指通过深入思考，能够提出和形成新的、有价值的概念、方法、理论、工具、解决方案、实施方案等的能力。

可以说这 7 种能力对创新人才都非常重要，想象力、跨学科学习能力以及探究和评判能力是基础，需要从小训练并保持，组织协调和资源整合能力则是在成长过程中通过团队合作可以不断训练和提升，而创造力则是以其他 6 种能力为基础，但是又不以其中某一种为主，是一项综合能力。

1.2.2 创新思维

那么这些能力是如何形成，又通过什么样的方式进行培养呢？ 易中天老师曾说：“我们不但不会分析问题，甚至也不会提出问题，包括不会反问、批驳、质疑。不会辩论，是因为不会思考。不会思考，则是因为我们的学校，从来就不教这个。”这和爱因斯坦关于教育的那句名言一样：“大学教育的价值，不在于学习很多事实，而在于训练大脑会思考。”可见，对于能力来说，思维方式是基石，训练的工具方法是外挂的手段，只有思维方式的转变和训练才能带来我们创新能力的提升。

对于形成以上创新能力最需要的创新思维方式又有哪些呢？ 思维方式很多，对于创新能力的作用也不一而足，但是**有 3 种思维方式对于创新来说是必不可少的：批判性思维、创造性思维和实证性思维。**

1. 批判性思维

很多人把批判性思维直接作为创新思维，其实不是很全面，但是批判性思维对于创新来说确实不可或缺。这里引述钱颖一老师对此问题的精彩论述。

哈佛大学原校长博克（Derek Bok）根据对哈佛学生的观察和对心理学的研究，在《回归大学之道：对美国大学本科教育的反思与展望》这本书中，把大学本科生的思维模式分为三个阶段。

第一阶段是“无知的确定性”。这是一个盲目相信的阶段。在中学，学生认为学到的知识是千真万确的，这个确定性源于学生知识的有限性，因此是一种无知下的确定性。

第二阶段是“有知的混乱性”。这是一个相对主义阶段。学生上了大学之后，接触到各种各样的知识，包括各种对立的学派。虽然学生的知识增加了，但是他们往往感到各种说法似乎都有道理，这就是一种相对主义。

第三阶段是“批判性思维”。这是思维成熟阶段。在这个阶段，学生可以在各种不同说法之间，通过分析、取证、推理等方式，做出判断，论说出哪一种说法更有说服力。

博克观察到大多数本科生的思维水平都停留在第二阶段，只有少数学生的思维水平能够进入第三阶段。批判性思维是人的思维发展的高级阶段，它有以下两个特征。

第一，批判性思维首先善于对通常被接受的结论提出疑问和挑战，而不是无条件地接受专家和权威的结论。

第二，批判性思维是用分析性和建设性的论理方式对疑问和挑战提出解释并做出判断，而不是同样接受不同解释和判断。

在这两个特征中，第一条是会质疑即提出疑问。能够提出问题并且善于提出问题是批判性思维的起点。批判性思维是指审辨式、思辨式的评判，多是建设性的。对于批判性思维在创新能力培养中所起作用最典型成功的例子就是犹太人，据说犹太人小孩回到家里，家长不是问“你今天学了什么新知识”，而是问“你今天提了什么新问题”，甚至还要接着问“你提出的问题中有没有老师回答不出来的”？

拥有批判性思维对于综合学习能力、分析评判能力、实践探究能力等都会有实质的促进和提升。首先因为要质疑和挑战，必须要了解实际的问题和观点是什么，自然要努力学习、认真分析、仔细探究，然后是要给出自己的基本判断和合理解释，这样的训练多了，这些能力自然就跟着提升了，所以，提升创新能力首先从鼓励批判性思维入手是非常好的一种方式。

2. 创造性思维

钱颖一老师提出，创造性思维由知识、好奇心和想象力、价值取向三个因素决定。

创造性思维来源于知识。知识包括我们通常说的学科和领域的专业知识，知识也应该包括跨学科知识、跨领域知识、跨界知识，而后者是我们欠缺的。

创造性思维来源于好奇心和想象力。爱因斯坦说：“我没有特殊的天赋，我只是极度地好奇。”儿童时期，每个人的好奇心和想象力特别强，但是随着所受教育的增多，好奇心和想象力很有可能会递减。应试教育则无情抹杀好奇心和想象力。

创造性思维来源与价值取向有关。一般来说，创新的动机有三个层次，分别代表了三种价值取向：短期功利主义（创新是追求论文、专利、上市等能够在短期带来奖励的结果）、长期功利主义（创新是为了填补空白，争国内一流，创世界一流等这些需要长期才能见到成效的结果）、内在价值的非功利主义（创新是一种内在动力，不是为了个人的回报和社会的奖赏，是为了追求真理、改变世界、让人更幸福的一种发自内心、不可抑制的激情）。在我们长期以来的教育中，前两种价值取向占主流。

可见，我们之所以缺乏创造性人才，除了知识结构问题和缺乏好奇心和想象力之外，就是在价值取向上太急功近利。急于求成的心态、成王败寇的价值观，导致的是抄袭、复制现象频繁发生，而不大可能出现真正的创新，更不可能出现颠覆性创新、革命性创新。

综上所述，提倡创造性思维，首先必须掌握更加全面的知识，自然要努力学习、认真分析、仔细探究；其次要做更有价值的工作，我们自然要保持好奇心、想象力，减少功利心。所以，创造性思维是培养创新能力的必由之路。

3. 实证性思维

诚如我们前面介绍创新创业的定义时所提到的那样，创新是必须要落到实处的，创新要能够形成产品和服务并让客户满意，所以每一个新提案、新创意、新发明、新发现、新设计、新技术、新产品都要落实到实践中进行检验并不断完善。要实现这一点，就必须要有实证性思维，而不是空想主义和纸上谈兵，一切以进入实践环节为考量，在这样的思维方式的驱动下，实践能力、组织协调能力、资源整合能力会进一步得到提升。

这里我们用图 1－2 来解释创新思维和创新能力之间的关系，最核心的基石是人的好奇心和求真的精神内核，在此基础上培养批判性思维、创造性思维、实证性思维，从而训练想象能力、跨学科学习能力、组织协调能力、资源整合能力、实践探究能力和分析评判能力等重要能力，从而形成创造能力。

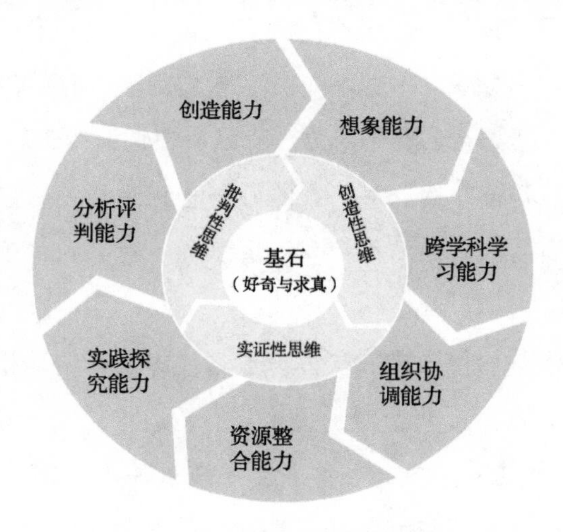

图 1－2　创新思维与创新能力

1.3 创业的概念

1.3.1 普通意义的创业

普通意义的创业，就是指被大家广泛接受的、以盈利为目的的创业，最早提出创业(Entrepreneurship)概念的是熊彼特，1911 年他在《经济发展理论》一书中提出：创业是产生新产品、新生产方法或新市场的新要素组合，是一种创造性的破坏(Entrepreneurship is about new factor combinations leading to new products, production methods or new markets. It is about creative destruction)。这种创造性破坏指的是在市场和行业中替换全部或部分劣质产品，同时创造新产品和新商业模式，是一个长期渐变的过程，并不是立即摧毁原来的产品和市场，而是慢慢地用新产品、新技术去替代劣质的和低效的产品技术。创造性破坏在很大程度上对长期经济增长是有益的。与之类似，商业词典为创业下的定义是为盈利而发展、组织和管理企业及其风险的能力和意愿。简言之，它是一种创业的意愿，创业是启动、发展和经营一家企业以及规避其财务风险的过程。创业的结果就是创建一个新企业。

这是在以创办企业、获得市场和经济效益为代表的领域里广泛被接受的普通意义的创业定义。从创业的定义中我们也可以看出创业的两个主要特征：创新性和冒险性。

- 创新性。从上述关于创业的定义可以看到，创业与“新”有关，与创新、创造、新产品、新技术、新市场有关，创业的本质是新进入(New entry)，即新企业进入市场或创建新市场，可以通过进入新的或现有的商品或服务的新市场或已建立的市场去创造价值。
- 冒险性。创业是一个国家在不断变化和竞争日益激烈的全球市场中取得成功的多种能力的重要组成部分，所以，创业必然伴随着破坏和重建，也必然要冒一定的风险，这种风险不仅是财务上的，也是精神上的，只是创业不是纯粹地为了猎奇而冒险，而是为了实现创新的价值而进行的一场进取性冒险，是开创一番事业的过程。

这里必须指出一点，早期的创业定义比较强调经济上的盈利性。现代的创业定义更宽泛，强调以解决大问题来改变世界，比如创造一个创新的产品或者提出一个新的改变生活的解决方案。其价值的概念已经从经济价值扩展到经济与社会价值，可以是非盈利性的，如社会创业、在岗创业等。下面我们主要从科技创业来谈一下创业的类型。

科技创业的基础是科学研究成果，关键是技术研发成果，核心是工程应用成果，科技创业的成败取决于技术与市场和资本的融合程度。一般来说，科技创业企业分为初创企业、中小企业、大企业、行业龙头等。由于科技创业企业的前期在技术创新和工程创新上的研发投入很大，时间周期长，初创企业的存活率较低，能够发展到中小规模的科技企业一般都需要4~8年的时间，发展到行业里具有影响力的企业则需要8~15年时间，真正成为行业龙头则需要20年以上，但是一旦成长起来就会成为在行业和社会上影响很大的公司，比如华为公司。

科技创业的典型例子包括IBM、英特尔、谷歌等，改革开放以来，我国也出现了一大批技术驱动型创业公司。

- 云计算企业：阿里云、金山云、华为数据、UCloud、星环信息等。
- 人工智能领域：商汤科技、优必选科技、云从科技、旷视科技、寒武纪科技、依图科技、深兰科技、极链网络、冰洲石生物等。
- 企业级服务：WeWork China、优客工场、360企业安全。
- 智能硬件：大疆科技、柔宇科技、优必选科技、澜起科技、联影医疗等。

这类企业是我们通常所说的创新创业企业的主流。

1.3.2 广泛意义的创业

但是，很多其他领域的学者并不认同创业就是创建一个新企业，不同领域的创业可能有不同的形式，其他领域的学者也从不同的角度纷纷提出了创业的概念：如人类学（德蒙托亚-2000， 弗斯-1967，弗雷泽-1937年），社会科学（斯威特伯格-1993年，沃尔德林格、奥尔德里奇和沃德-1990，韦伯-1898/1990），经济学（包括卡森-2003，科兹纳-1973，熊彼特-1934，谢恩-2003，冯·哈耶克-1948，冯·米塞斯-1949/1996）和管理学（德鲁克-1985/1999，Ghoshal & Bartlett -1995）等。其中普遍被大家接受的是经济合作与发展组织OECD的创业定义：

创业是人类通过创造或扩大经济活动，通过确定和开发新产品、过程或市场，追求创造价值的进取行为。（Entrepreneurial activity is the enterprising human action in pursuit of the generation of value, through the creation or expansion of economic activity, by identifying and exploiting new products, processes or markets）。

这个定义较为广泛地涵盖了创业在各行各业的形式、形态和特征，我们称之为相对广义的创业定义。

但是，这其中还漏掉了一批社会创业者，他们创造或者扩大经营活动，通过确定产品、服务或者过程等进取行为，追求的并不是经济价值而是社会价值和自我价值的实现。所以在相对广义的创业定义的基础上，笔者对“创业”做了一个更为广泛普适的定义：

创业是指创业者凭借永不妥协的勇气和坚忍不拔的毅力尽全力去开创一番事业，通过确定产品、服务或者过程等进取行为，实现人生价值的过程。

今后将采用这个定义作为创业的基本概念。

1.4 创业能力与创业精神

有一位企业家说：“这个世界上没有一件事能像创业一样快速推动社会的发展，也没有一件事能像创业一样激发一个人的全部潜能。”那么具备什么样的能力才能够成为一个成功的创业者呢？

1.4.1 创业者的基本素质

在研究了很多创业者之后，我们发现大部分创业者表现出以下特征。

- 勇气：愿意承担风险，尽管可能会造成损失。
- 创造力：发明新方法，跳出思维定势。
- 好奇心：渴望学习和问问题。
- 决心：尽管有障碍，但拒绝放弃。
- 自律：能够集中注意力，按照时间节点完成任务。
- 同理心：能站在他人的立场去思考和感受。
- 热情：对某事充满激情，将问题视为机遇。
- 灵活性：能够适应新环境，愿意改变。
- 诚实：对他人诚实，真诚地承诺。

- 耐心：认识到大多数目标不是一蹴而就的。
- 责任：对自己的决定和行为负责，不推卸责任。
- 领导力：遇到复杂的、困难的环境，能够带领团队走出来。

没有人生来就具备成为成功创业者所需要的所有品质，但是创业者总是能够以积极的方式看待自己和世界，他们善于把自己的不足、遇到的问题以及挑战统统看作机会，保持积极的态度，相信自己，相信团队，不断地完善自己并突破困难，这些品质都是他们在创业的过程中不断地磨炼出来的。

1.4.2 创业者的必备技能

成为一个创业者，除了要磨炼上述品质以外，还需要不断地提升自己的创业能力，这些技能是可以通过训练和实践获得的，包括以下几种。

- 商务技能：了解如何创建和管理企业。
- 沟通技巧：良好的倾听能力、写作能力和口头表达能力。
- 专业技能：要具有某个专业领域的技能，并且能够高效地使用技术工具。
- 决策和解决问题的能力：了解如何应用逻辑、信息和经验进行决策和解决问题。
- 组织技能：保持任务的技巧和信息，良好的计划和管理时间的能力。
- 人际交往能力：说服和激励他人的能力，既知道如何成为一个领导者，又知道如何在团队中工作。

这些能力和技能同样都不是与生俱来的，这些就是创新创业教育的重要内容，都需要创业者不断地学习，并在实践中应用和提升。

1.4.3 创业精神

Entrepreneurship，也被翻译为企业家才能，是熊彼特首先提出的，它也逐渐成了广大成功创业者的一种重要特征。创业是一个漫长而艰苦的过程，创业的成功率也很低，我们周围也不乏那些昙花一现的“所谓创业成功的企业和人士”，真正经得起长期考验的成功创业者却少之又少！ 因为创业不仅仅是需要天时、地利、人和、机遇等因素的配合与巧合，有且只有那些秉承着坚韧不拔的意志，立志要用创新去改变世界，践行着敢为天下先理念的人才是真正的创业者！

褚时健先生就是创业者的典型代表。褚时健一生多次创业：第一次创业是糖厂，第二次创业是农场，第三创业是玉溪卷烟厂，最后一次创业是褚橙，每一次创业都非常成功，堪称创业界的奇迹！有一个记者问褚老创业成功的秘诀是什么？褚时健先生的回答出乎所有人意料：

我认定的事只想赢不想输！

仔细想想褚时健70多年的创业历程，在多个领域里跌宕起伏，历经磨难，凭借的不是专业知识上的优势，也不是商业能力上的卓越，而是这种“勇于创新、敢于冒险、永不满足、坚韧不拔、追求梦想的创业精神！”它不仅仅是褚时健先生不断前行的精神支柱，也是古今中外所有成功创业者的精神支柱，他们都秉承着这样的精神和信念开创自己的事业，创造人生的价值！所以，创业精神才是创业者的秘诀，而这种精神是需要在创业的实践中不断磨砺才能获得的！

1.5 创新创业的关系

在谈到创新创业的时候，我们总是把这两个词连在一起，通过前面的分析我们知道创新和创业其实是两个概念，那么它们之间到底是什么关系？是不是有了创新就能够去做创业？是不是做创业的就一定创新？这里我们来做详细的分析和解读。

创新和创业的关系可以用一句话概括：

创业是创业者让创新创造价值的过程。

这句话包括两层含义。

- 创业是实现创新的载体和过程。创新要通过创业去得到最大化的利益和价值的展现，创业既是一种进取的行为又是一个实践的过程。
- 创业者是创新的实现者。创新一定要有一个真正的主体（创业者）去实现。

这里可以看出，创新侧重思维和方法，创业则重在实践，创业将创新与其他要素结合起来，它实质上是对创新的综合应用和具体实现。在不同的领域创新和创业的相互关系和特点有一定的差异，下面以科技创新领域为例展开说明。

科技领域的创新创业一般可以分为三个阶段（如图 1－3 所示）。

- 创新阶段（钱变纸阶段）。原创性科学研究活动，针对较为具体的目标资助、投入经费和资源进行研究，提出新概念、新思想、新理论、新方法、新发现和新假设，开辟新的研究领域，以新的视角来重新认识已知事物等，形成论文、专利等具有一定价值的知识产权等。这个阶段主要是经费投入，科研人员将钱转化为创新成果，即所谓的钱变纸阶段。
- 创业阶段（纸变钱阶段）。将第一阶段研发所产生的创新成果转化为商品，这中间需要经历若干个阶段：首先是从原理到样品的研制与试用，其次是从样品到产品的工程化和可靠性验证，最后是将产品投放到市场转化为商品实现价值。这个阶段主要是工程技术人员将创新成果落实为产品并最后转化为商品，实现了纸变钱的过程，也是我们通常意义讲的创业。
- 商业阶段（钱生钱阶段）。将第二阶段的商品经过商业模式的设计和资本市场的运作等将商品利润最大化的过程。这个阶段主要是以价值为主导的商业运作，企业的管理人员将商业模式转化为巨额利润，即所谓的钱生钱阶段，创业的艰难和复杂性也在这个阶段充分体现。

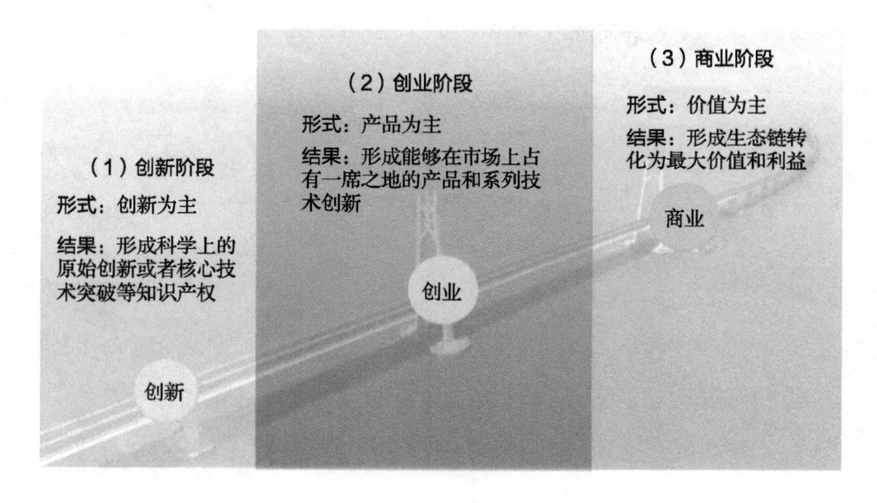

图 1－3　科技类从创新到创业的三个阶段

因为前两个阶段都是与科技发明、产品研发等直接相关，而第三个阶段就是和商业创新直接相关，因为很多科技创新领域的创业者本身并不懂商业，他们研发的产品往往找不到合适的市场，此时需要商业模式的设计和市场营销的策略来将产品转化为客户愿意为此支付的商品或服务，从而实现纸变钱的蜕变。所以，科技创新到创业必须要有商业创新的参与和支持，它们是相辅相成的伙伴关系：科技创新是原动力，创业则激活市场，商业创新助力最终的价值实现，三者形成合力。

其实一家创业企业的创新还远不止科技创新和商业模式创新这两个方面，还包括发展战略创新、产品或服务创新、技术创新、组织与制度创新、管理创新、营销创新、文化创新等如图 1 －4 所示。

- 发展战略创新。制定更高水平的发展战略，包括制定新的经营内容、新的经营手段、新的人事框架、新的管理体制、新的经营策略等。
- 产品或服务创新。这对生产企业来说，是产品创新；对服务行业而言，主要是服务创新。
- 组织与制度创新。包括以组织结构为重点的变革和创新，以人为重点的变革和创新，以任务和技术为重点的变革和创新等。
- 管理创新。管理必须因环境和被管理者的改变而改变。
- 营销创新。营销策略、渠道、方法、广告促销策划等方面的创新。
- 文化创新。企业文化的与时俱进和适时创新，能使企业文化一直处于动态发展的过程，这样既可以维系企业发展，更能给企业带来新的历史使命和时代意义。

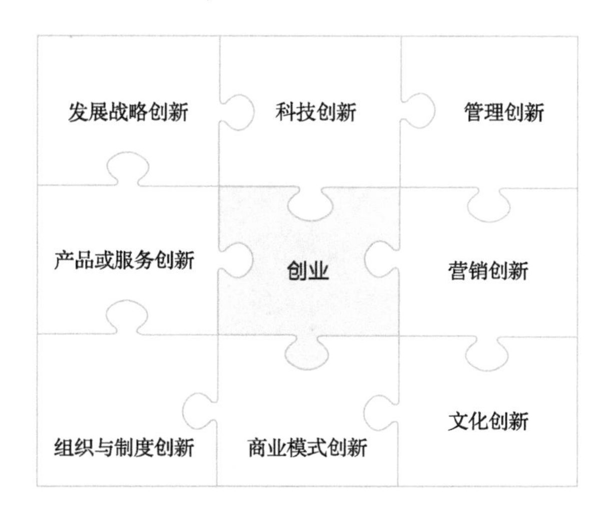

图 1－4　创新与创业的关系

值得指出的是，每一个领域影响深远的创新创业，基本都是从一项重大的发明开始，从想法到实践，从科研到技术，从点子到产品，再到形成广泛造福于人类的应用，都是一个千回百转、千锤百炼的过程。在这个过程中，需要的不只是一个创新，而是几十个甚至几百个创新，这些创新既包括技术上的创新也包括上述提到的多种管理、组织乃至文化创新，每一项创新都对企业的发展至关重要，而且这个过程不是简单的单向线性过程，而是交织在一起，是一个反复循环、互相促进、动态演化的历程。所以，创新创业是一个与时俱进的复杂系统工程。

1.6 创新创业教育

一般来说，人的能力分为先天的能力和后天的训练，先天的能力我们称之为天资，指某些人天生就具有把某一特定类型的工作或活动做得很好的能力，天资是与生俱来的，可能与遗传基因有关。而在创新创业所需要的能力中，大多数都跟天资无关，而和后天的训练有关系。这就是我们要讲的创新创业教育，在学校里，我们要通过课程或者其他项目训练等形式把之前提到的创新创业能力和思维方式传授给学生，把他们培养成为具有创新思维、创新能力和创业精神的人。

其中，创新教育是通识教育，通过创新方法、知识、技术、经验等的传授、实践和演练让所有人都掌握和提高创新能力，在生活和工作中随时随地应用并受益。创业教育则是在具有基本创新能力基础上的升华，它包括创业技巧、过程、知识和经验的传授与分享，更重要的是创业精神的培养和训练。

在青少年阶段，我们应该侧重创新教育，培养学生的批判性思维、创造性思维，初步引导实证性思维，重点培养学生提出问题、敢于质疑、广泛涉猎、保持好奇心和想象力以及形成正确价值观，并引导他们开展实践。

在大学生阶段，**创新创业教育应该以培养创新创业人才的核心素养（专业知识 ×创新能力 ×创业精神）为主**，做好三件事。

- **培养创新意识**。鼓励提倡批判性思维、创造性思维，培养学生的创新意识，形成随时随地开展创新的习惯。
- **提升创新能力**。创新能力是一个人综合能力的外在表现和内在支柱，学好专业知识，鼓励实证性思维，促进创新在专创融合中落实和发展，提升创新能力。

- 训练创业精神。利用各种有利条件，训练创业精神，培养坚韧不拔地解决问题的精神，将来可能走到各行各业都能够实现最大的价值。

具体而言，落实到每个同学和学员身上，希望能够通过如图 1-5 所示的 6C 创新路径来让给每个人获得以下重要的创新技能。

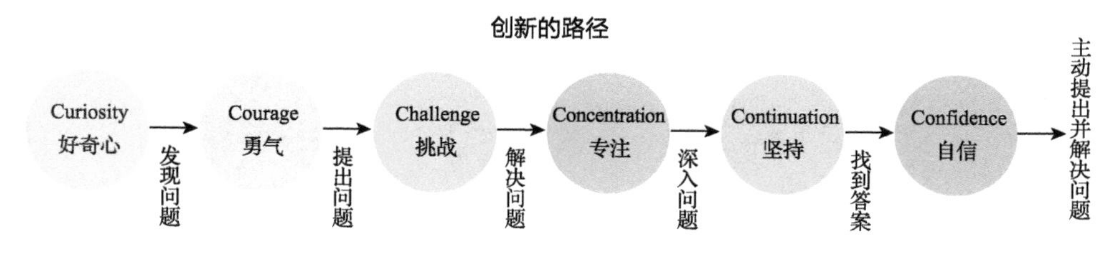

图 1-5　6C 创新的路径

- 好奇心（Curiosity）。保持对大自然的好奇心，进行深入仔细的观察并发现问题。库克说："观察总是带来深刻变化。"积极、全面、深入地观察不但能够发现问题而且能够在意外中发现机会、改变环境、开展探索。
- 勇气（Courage）。鼓励自己勇敢地提出问题。爱因斯坦说："问题的形成往往比问题的解决更重要。"从学会提出问题到逐渐训练提出具有挑战性、破坏性的问题。
- 挑战（Challenge）。这里说的挑战包括要解决的问题本身，也包括来自外界的压力和内在的惰性以及逃避。推动自己直接面对挑战并解决问题是十分重要的一步。
- 专注（Concentration）。集中精力去解决问题。这里说的专注是指专注于问题本身的解决，任正非说的"集中火力对准一个城墙口猛攻"就是这个道理，可以同来自不同领域的人广泛交流、讨论，借鉴其他领域的知识、方法来解决自己的问题。
- 坚持（Continuation）。解决问题是一个困难的过程，坚持不懈是解决问题的关键。爱迪生说："我没有失败过，我只是发现了一万种不管用的方法而已。"想要找到最好的答案，一定是不断地积极尝试新体验，拆解已有产品，试点检验新模型新想法等；积累数据，形成新见解，找到解决方案。
- 自信（Confidence）。在不断坚持解决问题的过程中，特别是成功解决了问题之后，会形成内在的自信，成功的经验和历程会极大地鼓励自己进入“主动发现问题—提出问题—解决问题”的良性创造循环。

通过创新教育，把每个人培养成具有创新能力、专业技能和创业精神的金种子，为社会提供创新创业人才。有了大批的创新创业人才，各行各业自然就会充满“开创、突破、超越、勇气”的创造精神，这种创造精神和奋斗精神、团结精神、梦想精神一样，是我们这个时代的精神，也是中国创造的灵魂！

本章总结

创新和创业不是一个概念，而是两个概念、两个范畴。

创新就是通过改变产品和服务，为客户提供价值和满意度。

创业是人类通过创造或扩大经济活动，通过确定和开发新产品、过程或市场，追求创造价值的进取行为。

创新是每个人的基本素质，是可以培养和训练，并形成习惯的一种基本能力。

创新共有7种重要能力，3种必备的思维方式。

“勇于创新、敢于冒险、永不满足、坚韧不拔、追求梦想”的创业精神是创业者的核心精神。

青少年阶段，侧重培养学生的批判性思维、创造性思维，初步引导实证性思维。

大学生阶段，创新创业教育应该以培养创新创业人才的核心素养（专业知识×创新能力×创业精神）为主，做好3件事：培养创新意识、提升创新能力、训练创业精神。

通过课堂教学、项目训练等实现“好奇心—勇气—挑战—专注—坚持—自信”的6C创新路径，把每个人培养成具有创新能力、专业技能和创业家精神的金种子，为社会提供创新创业人才。

扫码获取
本章测试题

第 2 章

创新思维方法

创新驱动发展是国家战略。多年前我国很多企业做的是代工，干的是苦活，利润却很低。在代工的过程中学到了不少的技术，获得了经验，企业就开始做模仿；后来在模仿的基础上做得越来越好，甚至不比原先的产品差，这时就需要创新。另外，在人们的日常生活中，存在很多的痛点和需求，如何解决这些问题，也需要创新。可是，如何创新？ 创新有没有流程？ 有没有工具？ 有没有方法论？ 这一章我们和大家探讨创新的流程、工具和方法论，告诉大家如何创新。

创新的前提，往往是学习、观察和总结，在前人的基础上进行改进创新。但是当你在某些方面已经做到了最好，没有可以模仿的对象的时候，下一步就需要做颠覆性的创新，就需要做和别人不一样的东西，解决人们的某些痛点和需求而发明产品或者服务。比如人们饱受癌症的痛苦，就需要发明治疗癌症的药物；交通堵塞严重，就希望寻求解决交通问题的方案；人们经常丢东西，就希望发明一个帮助寻找丢失物品的软件或者发明一个不会丢的产品。

要做好创新，首先需要让大家解放思想，打破条条框框，冲破思维定式，敢于创新。然后需要让大家知道如何创新，学会方法论、流程和工具。

2.1 创新需要打破传统思维模式

传统的思维模式在解决问题时，一般是先看看存在什么问题，引起问题的根源在哪里，然后再探寻解决问题的方案。那么创新思维和传统思维有哪些区别呢？ 首先我们玩一个可乐罐游戏。

【可乐罐游戏】

翟江波和杨清波有一篇文章，名为《第六罐可乐》。文中假设可乐的价格是每罐 2 元钱，同时 2 个空罐可以换 1 罐可乐。如果一共 6 元钱，问最多能喝到几罐可乐？几乎 90% 的人都认为可以喝 5 罐可乐，同时剩 1 个空的可乐罐。其实，如果换一种思维模式，不要将思维仅仅局限在买可乐上，就可以获得与众不同的答案。比如可以先向其他人借一个空可乐罐，加上自己的空可乐罐，又可以换 1 罐可乐，喝完了，将空罐再还给出借人，这样就可以喝 6 罐可乐了。

但是当你向别人借空可乐罐时，别人是否愿意借给你呢？ 如果别人不愿意借给你，该方案就会存在一定的风险，不能保证 100% 可以实现。翟江波的故事到此就讲完了，其实我们还可以继续扩充，我就曾在《矛与盾的平衡》一书中续写了下面的故事。

当我们在考虑方案的可行性和价值性时，发现翟江波的方案也存在一定的风险，是否还有其他的方案？ 比如先向卖可乐的老板赊 1 罐可乐，等喝完第 6 罐，再和自己以前剩余的 1 个空可乐罐一起还给老板，这样就可以喝到 6 罐可乐。可是这一方案是否可行，还取决于老板是否愿意赊给你 1 罐可乐，这一方案的风险也较大，不能保证 100% 可以实现。那么是否还有其他方案呢？

还有一个方案，就是我们可以组织一个团队，团队中每个人都剩 1 个空可乐罐，我们将团队所有的空可乐罐聚集在一起去换可乐，一直做下去，团队平均每个人就可以喝到接近 6 罐可乐，由于是一个团队在做，成功的概率就会增加。

只要我们学会相互协作，实现“双赢”，就会出现意想不到的结果。前提条件是有人有空可乐罐，并且愿意将空可乐罐借给你。如何获得空可乐罐是一门艺术，其实只要我们记着“双赢”的原则，比如在向别人借空可乐罐时，承诺还可乐罐的同时再附加半罐可乐，在这种情况下，双方都有利可图，通常就容易借到空可乐罐，从而可以用 6 元钱喝到 5.5 罐可乐。

另外，可以将自己的空可乐罐“出租”，凡是“租借”空可乐罐的人，必须还自己半罐可乐。当出租给第一个人时，自己可以多喝半罐可乐，也就是 5.5 罐，喝完后，自己手上还有一个空可乐罐，再继续出租，就可以喝 6 罐、6.5 罐、7 罐……照这样下去，就可以喝无穷多罐，虽然增长的速度慢点，但是会比别人都喝得多。

当然，如果我们再换成投资思维模式，其结果就会完全不同：首先用 6 元钱收购空可乐罐。假设现在市场价 1 个空可乐罐卖 0.1 元，你可以买到 60 个空的可乐罐，这样就可以换 30 罐可乐，留 10 罐自己享用，其余的 20 罐卖掉。为了使现金周转速度更快，你以低于 2 元的价格销售，比如 1.5 元，可以获得 30 元。下一步该如何做？ 相信很多人会继续买可乐罐。可是，如果买下了空可乐罐，可乐厂商却宣布活动结束，30 元岂不变成一堆垃圾了。那么，该如何做呢？ 其实，只要留下自己的本钱——6 元，用剩余的 24 元再投资空可乐罐，就可以在赚钱的同时规避风险了。

此外，当大家看到可以用空可乐罐换可乐的时候，就会有人介入回收空可乐罐的活动，这时，空可乐罐的价格就不再会是 0.1 元。同时其价格应该不会超过 1 元，否则，就不会再有人买可乐罐来换可乐了。也就是说，只有空可乐罐的价格低于 1 元，并且有人有空的可乐罐，而你可以买到这些可乐罐，游戏才可以玩下去。

在同样的资本条件下，要想获得更大的效益，如果按照人们习惯的思维模式采取常规的方法，绩效不会比别人好到哪里去，且往往会陷入恶性竞争。如果你还记得“空可乐罐”，利用很多公司所谓的“垃圾”资源充分发挥其作用，就可以获得比别人更高的效益。如果组织能够秉持团队合作、相互协作的精神以及双赢的理念，采取有效的行动，就可以获得更大的收益。如果换一种思维模式，和别人做的不一样，其结果就完全不同，这就是创新。

换一种思维模式可以创新，换一种思维模式可以做到很多人认为做不到的事情！ 生活中要时刻记着自己的“空可乐罐”和自己的“6 元钱”，聪明的企业管理，可以获得意想不到的效益；聪明的投资，可以获得更多的财富。

2.1.1 创新需要自强自信，万事没有不可能

重新审视需要解决的问题，如果一条道路不容易走通，就可以换一条道路，条条大路通罗马。在很多情况下，大家经常会说的一句话是“我也没办法”。是真的没办法还是没有主动去想办法？ 创新思维教会大家，对于任何的问题，都会有解决方案。没有 100% 完善的方案，先找一个方案将事情做成，然后再进一步迭代，将事情做好。变换一种角度考虑问题，往往很多大家认为不能解决的问题也许就迎刃而解了，创新没有不可能。

当爱迪生为寻找合适的灯芯失败了上千次后，他仍没有放弃。于是有人嘲讽他，而他却风趣地说道：“至少我也收获了一千多根失败的灯芯！”爱迪生换了一种角度回答，既消除了自己的尴尬，又缓和了气氛，也使人们看到了他的良好心态。因而，换一种角度，便是一种豁达。当面对一朵花时，林黛玉不禁发出“花谢花飞花满天，红消香断有谁怜”的孤独和感伤，而龚自珍却发出了“落红不是无情物，化作春泥更护花”的绝唱。同样面对一朵花，却有不同的感受，换一种角度，便是另一种境界。比如每天工作结束后，回家还要洗衣服，有人就会觉得特别累，如果换一种方式思考——我还有衣服可以洗，别人想洗可能还没有呢，这样就不感觉累了。天天出差，很多人认为非常辛苦，可如果把出差视同公费“旅游”，这样也就不觉得很辛苦，天天都是快乐的。当客户认为产品价格太高时，一般企业就会开始打折，此时如果换一种思路增加客户的增值服务而不打折，可能会更有竞争力。

从幼儿园到小学，人们学会的是“5 + 5 = ？”，只有唯一正确的答案。而创新需要了解的是“?+? =10”，从目标出发，获得无穷多个不同的解决方案。

在整个创新设计思维的过程中，特别在创意设计阶段，一定要有开放的心态，认为万事皆可能，所以不批评、不议论、不说“不可能”、不说“你错了”等。因为大家认为不可能，主要是按照常规认为不可能，这样就很难创新。只有将大家认为的不可能变成可能，才会实现创新。所以一定要有开放的思想，

接受任何狂野的点子。

在大家讨论问题、解决问题的过程中，必须持有积极向上的心态，对于任何问题，不管好坏都会有解决方案，先将事情做成，然后将事情做好。最怕的是还没有开始，很多人就会讲“不可能”“不行”“没有时间”“缺少资源”“成本太高”“简直就是天马行空”，等等，往往将好的创意扼杀在萌芽阶段。有时还没有做就自己怀疑，“我不会”“我没学过”“这不是我的事情”“这是其他人的事情，和我没有关系”。等大家试一试，就会发现自己的巨大潜力。所以创新设计思维需要开放的心态，需要自信。

【穿越 A4 游戏】

每个小组只用一把剪刀和一张 A4 纸，不许剪断，不许用胶带或者胶水，在 10 分钟之内，剪一个能让全小组成员同时穿过去的纸圆圈。做得快的小组获胜。注意不允许团队照一张合影，然后将 A4 纸剪穿一个洞，最后将拍摄合影的手机从洞中穿过去。

很多人都认为这是不可能的，但总会有小组成功“穿越”。“人生而自由，却无处不在枷锁中”。要想挣脱枷锁、跳出框框，必须先知道自己被监禁。只要动心，就会把不可能变成可能。如果把大家公认的不可能变成可能，那就是颠覆性的创新。

【暴风雨夜的选择】

在一个暴风雨的夜里，你驾车经过一个车站。车站上有三个人在等巴士，其中是一个病重的老妇人，一个是曾经救过你命的医生，还有一个是你长久以来的梦中情人。如果车只能载一位乘客，你会选择哪个?

最佳的答案是，让医生开车送病重的老妇人去医院，你下车陪着梦中情人等车。这是两全其美的事情。可是如果只想着你能带一个人，而且不放弃你自己的车，那么总会有一些遗憾的。

2.1.2 创新需要变换角度，寻求别样的创新路径

对于很多棘手的问题，换一种思维模式，换一种角度，问题可能很快迎刃而解了。比如激光笔打在 LED 屏上看不到，而且大型演讲需要几块屏幕同时播放 PPT，激光笔仅仅只能打在一张屏幕上。换一种思维，能不能将激光笔的光点

打到播放的电脑上，然后电脑同步到每个屏幕上。再比如割草机的噪声过大，如何消除噪声，通常的做法是减震，加润滑剂等，但是换一种思维模式就是能不能让草不长高。最早锯子锯木头是木头固定，锯子来回拉动；换一种思维能不能让锯子固定，而木头动，就有了圆形的电锯。

【脸还是酒杯】

看看图2-1，你看到了什么？相信大部分人都看到了6只酒杯，你是否还看到了6对各种表情的人脸？有严肃的，有狂笑的，有抿嘴互相蔑视的，有惊讶的，有平静的，还有微笑的。如果你还没有看出来，提请大家注意忽略黑颜色，将注意力放到白颜色上。

图2-1　脸还是酒杯

站在不同的角度看问题，结果可能完全不同。比如电梯速度慢影响业主工作。如果站在业主的角度解决问题，会有很多不同的方案，诸如电梯分单双号楼层停靠；电梯分高低层停靠；业主错峰上下班；增加电梯数量；在每层设置玻璃绘画墙，让大家等电梯时自由绘画，延长大家等待的耐心等。如果站在物业的角度，可以采取提高租金、减少使用电梯的人流量，状告设计师设计不合理而索赔等。

【走迷宫游戏】

在5分钟之内，请大家在图2-2中找到从“开始”点到“结束”点的路径。

图2-2　迷宫

大部分人会从“结束”点向上找，能很快找到一条路径。如果问大家还有谁找到了不同的路径，有人可能会回答：“可以从迷宫的外面走一个正方形的半边。”这时再让大家仔细观察，还有没有其他的路径。仔细观察，“开始”点是谁在走迷宫？这时大家会恍然大悟——蜜蜂。难道蜜蜂飞过去要拐弯吗？要让游戏做得更有意思，可以将迷宫打印到一张A4纸上，发给每一个参与者，然后让他们走迷宫。这时最简单的方案就是将A4纸对折，使“开始”点和“结束”点重合，不需要飞，就可以直接从“开始”点到“结束”点了。

小贴士

在创新的过程中，大胆狂野的想法往往来自打破常规、否定常规。比如人们都知道餐馆提供就餐服务，客人根据餐饮消费付款。如果否定常规，餐馆不用提供就餐服务，而是提供做饭的厨房，客人自己体验或者自助做饭，餐馆按时间收取服务费，而餐饮免费。这样就可以产生创意！

2.1.3 创新需要行动，做成比做好更重要

创新需要快速行动，而不是花费大量的时间进行计划。先将事情做成，然后将事情做好。敏捷开发原本是软件开发的一个名词，是指以用户的需求进化为核心，采用迭代、循序渐进的方法进行项目开发（如图 2－3 所示）。在敏捷开发中，项目在构建初期被切分成多个子项目，各个子项目的成果都经过测试，具备可视、可集成和可运行使用的特征。也就是把一个大项目分为多个相互联系，但也可独立运行的小项目，并分别完成，在此过程中小项目一直处于可使用状态。

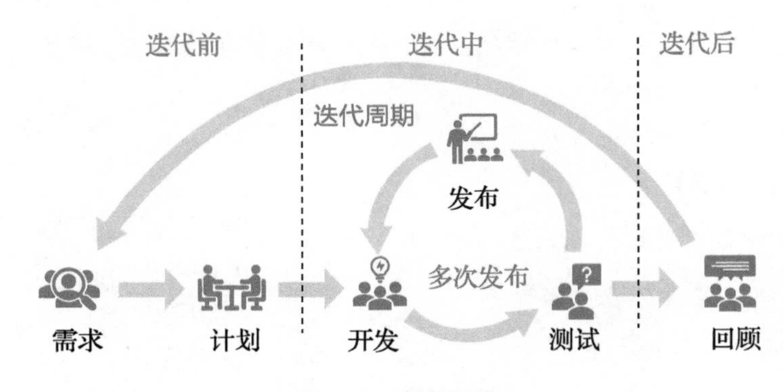

图 2－3 敏捷开发

很多的创业项目，一开始没有自己的产品，需要研发一款快速赚钱的产品，这时敏捷开发就非常重要。先开发一款产品，快速上市，和客户共同成长，从客户的反馈和投诉中了解客户的需求，从而调整自己的产品。也可以将客户拉进自己的研发过程，以达到快速实现产品的实现。

我们知道，企业产品发展的规律是“人无我有，人有我优，人优我廉，人廉我转”。一些国际化的大公司，当它们的产品在全球占据了大部分市场，市场几乎达到饱和的时候，这时企业如何转型，就是一个非常突出的问题。企业不

转型，就是等“死”，可是转型转不好，风险很大，也就等于找“死”。如果都是“死”，找“死”可能还会有很多的机会，等“死”就只有死路一条。

【蒙眼排队游戏】

参加人数：不超过100人。

活动时间：40~50分钟。

道具准备：每人一个眼罩，一张写有“0～100”数字的卡片（可以重号）。

空间要求：空间尽量大点，蒙眼看不到时要注意安全。

游戏目标：用40～50分钟的时间，大家按照数字的大小排成一队。

游戏要求：讨论结束后，每个人发一个眼罩和写有数字的卡片，数字只能自己看到，不许其他人看到，然后用眼罩蒙上眼睛，大家利用10～20分钟的时间按照数字的大小排成一队。在排队的过程中不许说话，如有违规者，视为全班任务失败，时间用尽而没有完成任务，游戏失败，每个人做俯卧撑10个。当全班认为完成任务或者时间用尽的时候，每个人取下眼罩，检查排队的顺序。排错数字顺序的人加罚10个俯卧撑。

老师将大家蒙眼游戏的过程录像拍下来，最后总结用。

提　示

这个游戏其实很简单，但是完成任务却不那么简单，一是不许说话，二是蒙着眼睛看不到，如何表达和对比大小数字，以及如何找到自己的位置都成了问题的关键。首先大家快速选出一位班长来指挥全局。一般情况下，大家会花费大量的时间去讨论方案，却很少有人去快速演练。说得很好，但是演练的时候就会发生各种各样意想不到的问题。所以，演练比计划更重要。首先讨论如何不说话表达自己的数字，如何传递信号使两人交换位置，如何知道队伍已经排完等。将团队分成两部分，一部分演练，一部分观察。当进行演练的时候，就会发现前面的人没有获得正确的信息，需要后面的人再传递一次信号，这时该如何实现；是否完成任务，需要随时用信号确认；当确认任务结束，如何将信息传递给老师；还有如何确认自己的位置是否正确等。

这个游戏告诉大家，计划很重要，但是行动更重要。先做试验（做原型），再进行调整。

如参加游戏的人数太多，为了加快速度，可以采取将人员数字以50为界分成两组，每组完成任务后，再合并成一组。

2.1.4 创新需要打破传统思维模式，拆除心中之墙

创新最怕的是固有思维，坚持传统的思维模式，习惯是最可怕的习惯，认为老祖先留下的都是正确的，都是经过好多代人总结出来的，所以就去继续坚持，不思考、不质疑地接受。比如人们常说牛奶最有营养，因为牛犊就是喝牛奶长大的，可是现在的牛奶真的最有营养吗？ 再比如人都需要穿衣服，可是人为什么要穿衣服？大家会说是保暖、防晒、遮羞以及装饰。那么不穿衣服是否可以达到这样的目的？这时也许会获得创新的产品或者方案。

创新最怕的是靠经验办事，当别人有一个好的想法，我们凭着自己的经验就批评，这样的想法行不通，将创新的创意埋在了萌芽阶段。比如当年柯达发明了数码相机，可是当董事会讨论要不要做数码相机的时候，他们首先问如果客户用了数码相机还会不会再使用胶卷，答案是不会大量使用了，这时董事会就认为使用数码相机就会失去自己的核心竞争力，所以放弃了数码相机的生产。

创新最怕认为自己是某方面的专家，别人的建议都听不进去，认为只有自己是正确的。这样就很难去创新。

创新最怕的是受到自己所学专业、擅长领域、知识面所限制，还没有尝试创新，就认为自己做不成。比如有人认为自己是学理工科的，逻辑思维能力强，创新都是发散思维强的人做的事情，所以自己不会；让大家画一幅画，很多人就说我没有学过，我不会，或者说我不擅长画画，就放弃了。

创新最怕将在某些范围内正确的结论，在所有的地方都拿来使用，最后导致错误的结果，更可怕的是限制了创新的探索和发展。比如“两条平行的直线永不相交”，这一理论在平面几何、立体几何中都是对的，但是在射影几何学、拓扑学中却不成立。最近有些专家讲到第一性原理时，对《几何原理》大加赞许，其实《几何原理》中的很多原理有它的局限性，在后续的科学中，比如射影几何和拓扑学中都不成立，如果只接受几何原理，就不会出现射影几何学和拓扑学。再比如“克隆技术”就是打破了传统的有性繁殖。

创新最怕的是在原有的条条框框内办事，不敢冲破牢笼，只会墨守成规。在创新方面，规章制度和标准也束缚了大家的手脚。比如医院每天都说以患者为中心，可实际上基本上都是以自己的部门为中心。要改善流程，做到一站式服务，就需要问“是否可以减少患者在医院的接触点（预约、挂号、看医生、开处方、划价、缴费、化验、透视、再看医生、开处方、缴费、取药）”，或者问“如果患者不到医院看病，而能否找到解决方案”，这样就得到了很多不同的创新方案，比如穿戴设备自我诊断，远程医疗、大数据分析等。亚历山大·弗莱明由于一次幸运的过失而发现了青霉素，如果他认为原来的流程和产品是对的，就不会发现这一新的药物。

改变原来的流程或者标准，是创新的又一个动力。比如原来的水龙头洗手需要三个步骤，将水龙头打开，洗手，然后将水龙头关上。如果问“如何减少流程”，就有了感应水龙头的发明，使洗手只要一个步骤就可以了。

我们从小学到大学的教育，教会了大家“5+5=？”，培养的是学生寻求唯一正确解决方案或答案的能力，其结果往往是越学思想越僵化，扼杀了创新的基因，没有寻求更多其他创新方案意识，更不会去寻求狂野的解决方案。知识越多越容易创新，知识越多越不容易创新。第一句是说创新一般是在前人知识、发明、理论、应用的基础上实现的；后一句是说学习越多，思想越容易僵化，所以需要有一套训练右脑的方法，使得右脑快速发达起来。在解决问题时能有一些灵感，有一些奇特的创意，有一些创新的点子。

创新需要打破思维的限制，创新没有不可能，需要想尽一切办法找方案，而不是事先找一些为什么不能做的理由，或者事后找为什么没做成的理由。不要抱怨，不要指责，不要批评，不要找客观的理由，比如没有时间、没有人才、没有技术、没有材料、没有经验、没有对标的项目等。

创新还要打破环境的限制，不要认为我不是名校的学生、我是小地方来的，所以做不了创新；比尔盖茨是大学没有毕业的人，爱因斯坦是三岁多还不会说话的人，霍金是坐在轮椅上的残疾人。不要认为环境不好就不能做创新和发明，大家人人都可以做创新。

2.2 设计思维的流程和方法

设计思维是以人为本，采取同理心进行设计的一种创新模式，它强调的是从客户的痛点或者需求出发，发现需要创新的机会或者挑战，快速原型设计，迭代测试的一套流程和方法。

创新不但要解放思想，打破传统的思维模式，知道需要创新，需要思维的改变，还需要掌握如何创新，需要将传统文化下的“道”和精细化管理下的“术”相结合。在《创新设计思维》一书中给出了78个工具，我们这里重点强调创新的流程。

2.2.1 IDEO公司设计思维的流程

1991年，大卫·凯利创建了IDEO公司，并且将设计思维的概念商业化，成功地设计了成千上万的创新产品。他们的设计团队由各种各样的人才组成，形成了一套设计思维的流程，强调以人为本进行产品的创新设计。IDEO公司设计思维的流程是一个由彼此重叠的空间构成的体系，而不是一串秩序井然的步骤。设计思维会经历三个阶段：启发(或灵感)、构思和实施，如图2－4所示。启发是指激发人们寻找解决方案的问题或机遇，也就是从某些现象、问题和挑战中发现一些需要解决的问题。构思是产生、发展和测试创意的过程。实施是将想法从项目阶段推向人们生活的路径。第一阶段的启发包括对某些现象的理解，然后是观察，获得第一手或者第二手资料，发现在产品、服务或者流程等方面客户的需求和存在的问题；最后是对问题的总结，即大家进行分享、讨论、展示，将获得的信息进行分类总结。第二个阶段的构思包括在设计过程中利用头脑风暴获得大家的各种想法、点子，然后对想法进行原型设计，进行测试，再将各个好的想法进行整合，利用循环这一过程慢慢地获得完善的原型。第三阶段的实施就是通过团队、用户、客户的沟通，实现设计产品的生产和推广。

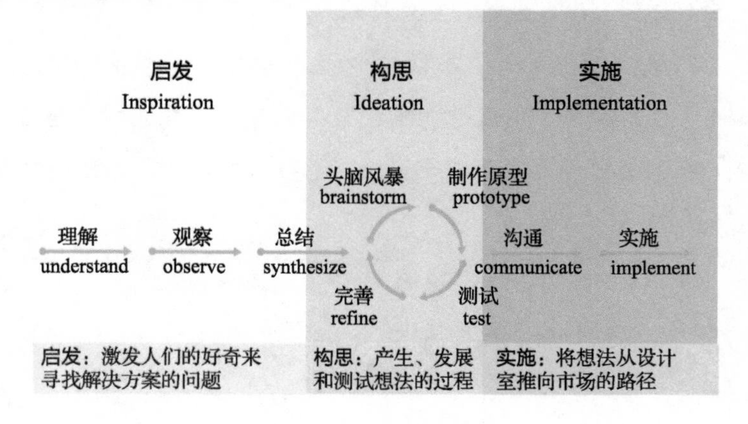

图2－4 IDEO流程

IDEO 公司的设计思维不但适合产品的设计，还可以推广到组织的战略、流程、服务等的设计，设计师由一个团队组成，成员来自各个不同的领域，在点子收集阶段严格要求不允许批评、不允许说“你错了”、不允许说“不可能”、不允许解释、不允许辩论。另外，还有一个非常重要的武器就是便笺贴。

IDEO 的流程主要是应用在产品创新设计上，也很容易推广到商业创新，但是这里仅仅是流程导向，更强调右脑思维的模式，会给出各个步骤的描述和指令，有流程但是缺少逻辑工具。

【IDEO 公司手推车的设计】

1999 年，美国 ABC 电视台《夜线》栏目的一集——《深潜》，记录了 IDEO 公司的创新设计——在 5 天内重新设计购物手推车的全过程。这段经典影片和 IDEO 的其他案例至今仍被全球各大商学院用于 MBA 课程。

手推车设计项目的团队由项目经理和 12 名团队成员构成，项目经理彼德是斯坦福大学的工程师（他之所以成为项目经理，并不是因为他是手推车方面的专家，而是因为他是创新设计方面的行家），其他 12 名团队成员分别是具有不同专长的人才，其中有管理学专家、语言学专家、营销专家、心理学专家、生理学专家等。

手推车的安全问题是最早被发现而且也是最主要的问题，每年因手推车导致受伤而就医的人数高达 2.2 万多人；第二个问题就是手推车丢失严重。团队发现，主题还是不太明确。

在创意过程中，IDEO 严格要求没有领导和员工之分，没有上下级之分，人人平等，所有的成员首先到商场亲自体验各种情境下手推车使用中出现的问题以及使用者的期望，同时向制造商和修理商了解建议和意见，然后重点与专家讨论。专家认为，原来的手推车设计并不安全，也许是手推车上的儿童座椅需要改进。他们也发现，人们在购物时不希望离开手推车，手推车在大风的吹动下在停车场会以每小时 56 千米的速度“奔跑”。……所有设计团队的人员从调查场地返回公司后，将获得的第一手资料进行汇总，每个小组利用便笺贴、大白纸汇报，沟通、分享，演示他们看到的、学到的、掌握的所有信息。

然后每个人提出自己的点子和想法，利用非常简单的便笺贴。每张便笺贴上只写一条想法，只写关键词，不要超过 10 个字，写好后贴到墙上。人人都可以有自己不受他人影响的点子。然后大家用紫色的小圆点便笺贴标记自己认为好的、比较可行的点子。如果有些点子偏离现实太远，就放弃它。如果担心讨论偏离主题，要马上开会强调聚焦主题，要求在限定时间内完成任务。当各种改良方案准备就绪，马上进行展示。

大家的设计方案可谓五花八门：分离式手推车可以将篮子拿出来和放回去；高科技手推车可以让客人避免排长队结账；手推车上有扫描器，客人在放货物时就可以扫描货物的价钱；有人为小朋友设计了安全座椅；有人设计了可以和商场工作人员远程对话的对讲设备……他们从各个小组的设计方案中选出较好的想法，组合起来实现了最后的原型设计，然后将所有做好的原型部件组合起来得到了最后的设计方案。

IDEO 设计的手推车，成本几乎没有增加，但是与之前的手推车大不相同。车轮可以旋转 90 度，横向前行，再也不会出现碰到其他物品时无法移动的情况，而且客户的购物方式也完全改变了，袋子可以挂在手推车的旁边。

最后，商场的工作人员和客户对改进后的手推车给予了高度的评价。

总结以上手推车设计的整个过程，我们发现他们有一个懂得创新设计流程的设计师团队，而不是行业的专家。另外，他们具有一些鼓励团队充分发表建议的不批评、不评价、不议论、不把想法扼杀在萌芽阶段的规则。加之他们不懈的努力、开放的心态，可以将想法建立在别人想法的基础上而获得更好的想法，将头脑风暴中各种混乱的想法进行集中、分类、优化，这就是 IDEO 创新的秘诀。

2.2.2 斯坦福 d. school 设计思维的流程

2005 年，大卫·凯利离开了 IDEO 公司，来到了斯坦福大学，筹建设计学院。SAP 公司创始人哈索·普兰特纳博士赞助 3500 万美金到该学院，该学院的名字就以哈索博士的名字命名为斯坦福大学哈索·普兰特纳设计学院，缩写为 HPI，简称 d. school。

d. school 设计思维的流程分为五大步骤：同理心、问题定义、创意构思、原型设计、原型测试。这里更强调的是利用同理心进行观察，然后找到设计的问题，再通过创新创意构思解决方案；有了方案再利用可视化直觉地进行原型设计，然后对原型进行测试，调整完善。

d. school 的流程简单易懂，对于初学设计思维的人更容易掌握，对公益设计和产品设计非常实用，但是对设计思维教练和引导师而言，就显得不够用，这里仅仅包含了设计思维的流程，缺少工具。

2.3 创新设计思维的流程、工具和方法

创新设计思维是在设计思维的基础上，经过600余场企业创新工作坊的实践校正修改，由鲁百年于2015年在《创新设计思维》一书中首次提出，它的核心是“以人为本同理心的思维”和“反向思考目标导向的设计”。创新设计思维不但可以解决以人为本的产品创新问题，还可以解决商业模式创新、服务创新、流程创新、运营创新等问题。

创新设计思维强调以人为本，通过同理心的观察发现客户的痛点，而不是“我想客户会存在什么问题”“我认为客户存在什么问题”“我以为客户存在什么问题”。图2－5是一个电梯的关门按钮，可以看到，箭头的标志被按得光光亮亮，设计师设计了两个相对的箭头作为关门标志，左侧的圆圈才是关门按钮，结果圆圈按钮磨损却不明显，说明大家想关电梯门时第一时间都疯狂地按箭头。这样的设计错在哪里？ 错在设计师认为大家会和他有一样的想法。所以以人为本的创新需要同理心，而不是我以为，我认为，我想，我规定……

图2－5 电梯按钮

创新设计思维强调目标导向。人们解决问题，一般是从现状出发，找出问题的根源是什么，然后设计解决方案，这样一般很难创新。而目标导向，就是为了解决这个问题，首先考虑美好的愿景是什么，以终为始，这样往往可以设计出创新的方案。比如交通问题，能否设计一个既可以在地上跑，也可以在天上飞，还可以在水上漂、在水下潜，在生命周期内不会坏的“汽车”？ 这就是在解决交通问题的设计交通工具的一个愿景，然后看如何实现。这时一般就会做出实现的路线图，第一个产品做什么，第二个做什么……

下面我们来介绍创新设计思维的流程、方法和一些工具。

2.3.1 创新设计思维流程的三大阶段

以人为本、目标导向的创新设计思维流程分为以下三个阶段，如图2－6所示。

图 2-6　创新流程的三大阶段

前期准备：范围发现域（Explore）。在日常的工作或者生活中，发现存在的问题，制定需要解决问题的范围或者领域，比如解决交通问题还是就医问题，或者是工作中的服务问题还是营销模式的问题。

第一阶段：问题探索域（Discover）。问题探索域就是寻找正确的问题和引起问题的根源。我们都知道找问题比解决问题更困难，首先要找出存在的问题，然后找出引起问题的根源，才会找出真正的解决方案。比如城市交通问题，人们总是将引起的原因归结为车多路少，但是现在的方案解决问题了吗？其实交通堵塞的问题是人员的流动（特别是上下班）过大。

第二阶段：方案设计域（Design）。方案设计域就是设计创新的、可行的、能带来价值的解决方案。对于找到的问题，需要设计一个与众不同的解决方案，就需要进行创新创意设计，这时就要鼓励狂野的想法，不允许说不可能，不允许批评、指责。比如解决交通问题可否从不去公司上班进行解决，狂野的想法可能是"可否实现在家办公"等。比如在解决割草机噪声问题时可否从"草不长高"上解决。

第三阶段：实施交付域（Deliver）。实施交付域就是落实方案，保证项目顺利地完成。对于提出的创新解决方案，需要研究方案的可行性、设计原型、制订行动计划，这时需要制定实施项目的机制，来保证创新项目的实现，比如在家办公需要的技术支持（视频会议、远程维护等）。

2.3.2　创新设计思维的十二大步骤

创新设计思维的步骤如图 2-7 所示。

1. 第一阶段：问题探索域

问题探索域分为 4 大步骤：挑战、理解、观察和综合。探索域从最终用户的角度出发，利用同理心，观察当事的人、环境、活动、物体、背景等，掌握一手和二手信息，发现创新的机遇或者挑战。首先通过发散的过程实现对讨论主题的理解，进行人文的观察，再通过收敛进行综合汇总，发现问题的挑战或者机遇。比如就医时发现流程太复杂，或者因为人太多而导致等待时间过长等。

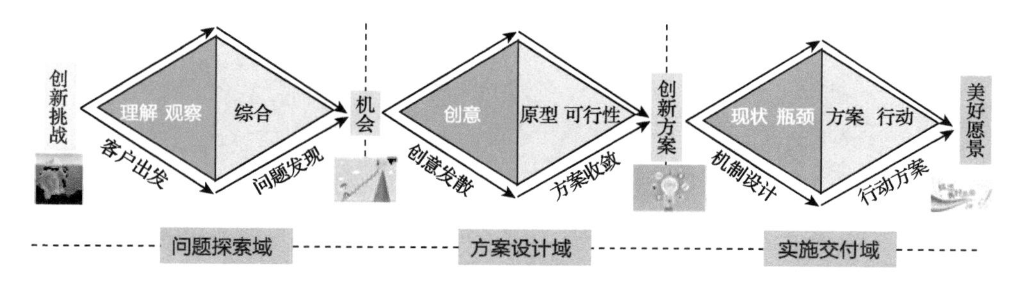

图 2－7 创新设计思维的十二大步骤

第 1 步：创新挑战。首先需要知道创新设计的范围，是在哪个方面进行创新。是围绕着产品设计、战略规划、商业模式研究、组织架构制定、流程规范探索、运营模式策划、市场营销战略，还是某个项目的创新方案探寻等。比如是研究患者看病难，还是研究医院资源不够。

第 2 步：背景理解。从最终用户的角度出发，根据某些现状和存在的问题、用户的不满及其投诉、用户的渴望、大家期待解决的问题等，设定需要研究的主题，对讨论现象的背景做充分的理解。比如医疗问题的现状是患者抱怨过多，医患纠纷增加等。讨论的主题可能是“如何让患者快速看上病”。

第 3 步：人文观察。通过对研究主题相关的人群做一系列的观察、探索，完全站在客户的角度，利用同理心获得一手和二手资料，采取亲身体验或者调研的模式，快速了解人们的需求和渴望获得的结果，掌握待解决主题的现状、存在的问题、客户的期望和自己亲身的体验经历。比如在医院发现患者排队的时间过长，看病仅仅几分钟；患者经常到了医院却挂不上号；很多患者一大早来排队，吃不上早餐；患者在等待的时候没有休息的地方等。

第 4 步：观察综合。对研究主题进行探讨，充分了解主题所涉及的范围，站在利益相关者的角度，发现问题的痛点所在，定义欲讨论问题的机遇或者欲解决的挑战。如通过客户旅程地图分析，画出客户的情绪曲线，找到客户情绪的最低点，从而知道需要解决的最大问题是什么，确定需要设计的挑战或者机遇。比如通过观察、综合后发现机遇是“为医院设计一个降低患者排队等待时间的流程”。

2. 第二阶段：方案设计域

方案设计域分为 3 个步骤：创意、原型和可行性。从项目（组织）需要解决问题的机遇或者挑战出发，发现问题的真正瓶颈和引起问题的根源以后，就需要围绕挑战或者机遇来设计创新的解决方案。首先通过发散寻求创新的创意，在创意设计的过程中，严格规定不许说不可能；不许说你错了，不批评，不指责，鼓励狂野的点子。当大家贡献了很多狂野的点子的时候，就需要聚焦，进行收敛，可以通过优先级、可实现性进行评估，做出原型，进行可行性分析。

第 5 步：创新创意。这是最重要的一步，通过对挑战的充分了解，对现状及问题的掌握，站在最终用户的角度，利用同理心，采取头脑风暴的模式，构思更多创新的想法，再转换角度，站在设计者的角度，既能满足客户的期望，还可以在一些约束条件下获得大胆创新的想法和点子。一般情况下，大家给出的点子和想法都会比较传统，逻辑推理的想法比较多。为了克服这一困难，我们可以使用一些工具，打破习惯性的固化思维，获得狂野的想法。这是一个发散的过程，点子多多益善。比如在“降低患者排队等待时间的流程”的创意中，可能是“提高工作人员的工作效率，加快工作人员的办事速度”“减少患者在医院的接触点，改善医院的流程”等，但是这些都是“做什么”，而不是“如何做”。

对于获得的创新创意，一般是通过工作坊的模式实现的，由参与的各个利益相关者和设计人员一起，充分提出大胆狂野的想法，然后罗列想法，将想法聚类，再完善优化想法，最后对想法进行优先级投票，这样进行发散—收敛。收敛时一定给出切实可行的具体方案，比如“如何实现减少患者在医院的接触点”，方案是可以通过一个信息系统，在医生开完处方之后自动划价，并且和患者医保卡信息连接起来，自动扣款，这样就不需要理赔了，当患者自动交完费，药房就可以将药送给患者或者快递到家。这样就可以减少很多的接触点。如果再狂野的想法，就是医生手上都有一个像手机一样的 X 光检测仪，患者就不需要到 X 光室做检查了。更进一步的想法就是患者不需要到医院看病了，远程就可以就诊了。再进一步的想法就是“如何让人不生病”等。

第 6 步：原型设计。对于狂野的点子，需要进行聚焦，利用绘画、思维导图、乐高、橡皮泥等制作原型，对整个方案进行整理，将离散的方案以可视化的形式整体地表现出来。如果是产品设计，可以制作产品的原型；如果是流程设计，可以画出方案的流程；如果是内容设计，可以利用思维导图表现方案的层次和内容。

第 7 步：可行性分析。对一些狂野的想法和解决方案，需要研究其方案的可行性，如果方案非常狂野，就需要研究实现方案所存在的阻力，解决这些阻力需要哪些条件，从而获得该方案实现的难易程度。当然也需要了解哪些是现实家的点子，哪些是批评家的点子。如果想法是梦想家的点子，就需要将目标进行分解，一步一步去实现，从而形成该项目的路线图。和客户沟通设计方案，征求客户的意见和建议；对于产品的设计，需要对原型进行测试，发现问题，及时进行调整；对于一些高科技的产品，需要研究技术的可实现性。

通过第二阶段的研究，可以获得可行的创新解决方案。对于该方案如何实施，就是下一阶段需要研究的课题。

3. 第三阶段：实施交付域

实施交付域分为 5 个步骤：愿景、现状、瓶颈、方案、行动。这个阶段是从实施方的角度出发，在第二阶段获得了创新方案和路线图以后，利用故事讲述的模式，将设计的美好愿景讲述给客户的高管（或者相关的项目高层负责人），为了确保项目的顺利进行，就需要研究保证项目成功所需要的机制，包括技术、团队、资金、职责、流程等，来保障项目的执行落地。一般采取目标导向的原则，将创新项目需要实现的愿景和结果作为项目的目标。然后反向往回推。对于创新型的项目，建议采用快速迭代的模式，先将事情做成，然后将事情做好。这样投入少，风险低，见效快。

第 8 步：愿景讲述。对于项目的美好愿景，用视频、角色扮演、讲故事、原型等可视化的形式，生动地展现给决策者和实施方。这样可以提高项目的认可度，增加项目的重视程度和投资力度，以保证项目的顺利实施。

第 9 步：现状分析。决策者和实施方在实施之前需要对组织的实力进行分析，由于创新型项目结果的不确定性会给组织带来一定的风险，这时就需要探讨项目成功的保证机制。首先研究组织在该创新项目的现状，包括技术、组织、团队、人才、资金、流程、管理等方面，特别是要罗列出与该项目实施相关的痛点和问题。

第 10 步：瓶颈辨识。我们知道，现状不一定是痛点，但是痛点一定是现状。所以要从现状中找出痛点，从痛点中辨识出实现创新项目的关键瓶颈，比如是技术问题还是人才问题。

第 11 步：实施方案。对于需要解决的瓶颈，探索实施的解决方案，比如政策、规范、流程、团队、路线图、具体步骤等。如果项目的愿景非常狂野，实施的难度一般也就非常大，这时需要将项目分解成几个步骤，也就是制定路线图。

第 12 步：行动计划。对于设计完成的创新型解决方案的路线图，如果想让它落地实现，进行推广，实现价值，就必须分配任务，制订落实方案的行动计划。这里一般包括“5W2H”，即谁来做，做什么，为什么做，何时做，在哪里做，如何做。验收标准等都需要明确，每个阶段都有负责人，都有具体的计划，对于复杂的项目，可以利用甘特图制定项目的规划和实施路线图。

2.3.3 创新设计思维的方法和工具

对于创新设计思维，只有流程是远远不够的，还需要有工具来支撑。我们这里强调的工具就是围绕着创新的主题和挑战，能按照某种逻辑关系一步一步获得创新结果的步骤。

在《创新设计思维》中罗列了 78 个工具，我们在这里仅仅介绍一般情况下所需要的工具，如图 2-8 所示。

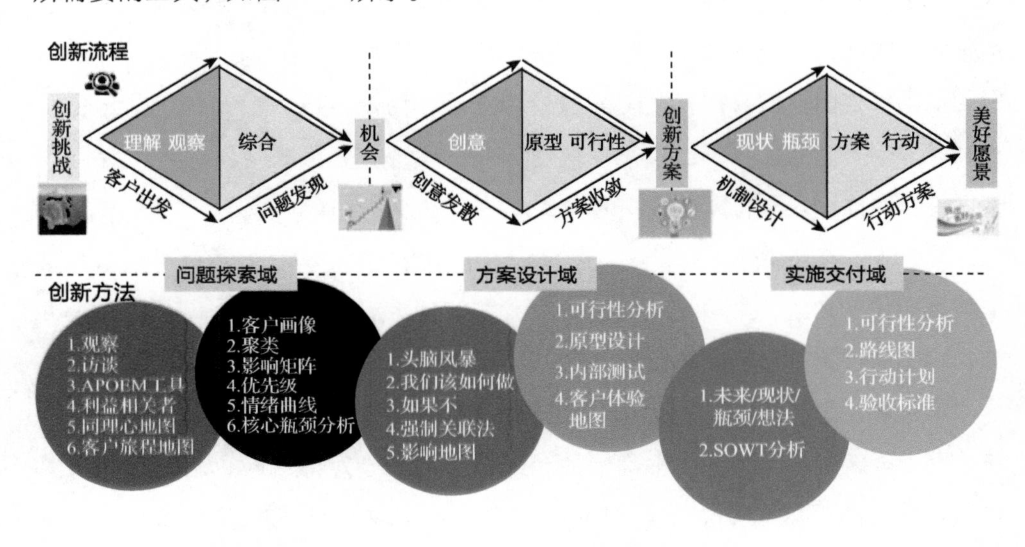

图 2-8 创新设计思维的方法和工具

1. 问题探索域使用的工具

问题探索域的目的是寻找需要改进或者创新的机遇和挑战，从用户的痛点出发进行发散，然后对发散获得的问题进行收敛，研究其主要的机遇和挑战。

背景理解和观察阶段，是一个发散的过程，主要是从终端用户的角度出发，需要了解终端用户在讨论主题方面的感受，不能主观地认为用户需要什么，猜测他们的痛点是什么，而是需要通过同理心的观察，利用 APOEM 工具，对客户的行为、背景、痛点、环境，获得的信息、情绪做充分的理解。这时可以使用利益相关者地图理解该主题与哪些人相关，再利用同理心地图、客户旅程地图研究客户的主要问题所在。

对观察、调研的结果进行综合分析，寻找需要创新改进机会，是一个收敛的过程，可以对最终用户进行分类，画出客户的画像，利用影响矩阵获得最重要的客户画像，获得他们真正的痛点，排出优先级，描绘出用户的情绪曲线，从而发现用户的极致痛点，多问为什么，找到引起该挑战的核心原因，找到亟待解决的挑战和机遇。

2. 方案设计域使用的工具

方案设计域的目的是探索创新的挑战或者机遇的创新方案，从解决用户的痛点出发进行发散，从各个不同的角度寻求创新的、让用户满意的解决方案。然后对创新的创意进行聚焦，通过原型设计和可行性分析，获得创新的解决方案。

在探索创新创意的阶段，一般采用头脑风暴工作坊的形式。参加的人员不一定是讨论主题的专家，在教练和引导师的带领下，利用神秘的便笺贴，鼓励狂野的点子，不批评、不指责，不许说“不可能”，没有领导和员工之分，在别人想法的基础上提出更好的点子，对于创新的挑战或者机遇，多问“为什么”，多问“如果不这样做，还有没有其他的解决方案”。在给出解决方案的点子时，多谈如何做，而不是做什么。如果缺乏创新的点子，可以利用强制关联法、思维导图、莲花图方法或者曼陀罗思考法来强制获得“奇葩”的点子。对于一个具体的挑战，比如“在不增加人力的情况下，下一季度业绩翻番”，可以利用影响矩阵来实现；对于初创的企业研究自己的计划，可以利用商业模式画布；对于市场营销规划，可以利用价值主张画布；对于客户服务的设计，可以利用用户体验地图；对于产品的设计，可以使用 TRIZ 的工具；对于企业的战略设计，可以使用 PEST 方法、波特五力分析法、平衡计分卡、全局分析地图或者 SWOT 分析。

对创意进行聚焦，可以使用聚类分析、利用影响矩阵研究创意点子的优先级，再利用原型设计，用绘制草图的模式直观地将创意点子的逻辑关系罗列出来。对于点子是否是好点子的衡量标准，需要从创新大三要素——“独一无二的、可以实现的、带来价值的”来进行判断。对于大家公认的好点子，做出原型，在进行了可行性分析之后，进行内部测试，和客户进行沟通交流，发现问题，快速迭代。对于一些可以提供给客户的原型，可以利用用户体验地图，让用户在体验的过程中发现问题，绘制用户体验的情绪曲线，找出需要改进的场景。最后，得出一个创新的解决方案。

3. 实施交付域使用的工具

实施交付域是针对创新的解决方案，组织或者项目组实施落地时，需要设计能够实施的创新解决方案。从组织或者项目实施组的角度出发，研究需要保证项目成功实施的机制，制订创新项目实施的落地流程和方案。

制订实施方案的前半段，是一个发散的过程，研究保证实施顺利进行的主要困难和瓶颈。首先利用设计杂志封面的方法，设计出项目成功以后美好的愿景是什么样的，这时可以利用视频、App 原型、思维导图等直观的可视化工具展现给大家。在描绘了美好的未来之后，就需要认清实现美好未来的现状，在技术、人才、资金、市场策划等方面进行研究，制订实现创新项目的机制。从现状中找出痛点，再利用优先级找出项目落地的瓶颈。如果瓶颈问题解决了，是否可以实现美好的愿景？ 如果实现不了，就需要重新迭代，找出真正的瓶颈。对于瓶颈，然后重新探索解决方案。这是一个收敛的过程，比如实施的路线图，各个阶段的投入（人力、资金、技术、流程、工艺、规章制度）等。最后，需要探讨市场营销或者企业内部的推广等。

2.4 获得创新创意的方法和工具

在解决问题的时候，我们大部分人通常还是交付型，就是给一件任务，大家想尽办法完成即可，而很少有人会进行质疑或者挑战，问一下为什么要做这件事，如果不做的话，是否还有其他的办法达到目标。大部分人在解决问题的时候，通常也是传统思维，按照逻辑关系去寻求答案。但是在创新思维的情况下，要学会利用批判性思维问问题，学会寻求不一样的解决方案。

【架桥游戏】

课堂上，教授把学生分成若干小组。在 10 分钟之内，每个小组进行讨论，为成功架一座桥梁而设计方案。10 分钟之后，每个小组有 3 分钟的汇报时间。

每个小组讨论得非常热烈。10 分钟后，每个小组给出了自己的设计方案。第一组的方案是快速建立一个项目组，了解项目的预算，聘请高级设计师设计桥梁，制定项目的里程碑、验收标准等。第二组补充道：研究设计什么样的桥梁会更省成本。第三组补充道：研究什么样的桥梁会经久耐用……

教授问学生："为什么没有一个小组问为什么要架这座桥梁?"学生回答："因为是你让我们架桥梁，我们就设计了如何架好这座桥梁。"学生问："为什么架这座桥?"教授答道："架桥的目的是方便企业的员工到河对岸上班，现在大家不架桥还有没有其他的方案，当然不许说渡船过去。"结果大家很快有了非常多的方案，比如游泳过去，将河填平了过去，修索道过去，走隧道过去等。这时有一位同学说："可以将工厂搬过来，大家就不用过河了。"另一位同学在上一位同学的基础上有了其他的绝招："将员工搬到河的对面去。"教授说："这些都是很好的解决方案，还有没有其他的解决方案?"这时又有学生说："大家可以不用上班，还可以将工作做好，就不需要过河了。"教授说："非常棒的方案，可是不去上班如何将工作做好?"学员七嘴八舌地讲出了很多的解决方案，比如用机器人代替人的工作，远程控制操作机器等。

创新设计思维是教会大家"? + ? = 10"的。对于任何的问题，都可以给出很多不同的解决方案，然后探讨所有方案的可行性，从而找到合适的解决方案。

在寻找解决方案的时候，学会问问题，找到引起问题的真正根源，从而获得创新的解决方案。下面我们来探讨，如何获得创新的创意。

2.4.1 寻求创意种子的工具——为什么……是否……

在解决问题的时候，学会问为什么，找到引起问题的真正根源。比如为解决交通拥堵问题寻找答案的时候可以问，为什么会有交通拥堵。很多人的答案是车太多，路太少。继续问："为什么想尽一切办法在控制车辆出行，政府也一直在修建新的道路，却还是没有解决交通拥堵的问题。难道真的是车太多路太少吗？"继续问："为什么车如此的多？"答案可能五花八门，比如人员流动太大；很多人喜欢开车炫耀，需不需要车都会购买，都会开车上路。继续问："为什么人员的流量会如此的大？ 在改革开放前为什么不会堵车？"大家可能回答太穷了，买不起车。继续问："真的是买不起车吗？ 看看当时需要这么多的车吗？"我们就会发现，当时的城市建设规划是以单位为中心，生活区和工作区在一起，所以家庭几乎不需要车辆。由此得到启发，堵车的主要原因是人员流动太大，特别是每天的上下班时间。如何解决这样的问题，降低人员流动量是根本，方案可能会有在家办公，机器人工作，远程操控等。

对于创新创意，有很多的方法可以使用。比如首先在纸上列出一个任意的实体——洗衣机，如图 2 - 9 所示，然后问：“为什么需要洗衣机？”在它的上面列出答案，可以是一条，也可以是多条，比如“洗衣服”。对于“洗衣服”，可以获得一个创新的主题，“是否还有其他的办法洗衣服？”也许会获得创新的创意。接下来继续问：“为什么需要洗衣服？”答案可能是“衣服会脏”。对于“衣服会脏”，可以问：“是否可以制造不会脏的衣服？”接下来问：“为什么衣服会脏？”答案是“新陈代谢”或者“环境污染”。对于“新陈代谢”，可以问“是否可以不用新陈代谢”；对于“环境污染”，可以问“是否可以没有环境污染”等。只要探索到需要做的主题，就有了创意的方向。

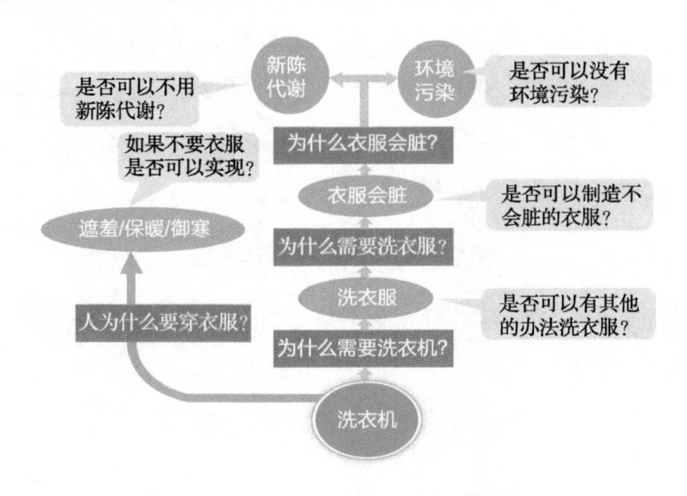

图 2 - 9　关于洗衣机的创新创意方法

在丰田精细化管理中，通过提出问 5 个为什么，找到问题的根源，从而再找解决方案。

2.4.2　寻求创新创意的方法——如果不…… 有没有其他的……

在解决问题的时候，多问“如果不……还有没有其他的……”可以获得不一样的解决方案。比如在解决医院患者太多难以就医的问题时，问：“如果大家都不到医院看病，还有没有其他的解决方案？”这时可能有“医生上门、远程医疗、让病人不得病”等回答。再比如问：“如果大家不到超市买东西了，还有没有其他的解决方案？”这时可能会有在网上购买的回答，比如客人家里的冰箱上有传感器，智能地获取客户的需求，自动送货上门等。再比如：“如果人们不穿衣服，还有没有其他的解决方案？”可能的方案有彩绘、发明新型材料，利用像洗澡时用的花洒那样的东西智能制作人们所期望的“衣服”，可以保暖、防晒、防水，还可以按照客人自己的需求自行设计。

2.4.3 寻求奇特的创新创意工具——强制关联法

例如，在设计女士手提包的时候，大家绞尽脑汁，设计了各种各样的手提包，想要突破传统的设计很困难。这时可以利用强制关联法。比如，选择一个电灯泡作为强制关联的对象，讨论电灯泡有什么特征，就会发现电灯泡有发光、发热、透明、用电、玻璃、钨丝、圆的、照明等特征。利用强制关联法设计手提包就会产生很多的创意，比如，会发光的包、会发热的包、透明的包、会发电的包、玻璃做的包、钨丝缠的包、圆形的包、会照明的包等。最后研究这些创意的适用对象和可行性，就会设计出一种新式的包。

有了强制关联法，我们可以获得很多的创意。比如，设计“汽车营销策划”案，能用的方法都用了，这时希望设计一些全新的方案，就可以利用强制关联法。比如“北斗导航”，它的特征有卫星、导航、全球、自主建立、独立运营、精度、交通运输、海洋渔业、气象预报、救急减灾、水文观察等。这时可以产生很多狂野的方案，如“做一款卫星形状的汽车”“在导航系统做广告”“全球第一品牌”“汽车可以自主建立预警”“汽车可以独立运营”“无人驾驶精度高”“目标客户群体是交通运输公司”“汽车可以做成海陆两栖”“汽车可以感知人的体温，诊断异常现象”“汽车不需要急救，可以自适应维护”“水动力汽车”等。

2.4.4 类比获得创新创意方法——品牌借鉴

将本领域还没有出现的、大家公认的著名品牌的优势移植到自己的创新产品或者服务上来，这样会产生有别于本领域其他品牌的创新产品。

也可以将其他行业的先进经验和奇特的运营模式等借鉴到自己的企业，会产生巨大的创新；将其他人的优秀做法借鉴到自己的学习工作中，会得到创新的结果；将其他完全不同的行为或模式借鉴到自己的企业或者个人身上，会创造另一番奇迹。

在创新方面，在进行行业互换和品牌借鉴时，最有用的就是类比创新法，它是将该行业还没有的，但是其他行业已经做得非常好的流程或者模式搬到自己的企业中进行使用，这样既可以很容易地学习，还可以有别于本行业的其他企业。这样的创新相对风险会低一些。所谓的“最佳实践法”，就是将自己行业中佼佼者的模式借鉴到自己的企业中来，但这经常是“经验介绍”，而很难获得真正的有别于其他企业的创新，企业只能做 “跟随者”而非“领跑者”。

【行业借鉴案例】

戴尔电脑的网上下单模式降低了专卖店和分销商的作用，从而降低了成本，加快了物流的速度，这一模式获得了大家的一致好评。MINI Cooper 在汽车行业实现定制化生产，希望最后能实现大规模定制，这也是一大创新。工业 4.0 的核心之一就是通过互联网和物联网实现大规模定制，这是值得其他行业借鉴的很好的案例。一些管理学院将企业的客户关系管理方法借鉴到大学，就有了学院毕业生的俱乐部，可以推广成为猎头公司和学院相互交流、众筹的一个机构。苹果公司将惠普的复印机界面设计借鉴到电脑设计上，后来转化到手机的设计上；小米将戴尔的营销模式搬到手机营销上，并且将“饥饿营销”法发扬光大，这些都是行业的借鉴。可见，行业互换和品牌借鉴是一个非常好的创新工具。

2.4.5 原型设计

对于设计完成的解决方案或者产品，再利用乐高、橡皮泥、图画等将其直观地表现出来，在这个过程中，由于需要花费一定的时间完成，所以大家会时不时地给出很多不同的想法和创意，也会在他人想法的基础上获得更好的想法，它不仅仅是原来方案的可视化表示，还是一次进一步的创意迭代过程。

【O2O 大健康】

图 2 - 10 是“O2O 大健康”的绘画草图，一目了然。病人可以通过多种渠道（平板电脑、智能手机、药店、呼叫中心、微信、大众点评、百度贴吧、QQ 等）购买非处方药。对于处方药，医生的药方可以和这些渠道紧密连接，大家可以直接下订单。大数据中心将所有渠道的信息记录下来，后台自动连接药店，发货、沟通，建立病人或者社区的医疗药箱。这样的形式，大家很容易理解讨论的是什么，希望如何去做，这就是想法点子的绘画草图法。

图 2-10　O2O 大健康

【互动练习】寻求创意种子

利用“为什么……是否……”的工具，在 15 分钟之内，寻求至少一个创新种子。

本章总结

本章利用一些案例、故事、游戏介绍了创新需要打破传统的思维模式；IDEO、斯坦福 d. school，各个不同设计思维的创新流程；创新设计思维的三大步骤和十二大流程。最后讲解了如何获得创新创意的实用工具，如“为什么……是否……”“如果不……有没有其他的……”“强制关联法”“品牌借鉴”等。

扫码获取
本章测试题

第 3 章
头脑风暴

在创新的道路上，有个“给力”的神器一定要掌握，它可以帮你在这条道路上走得很远——头脑风暴。在群体讨论和决策过程中，成员之间往往会存在这样一种现象——服从上级领导或权威，抑或是少数服从多数。这样的现象被称之为“群体思维”。群体思维往往不能够彰显批判精神，更不利于创造力的产生，甚至会对决策的质量产生负面的影响，在人类发展的历史上这样的例子不胜枚举。如今，依托移动互联网的信息技术浪潮席卷社会生活的方方面面，去中心化的趋势在各个领域日渐突出，个体的能量得到极大的彰显。优秀的个体智慧需要凝聚更多个体的智慧，才能产生最终的创新成果。头脑风暴就是这样一种**将大家的智慧力量、聚沙成塔的有效工具**。

3.1 头脑风暴的概念和规则

3.1.1 头脑风暴的概念

“一群人围绕一个特定的问题相互激发、相互补充而产生新的观点或解决问题的方法，这种情境就叫作头脑风暴。”美国著名的学者 A. F. 奥斯本于 1939 年首次提出了“头脑风暴法”这一管理学说。其实，头脑风暴（Brainstorm）的英文原意是形容精神错乱者的胡言乱语。奥斯本借用它来说明在头脑风暴活动中，每个人要畅所欲言，解放思想，不受任何拘束和干扰。

头脑风暴是通过组织小型会议的形式，让所有参与者在轻松、愉快、自由的氛围中充分交换想法，并以此来彼此激发创意和灵感，使各种设想在相互碰撞中激起创造性的“风暴”——相互启发、引起联想、发生共振，如图 3－1 所示。每个人都被鼓励就某一具体问题及其解决办法，畅所欲言，各抒己见，从而产生尽可能多的观点，即便有些想法可能不会被完全采纳。有学者认为“头脑风暴的效用在于，较之个体之和，群体参与能够达到更高的创造性协同水平”。

图 3－1 头脑风暴的概念

IDEO 公司是世界上最负盛名的创新公司。很多人想知道是什么成就了 IDEO 的创新气质。那种创新的氛围是如何营造起来的？ 那就是头脑风暴！ 设计师会跟心理学家、人类学家、工程师、科学家、营销和商业专家或者作者、电影制作人等一起工作，跨学科的交叉与重叠让每个人在面对同一个问题时给出的解决方案是如此的千差万别，灵感便来自其中。“当前，你所要做的就是贡献自己的想法，成为讨论者中的一员，同时获得他人的洞见。”

头脑风暴在社会各个领域得到了广泛的接受和推广，在社会各种机构、组织、团体中的影响程度真的可以用风暴席卷来比喻。头脑风暴是启发创意、打造创新最常用的方法，帮助人们在解决问题的过程中，汇集大量的创新想法和方案，并最终带动社会方方面面的改进和提升。这一方法甚至有“创造技法之母”的美称。

3.1.2　头脑风暴的规则

1. 鼓励异想天开

要求参会者尽可能地解放思想，无拘无束地思考问题并畅所欲言，不必顾虑自己的想法或说法是否“离经叛道”或“荒唐可笑”；欢迎自由奔放、异想天开的意见，必须毫无拘束、广泛地想，观念愈奇愈好。真正的好点子，往往是在想破脑袋、几乎绝望的时候想出来的。但是前面要有一定的积累，轻易就能想出来的解决方法往往没有新意，也不值钱——因为你能轻易想出来的，别人也能，没啥稀罕的。

2. 延迟判断，禁止批评

拒绝　ⓧ 判断

图 3-2　延迟判断，禁止批评

如图 3-2 所示，不要在头脑风暴会议中对他人的设想进行攻击和批评，也不要自谦。评估工作是留在会后进行的。而且，人们一旦受到批评，本来想说的话就不说了，这对头脑风暴会议是个损失。其实成年人比儿童更具备创新能力，因为成年人有知识、有见识、有经验，也有判断力。不要急于否定别人的想法，也许某些想法可以给你新的启发。

3. 延续他人的创意，即“搭便车”

如图 3-3 所示，先让别人把话说完，然后顺着他的思路探讨一下——他为什么会有这样的想法？ 别人与你不同的想法是宝贵的，可以顺着别人的思路说：“这个主意不错，我们还可以……”

借题发挥的小窍门：

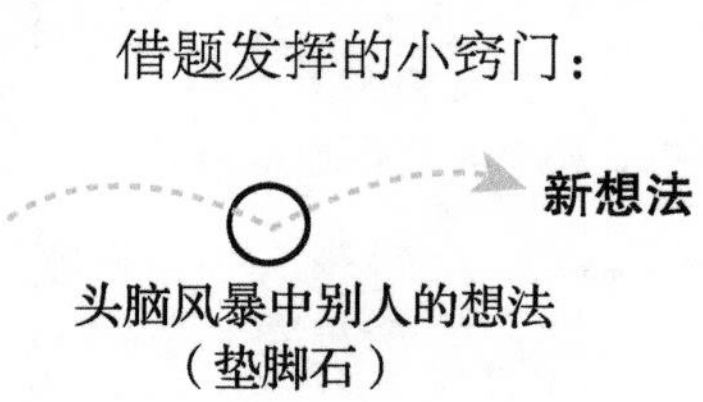

头脑风暴中别人的想法
（垫脚石）

图 3-3　延续他人的创意

- 利用一个构想可以诱发其他创意。
- 利用别人的创意展开联想，不必客气，这是一种尊重。
- 变化一下，得到一个更好的创意。

- 把两个创意结合起来看看，互相配合看看。

4. 追求数量，以量求质

鼓励参会者尽可能多地提出设想，以大量的设想来保证那些高质量设想的存在。设想多多益善，不必顾虑构思的好坏。不同的理解方式越多，好主意就可能越多。就好比，你不知道哪朵云彩会下雨，但有一点是肯定的：碧空万里无云，肯定不会下雨；天上积累的云多了，总有一朵会下雨。

追求数量的好处：

- 大量的创意想法中有可能产生高质量的想法，就算是笨拙的枪手，射击的次数多了，也会击中目标。
- 需要层出不穷的创意，也许爆发点就蕴含其中。
- 努力追求数量，就没有了批评的时间。

以量求质的诀窍：

- 在讨论环节，参会者接连不断地发言。
- 点名发言的方式在产生压力的同时也很有效。
- 一旦想到了，马上举手申请发言。
- 可以让大家在规定时间内必须每人提出一个创意，比如考虑一分钟之后提出，这也是利用压力帮助产生成果。
- 头脑风暴是高强度的脑力劳动，必须有张有弛，累了就休息一会儿。

5. 聚焦主题

探讨要一直围绕一个主题。由于想法太多，大家在探讨的过程中很容易跑题。主持人必须及时把大家的思路拽回来，千万不要扯远了，而忘记最开始聚集大家来讨论什么问题——不忘初心，牢记使命，就是这个意思。

6. 可视化

利用手边任何简易的材料，尽可能简单快速地打造一个小模型或者画一幅画，让别人更好地理解你的想法。在人的感官里，视觉带给人的冲击是最直观的，图画也行，实物模拟也行，反正要让人能直观看懂你想法的表达方式。一个新的想法可能要很多解释、描述的话语，但你给别人看一眼模型或者图画，对方很容易就都明白了，俗语说“一图抵万言”，这样也更容易引发他人的心理和思维反应。

7. 一个声音

进行头脑风暴时，必须要有一个主持人，而且还应该是一个控场能力很强的主持人。在没有主持人的情况下，头脑风暴就会出现争吵、拖沓、跑题甚至不欢而散的情况。主持人要制定规则，控制每人每次的发言时间，一般每次不超过三十秒，然后请下一个人发言；不能同时站起几个人来说话，每次只能有一个声音在说话，而且是在主持人示意允许之后。

8. 控制场面

该思考的时候，大家都保持安静的思考。产生了想法就写下来，交给主持人，或者在允许发言的时候表达出来；制止人身攻击，也是主持人的责任。

强调一下：**头脑风暴的主持人的控场能力非常重要，这决定了讨论效率和成败。**

我们也看到，IDEO 公司把头脑风暴的原则归纳为：暂缓评论，异想天开，借题发挥，不要跑题，不能打断别人，图文并茂，多多益善。

3.2 头脑风暴的流程

头脑风暴的流程并不复杂，却很好地体现了“不打无准备之仗”这一理念。准备工作做得越翔实，会议产出就会越丰富，头脑风暴的效果就会越好。反之，没有很好准备的头脑风暴会议，往往会流于形式，效果平平，让人不免失望。头脑风暴的流程，以及流程中各个步骤需要做的工作，每个节点的产出是什么，如图 3－4 所示。

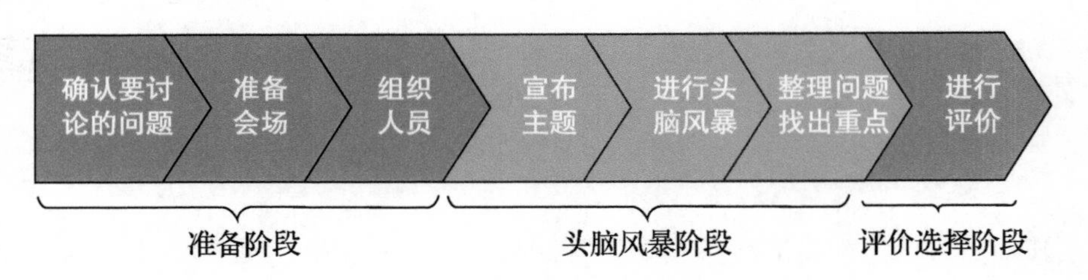

图 3－4　头脑风暴的流程图

这七个流程环节，可以在会前、会中、会后三部分中得以涵盖。下面我们就详细看看具体的做法，以及需要注意的要点。

3.3 头脑风暴的会前、会中、会后

好的准备是成功的一半，对头脑风暴尤其如此。如图 3-5 所示，每一个头脑风暴会议，都可以划分成会前、会中、会后三部分，每一部分都是不可或缺、承上启下、相互依存的，否则就不能成为一次完整的头脑风暴会议，甚至不能取得理想的活动效果。

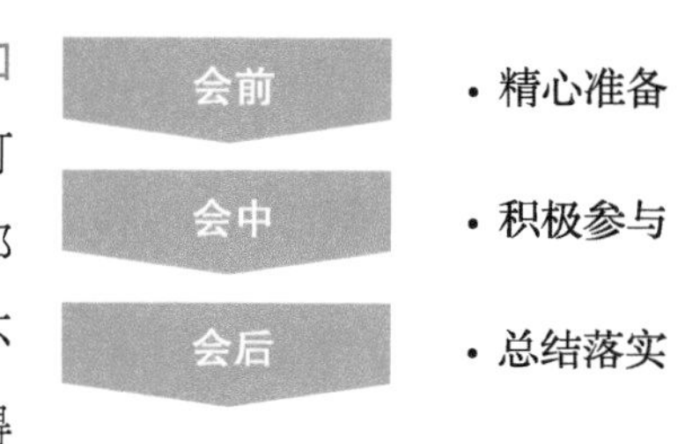

图 3-5 头脑风暴会议分为三部分

如果你打算开展一次头脑风暴活动，也请自查一下，是否依照这几部分开展的工作。

3.3.1 会前

头脑风暴的准备工作如下。

(1)确定要讨论的问题。建议每次只讨论一个主题。多个主题的头脑风暴，往往会顾此失彼，效果欠佳，哪个主题都难以得到满意的效果。毕竟，创造性思路的讨论需要消耗大量的精力，而不是像泛泛讨论那样轻松，更不是领导开会宣布什么任务那样，大家只带着耳朵来就行了。每个人没有经过深入的思考，很难产生新颖的点子，基本上就是白来了。

(2)组织人员。选定参加者（一般 8~10 人），其中包括主持人 1 名。

(3)规划时间。建议 30~60 分钟为宜。过短的讨论很难使人进入状态，过长的会议则导致效率曲线大幅下滑。头脑风暴的时间要有记录和控制，非常疲劳是不太合适头脑风暴的。一般情况下，会议开始后 15 分钟左右大家真正进入状态，疲劳的峰值在 45 分钟左右。这两个时间点都容易产生“智慧的火花”。

(4)确定召开头脑风暴会议的时间和场所。

(5)准备黑板（白板或海报纸）、便笺贴、记录笔等必要设备和文具。

(6)准备会场。运用头脑风暴的方法针对某一主题组织会议，需要营造一种自由愉快、畅所欲言的气氛，让所有与会者自由提出想法和点子，并以此形成相互启发、相互激励、引起联想、产生共振的连锁反应，诱发更多的创意及灵感。这就需要一个安静宽敞的地方，可以是会议室，也可以是室外的草地。狭小、拥挤、压抑的环境肯定不利于打开每个人的思维，在无拘束的环境下，头

脑风暴创造力的力量超乎想象。总之，不受干扰，避免分心的场地环境就好。

头脑风暴的会场，最好是圆桌，座位安排以“凹”字形为佳，主持人站在前面缺口处，既方便接近每个人，每个人也能互相看见。或者在较大的空间里用几张小桌子拼座，大家自由地围在一起。传统教室里固定座椅的那种排排坐，每个人只能看着前面人的后脑勺，十分不利于头脑风暴讨论。另外，围坐的好处在于，大家地位平等，没有首席末席之分，轮流发言，机会均等，发言分量也均等。

将海报纸贴于白板上，方便每个人看到上面写了什么，便于从中得到进一步思考的启发。

允许大家在独立思考的环节走动，但不能回到自己办公桌前，那样容易分心处理其他事情，甚至会导致参加讨论的人越来越少，那这绝对是个失败的头脑风暴会议。

(7)会议主持人应掌握头脑风暴法的细节问题，熟悉头脑风暴法的基本原理、原则。

3.3.2 会中

组织人员，宣布主题，进行头脑风暴。

参加头脑风暴的人不要太多，每组最好在8~10人为宜。人过多的话，轮流发言的时间就很有限，不利于会上交流。而人太少，又撞不出火花来。

如果有领导、老师、长辈参与，也要一视同仁，不搞特殊。这一点尤为重要，主持人更要注意到这一点，在发言次序、时间和内容启发上应适当调整，保持会场公平、开放、自由的氛围。

最好在与会人员走进会场之前，告知本次讨论的主题，可以提前在会议邀请中明确。这样，大家会有一些准备，甚至提前查阅并携带一些必要的资料或者所需材料。

主持人宣布头脑风暴开始的时候，必须明确告知本次头脑风暴会议要讨论的主题，确保大家都能正确理解。这时候，主持人就开始引领整个头脑风暴活动了。

一场头脑风暴的成果大小，主持人起到至关重要的作用。

1. 主持人

主持人的工作，要求做到：

- 协助大家进行思维发散，但主题不发散。
- 能控制场面和进度。
- 根据主题和实际情况需要，引导大家进行思想火花的碰撞。

主持人只主持会议，对大家的想法不作评论，包括：

(1)必须熟悉游戏规则，会前要向参会者重申会议期间应严守的原则和纪律，善于激发成员思考，使场面轻松活跃而又不破坏头脑风暴的规则。在与会者发言气氛显得相当热烈，可能会出现违背原则的现象（如哄笑别人意见，公开评论他人意见等）时，主持人应当立即、果断制止。

(2)引导每人轮流发言，并控制在规定时间内（一般为 30 秒），简明扼要地说清楚一个创意设想。避免成为辩论会，或导致发言不均。

(3)要以赞赏激励的词句语气和微笑点头的肢体语言，鼓励参会者大胆发言，多贡献设想。例如，“对，就是这样！”“太棒了！”“好主意！这一点对开阔思路很有好处！”等。

(4)禁止使用下面之类的话语：“这点别人已说过了！”“就这一点有用！”“我不赞赏那种观点。”

(5)经常强调需要或者已得到想法的数量。比如平均 3 分钟内大家要努力发表 10 个设想；比如已经有 10 个创意了，大家再贡献 5 个，等等。适度地施压来“压榨”众人的智慧。

(6)遇到人人都没有想法出现暂时停滞时，可采取一些措施，如宣布休息几分钟，允许散步、喝水等，然后召集大家回来，再进行下一轮的头脑风暴；或者发给每人一张与问题无关的图画，要求讲出从图画中所获得的灵感。

(7)根据主题和实际情况的需要，引导大家掀起头脑风暴的高潮，并及时抓住“拐点”，适时引导进入“设想论证”的环节。

(8)掌握时间。假如会议持续了 45 分钟，所有人形成的设想总计应不少于 100 种。一个很好的想法常常会在会议快要结束时被提出——这也是经常发生的事情—— 因此，预定结束的时间到了，可以根据情况再适度延长几分钟，让大家关注这个想法并给予讨论。有经验的主持人往往会提前留出时间余量，并加以合理使用。

所以，主持人应该：紧紧围绕研讨主题展开讨论，能控制场面和进度；在讨论过程中保持中立；坦诚地倾听、归纳与会者的观点；在讨论过程中发现积极的和消极的与会者，保证每个人都为讨论做贡献；适当地使用召集人的权力；保证头脑风暴会议有明确的结果和产出。

主持人不应该：允许大家漫无边际地讨论，或不控制会议内容；以个人的主观判断选择、限制与会者的发言；议来议去，没有控制时间和产出结果；在需要的时候没有及时做出决定，不能领导会议；让无意义的争论影响会议进展；没有适当的归纳总结，让会议不明不白地结束。

2. 参会者

参会者应该：对参加头脑风暴会议有积极的心态；事先对研讨主题有一定的思考；围绕会议主题积极发言；倾听他人发言，并注意自己身体语言的使用。召集人也可以是参会者。

参会者不应该：在头脑风暴会议上少参与或不参与，觉得事不关己；忙着看手机、看电脑，注意力不集中；发言空洞，不知所云，或批评他人的想法；在无关的问题上高谈阔论；表现出消极的身体语言；随便离场，影响会议秩序或氛围。

3.3.3 会后

整理问题，找出重点，进行评价。

头脑风暴会议结束之后，往往留下了一大堆写着各种想法的小纸条，或者在写字板上密密麻麻地写了很多想法。这些都是宝贵的产出物。可能主持人在讨论过程中已经尽可能进行了规整，方便大家现场阅读并进一步讨论，但是由于时间有限，也可能存在讨论中的表达不完全，需要进一步分类、归纳、总结、提炼。有时候甚至还需要根据这些内容，再次组织头脑风暴，以不断完善，形成可以操作的内容。这就需要参会各方继续完成以下工作。

1. 召集人/主持人

会议召集人/主持人应该：对会议结果做书面总结；将会议结果与有关领导沟通；关注任务的落实进展；决定是否需要据此开展后续的头脑风暴活动。

会议召集人/主持人不应该：对会议结果不管不问；没有给予参会者任何反馈。

2. 参会者

参会者应该：评价头脑风暴的产出；按会议分派的责任行动；会后的言行与会议决定保持一致。

参会者不应该：不履行会议中分派的职责；发表不负责任的言行。

头脑风暴的会后评价，可以用图表总结，如图 3 - 6 所示。

图 3 - 6 头脑风暴的会后评价

3.4 头脑风暴的步骤

我们以使用便笺贴开展头脑风暴讨论为例，来说明开展头脑风暴的具体步骤。

3.4.1 发散思维，集思广益

对于每个人产生的创意或想法，要充分表达。针对头脑风暴讨论的主题，大家用一张便笺贴写一个自己的好点子，贡献的便笺贴多多益善。统一交给主持人后，贴到公示的板子上。随意粘贴，只要不遮挡即可，如图 3 - 7 所示。

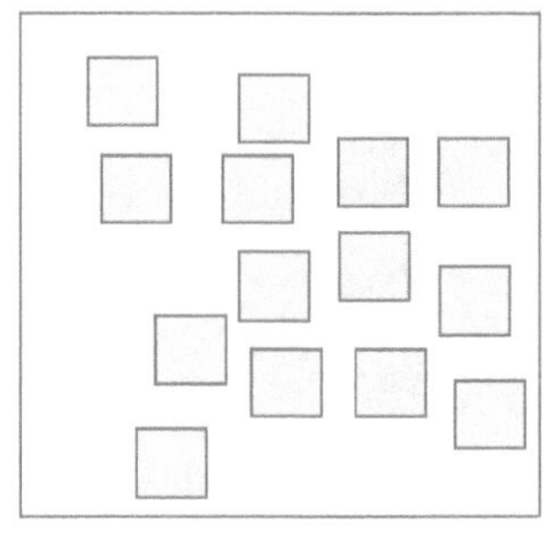

图 3 - 7 随意粘贴便笺贴

3.4.2 归纳与合并

众人对同一个主题进行思考，肯定会产生很多相同或相类似的想法。在结束了一轮创意想法的贡献之后，主持人可以带领大家一起回顾所有已产生的创意，逐一阅读每一张便笺贴。这样既实现了互相阅读和借鉴启发，也同时进行了归类整理。把相同或类似的便笺贴粘贴在一起，方便后面的归纳。每一张便笺贴都是一个智慧成果，不要轻易丢弃任何一张，更不要轻易下结论说某一张便笺贴是否有价值。归类整理便笺贴如图 3 - 8 所示。

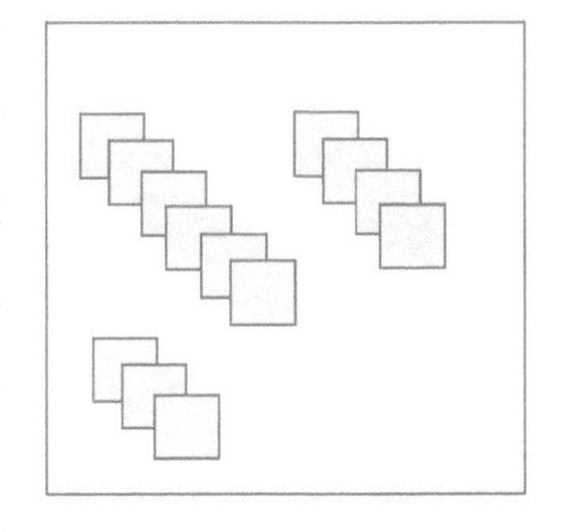

图 3 - 8 归类整理便笺贴

3.4.3 优先排序

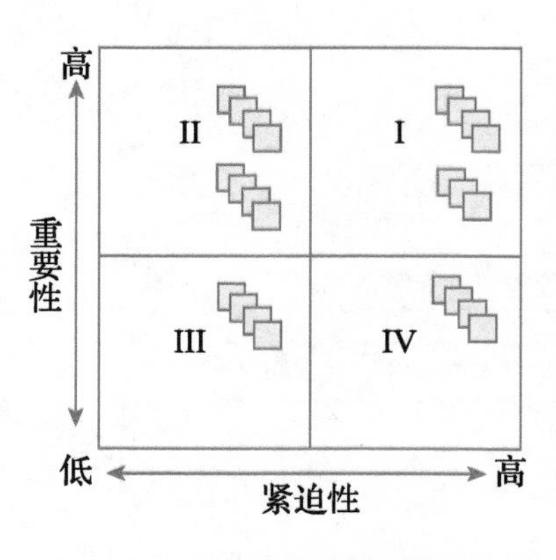

图 3-9 便笺贴归类后的优先排序

在大家完成了几轮头脑风暴的想法贡献之后，公示板上就应该有了几堆便笺贴，分别代表不同类别的思路和方法。接下来进入评估环节，即根据实际情况，以重要性、紧迫性两个维度的高低进行优先排序，如图3-9所示，把头脑风暴产生的各种（各类）想法分别归入四个象限之中，便于后期制订操作计划并落地执行。图中第Ⅰ象限，属于"既重要又紧急"的事项，优先执行。

3.5 头脑风暴的产出：任务目标

创新按程度分成两种。一种是颠覆式创新，即前所未有的那种。另一种是渐进式的创新，是基于以前的基础做了改进或者整合。颠覆式的创新非常少，往往是渐进式创新的逐步累加，会带来一个颠覆式创新。哲学上有句话，"量的积累，带来质的飞跃"，就是这个道理。不要心急，一步一步来。

以大学生的创新项目为例，在设立创意项目的时候，很多同学希望"发明"个什么东西，一下子横空出世，惊世骇俗。其实，真的不需要给自己设定过高的目标，因为在校学生时间精力和资源有限，同时要应对多门功课，还有各种课内外活动，学期之内可以自由支配的时间不是很多，而发明创造不是件一蹴而就的事情。建议大家先设立一个可以在本学期内完成的改进型项目就好了，那样就不会给自己和项目团队带来太大的压力，也会得到相对理想的结果。

设立一个任务目标的时候，可以遵循 SMART 原则，如图 3-10 所示，即具体性（Specific）、可衡量性（Measurable）、可实现性（Attainable）、相关性（Relevant）、时效性（Time-bound）。使用这个工具，可以清晰地界定一个任务目标是否合理、可行。如果在目标设立阶段就没说清楚，任务模模糊糊，那么你就不能指望这个任务会被团队、下属、同伴很好地理解并执行。到了验收结果的时候，也就不能得到理想的结果。

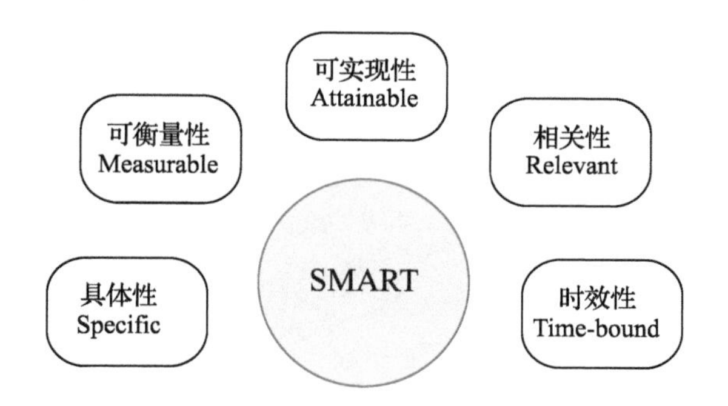

图 3-10　设立目标的 SMART 原则

3.6　头脑风暴体验

这是在北京大学某学期的创新课堂上，一组同学们头脑风暴的内容。

思考一下，在我们的生活中，有哪些地方是我们感觉不方便的?

同学试图解决这个难题：年轻人爱睡懒觉，早上起不来床，闹铃响了也经常会无意识地按下开关接着睡，导致容易睡过了头……怎么办?

小组的主持人宣布题目：我们做一个什么东西，能让人不得不起床。思考 5 分钟，把你的主意写在便笺贴上。

第一轮：头脑风暴便笺贴展示，大家写在各自便笺贴上面的想法五花八门。

听说有一种床，到时间了可以自动贴墙收起来，睡在上面的人就会掉下来，被迫起床。

弄个生物电刺激的闹钟，到时间就放电，针刺一般，把人电醒。

给值班大爷塞点儿劳务费，拜托他爬楼上来叫我起床。

……

这一轮，有效的做法似乎并不多。

针对生物电刺激闹钟，同学们还是进行了一些讨论，觉得似乎可行，但是，又觉得有安全隐患，万一电流太大了，会不会有生命危险?!

第二轮：小组主持人重新表述问题——我们做一个什么东西，能让人不得不起床？要求大家安静地再想想……第二轮头脑风暴开始。5 分钟后，便笺贴展示。

多买几个闹钟，隔几分钟响一个。

晚上多喝水，尿憋不住了自然就起床了。

不用电流刺激，能不能用声音迫使人起床呢？

晚上早点儿睡。

……

越来越实际了，但还是没有一个明确的思路。

突然，有个同学提出，能不能把第二轮头脑风暴的前三条想法综合在一起呢？看大家还没明白，他继续解释：

只要人离开热被窝，就基本不会再睡回去睡了，对吧？

只要闹铃一直响，怎么弄都响，就睡不着了吧！能不能让闹铃分布在房间的各个地方呢？一下子关不掉的那种！

这时，另一位同学要求发言，似乎很激动的样子，主持人允许了，他跳起来接着说：

把一个闹钟拆成几部分，只有凑在一起的时候才不响，不用买好几个闹钟。

想起小时候玩的积木玩具、变形金刚！晚上把闹钟拆开放在屋子的各个角落，闹钟还在正常计时，等早上闹铃响了，闹铃的开关必须是几部分凑在一起，才能起到关闭声音的作用！至此，一个创意产生了。

此刻，这个小组的项目目标就是，“在本学期内，制作一个声音开关可拆卸拼装的闹钟，不容易一下子关闭闹铃，帮助懒人早上起床”。我们来分析一下，这个项目目标是否足够 SMART？

- 具体性（Specific）：做一个拼装闹钟，拼装部分是闹铃声音开关。
- 可衡量性（Measurable）：能控制声音关闭就是成功标准，起到了迫使人起床的目的。
- 可实现性（Attainable）：技术上可行，资源需求也不太高，现有的玩具级别即可。
- 相关性（Relevant）：是一个对生活和学习有用的项目，充满正能量。
- 时效性（Time-bound）：一学期内可以实现。

全部符合，这是一个非常棒的项目目标！有的时候你的一个好主意会引发别人更好的主意。“抛砖引玉”是有道理的，千万不要否认最开始的那块砖的作用。要把这个过程记录下来，真的非常宝贵！

拼装闹钟项目，同学们利用电脑迅速画出了如图 3－11 所示的示意图。

图 3-11　拼装闹钟项目示意图

3.7　头脑风暴小贴士

(1)要提前让大家思考和准备，让每位参与者清楚地知道要讨论什么主题。适当的准备会让头脑风暴开展得更从容，讨论的内容更充分。

(2)不要过于依赖讨论环节，要给每个人的思考留下时间。假如某一轮规定思考 5 分钟，那么这 5 分钟之内就是自己安静地想和写，互相不要说话交流。自己写好了几个便笺贴都交给主持人，贴出来，然后在主持人的引导下简洁地介绍或讲解自己的想法，大家可以简单地交流讨论。参会者在主持人的引导下按顺序全部讲完之后，再进行下一轮的独立思考和写便笺贴，如此循环 2~3 次或者更多。

(3)针对讨论的题目，主持人可以“压榨”每个人必须在这 5 分钟内贡献至少 3 个创意点子—— 人的潜能往往是在压力之下爆发出来的。这一点在课堂上尤其必要，因为课堂时间很有限。高效利用时间，创造最大产出，头脑风暴需要那种“压榨”的感觉。

(4)积极参与，轮流发言。既然来参加头脑风暴，就不要有安静的睡鸟，当然也不许出现某个说起来没完的霸王龙式发言。主持人要控制好每个人的发言时间，要求内容尽量简洁。一定要做到轮流发言。

(5)平等、开放、坦诚、尊重。

1)主持人要公正地给每个人机会。领导或老师作为普通成员参加，不能搞特殊。

2）主持人也要注意自己不占用过多的时间。

3）头脑风暴中，不好的表现包括：嘲笑，私下讨论和评价，过早表态支持或反对，曲解，质疑，皱眉，咳嗽，冷漠，叹气等。

（6）知识产权。有人说："我有一个伟大的想法，这是属于我自己的，告诉大家了，我的专利怎么办？"其实好点子太多了，把它做出来才是真正宝贵的，如何做出来，需要集体的力量和大量资源作为保障。大家做头脑风暴出主意提点子的时候，不要有过多的顾虑。而且一个真正的好点子需要大家共同打磨。

（7）在头脑风暴会议中节省文具未必是件好事。**每张便笺贴只写一条想法。一定不要为了节省，把你的几条想法写在一张便笺贴上，否则会给后面的分类和优先排序带来麻烦。**

（8）黏性便笺贴一定要用质量好的。劣质便笺贴容易卷曲脱落，影响讨论效率。并且二次粘贴到错误位置，会引起混淆和错误。在这个时候搞节约，得不偿失。

（9）头脑风暴的工具很多，选择最简单的，就是最适合的。现在网上也有一些手机应用，纯电子的"便笺贴"，实现无纸化讨论，也挺环保，不过需要大家熟悉操作，否则工具不顺手，操作起来花费过多精力，也会影响参会者的思路发挥，不利于集中精力思考问题。大家可以自己斟酌，选择使用。

（10）组织了一场头脑风暴之后，还要看看在过程中丢弃在"垃圾箱"里的便笺贴。其实在整场头脑风暴会议的讨论过程中，前面写过又作废的便笺贴并不是真的扔掉了，最后还要拿出来再看看。也许会有一两粒被遗忘的金子，甚至就是你最想淘的那一粒。

（11）头脑风暴是一个现场的过程，但需在此之前做很好的准备工作。讨论以后，更要有总结和评估，这是个不可缺少的重要环节。头脑风暴的召集人或者主持人一定要跟所有参会者说明：

1）今天我们讨论的结果怎么样。

2）我们下一步的工作是什么，每个人的任务是什么。

头脑风暴不是让大家聊了一通，然后就散了。必须整理出讨论结果，然后去**落地执行**。

（12）关于头脑风暴的不同声音。也有这样一种观点，认为头脑风暴的效果并不是很理想，甚至有浪费大家时间的嫌疑。现实中产生这样结果的头脑风暴会议肯定有。如果仔细分析原因，往往会发现，这样的头脑风暴，基本上都犯了前面注意事项中提到的一些错误，比如，没有清晰的讨论主题，事先没给大家必要的准备时间，而是为了体现参与感而临时组织的头脑风暴，彼此没有充分理解并互相借鉴他人想法，主持人没有充分尽职等。头脑风暴是“一群人在思考”，有别于“一个人在思考”，不去参与碰撞，当然不会有智慧火花产生。我们并不否认单独的炸药包也有爆炸的威力，但那是另一种概念。**头脑风暴，是让众人一起思考的游戏，既彰显个体，更关注凝聚。**

本章总结

头脑风暴是开展创新活动中经常用到的一个工具和方法。

头脑风暴有别于一个人的突发奇想、灵光一闪，而是“一群人围绕一个特定的问题相互激发、相互补充，继而产生新的观点或者找到解决问题的方法”。这是“集众人智慧之大成”的一种工作方式，很像是智力游戏，但需要很好的控制和协调。

头脑风暴需要每个人的参与和贡献，也能够充分发挥每个人的潜能。在如今去中心化的移动互联网时代，这个工具尤为适合彰显个人才华，同时形成群策群力的战斗力。

现在大家喜欢讨论人工智能对人类工作的取代，这将是未来在许多工作领域中必将出现的改变，大势所趋。但是创造性工作，尤其是汇集了众人创造性工作而产生成果的工作方式，在相对长的一段时间内，还会是人类的特权，比如组织一场头脑风暴活动。

本章详细介绍了头脑风暴的概念、规则、工作流程和步骤、工作方法、角色分工，以及工作产出等内容，并提供了体验分享和小贴士，供读者参考。

扫码获取
本章测试题

第 4 章

TRIZ 创新方法

TRIZ（俄文直译：发明问题解决理论）将不同行业中的复杂问题采用通用的简单方法来解决，是一种以解决问题为目标的大道至简的创新方法，可帮助同学们在掌握专业知识的基础上提高系统化解决问题的能力。TRIZ 奠基人根里奇·阿奇舒勒（G. S. Altshuller）曾有这样一句名言："你可以用 100 年进行无序思考，也可以用 TRIZ 进行 15 分钟的逻辑推导获得顿悟。"可见，高效实用、有法可依是 TRIZ 有别于其他创新方法的主要特征。

本章从"理想、资源、矛盾、方案"四个方面构建精简版的 TRIZ 解题流程及工具应用模板。可为创新项目的创意酝酿和品质提升，提供解决问题的流程指导和价值判断依据。

4.1 大道至简的 TRIZ 创新方法

根里奇·阿奇舒勒在苏联里海海军专利事务局处理专利事务的数年工作中，对“产品创新设计和发明创造”是否存在“客观规律和解决发明问题的基本原理”产生了浓厚的兴趣，于是他和研究团队通过对大量高质量的专利进行深入分析和数据挖掘，总结出一套发明问题的解决理论。因为 TRIZ 是通过专利凝练出来的，所以在解决实际问题和产品设计方面均有着切实有效的指导意义。

4.1.1 TRIZ 概念释义

TRIZ 是“发明问题解决理论”的俄语（теории решения изобретательских задач）转换成拉丁文注音（Teoriya Resheniya Izobreatatelskikh Zadatch）的缩写。TRIZ 中文称为“萃智”。我国专利分为发明专利、实用新型专利、外观设计专利三种。《中华人民共和国专利法》第一章第二条对“发明创造”做出的定义为，本法所称的发明创造是指发明、实用新型和外观设计。**TRIZ 就是系统化解决“发明创造”问题的创新方法工具集。**

学习 TRIZ 可以帮助我们做好以下三件事情。

- **明确方向。**寻找到新的产品设计方向和系统问题改进方法。
- **品质提升。**原有方法无法实现产品优质迭代时，可使用 TRIZ 创新方法提升其性能。
- **降本增效。**当现有产品已经不再具备迭代研发的价值时，此时原有工艺产品的持续生产将会产生一定的危害，使用 TRIZ 可降低或消除这些危害。

4.1.2 TRIZ 体系结构

TRIZ 理论的体系结构，如图 4-1 所示，由术语、方法和算法三部分构成。

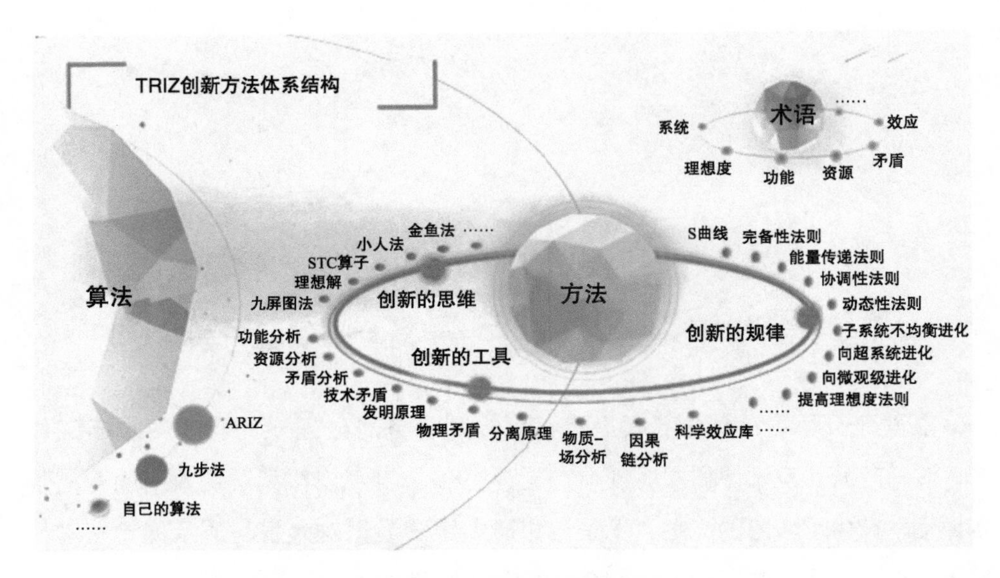

图 4－1　TRIZ 创新方法体系结构图

- 术语。用来表示相关概念的称谓集合，是 TRIZ 独具特色的理论体系构成元素。
- 方法。由“创新的思维、创新的规律、创新的工具”构成，用于“打破传统、跳出局限、创造可能”。
- 算法。该部分是 TRIZ 解决问题的主导步骤及流程，其主要功能是将难以解决的复杂问题拆解为易于处理的单一问题，其目标是寻找并解决系统问题中隐藏的物理矛盾。

如此庞大的体系结构可能会让初学者一头雾水，那有没有一种更为简化的 TRIZ 学习方法和有效的 TRIZ 解题流程呢？ 答案是肯定的。

4.1.3　TRIZ 的四要素

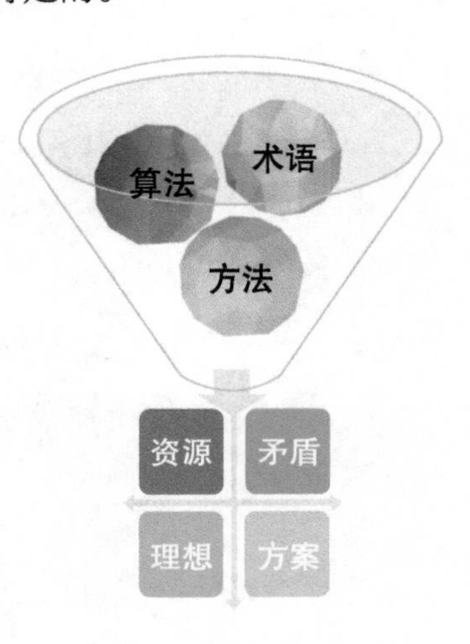

图 4－2　TRIZ 四要素

通过第一性原理思维方式，将 TRIZ 创新方法体系结构凝练为“理想、资源、矛盾、方案”四要素，如图 4－2所示。TRIZ 四要素的提出，将 TRIZ 体系结构化繁为简，旨在用 TRIZ 进行创新更为简洁高效。

TRIZ 四要素有利于帮助我们从物理学的角度来分析待解决的问题，通过一层层向内剥开事物表象看到本质，再从本质一层层地向外逐步解决问题。为便于大家理解 TRIZ 四要素，请熟记这样四句话："心中有理想，眼里有资源，抓得准矛盾，提得出方案。"

图 4－3 中西蒙·斯涅克对"黄金圈法则"的主要理念解读是"做什么、怎么做、为什么"，而没有对"哪里做"的问题进行讨论，然而对于项目创意落地和问题求解，这一点往往是决定性的关键因素。TRIZ 四要素的黄金圈法则回答了以上四项问题：做什么——设定解题理想；怎么做——利用各方资源；为什么——消除系统矛盾；哪里做——方案满足需求。

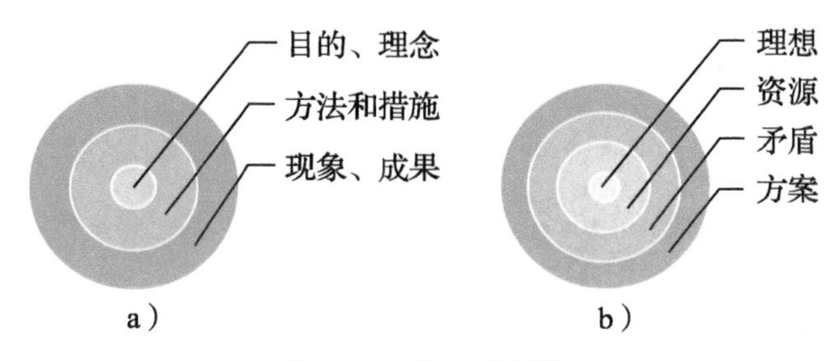

图 4－3　黄金圈法则

a）西蒙·斯涅克的黄金圈法则　b）TRIZ 四要素的黄金圈法则

4.1.4　TRIZ 解题流程

精简版 TRIZ 解题流程（如图 4－4 所示）四步释义。

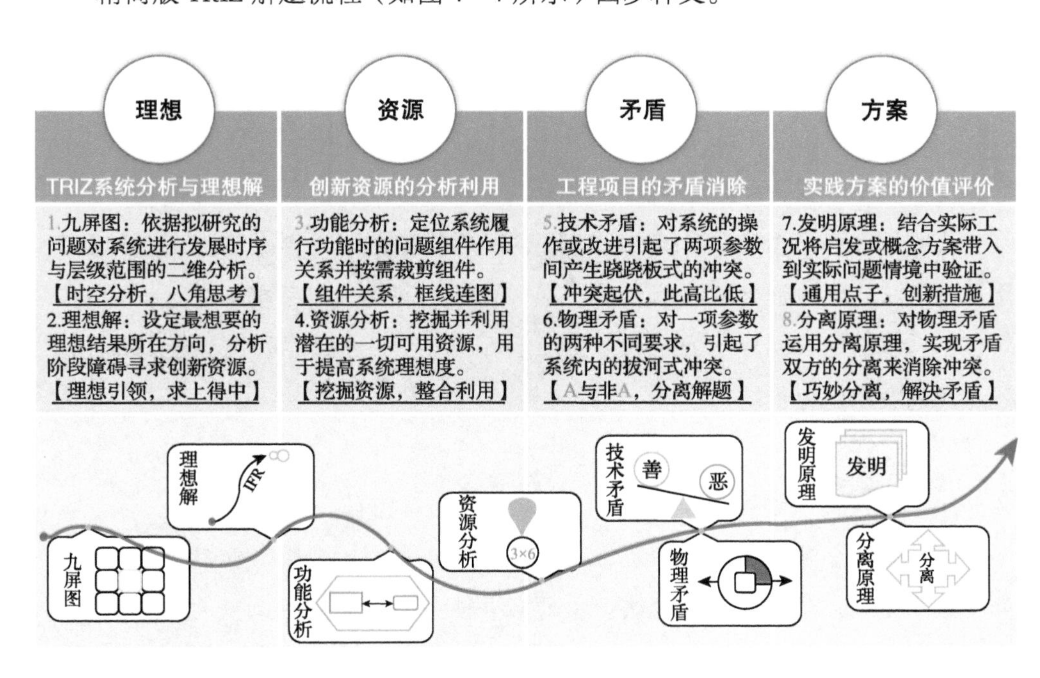

图 4－4　TRIZ 四要素与精简版 TRIZ 解题流程关系示意图

步骤1：TRIZ系统分析与理想解。通过九屏图法对项目（具体产品、技术系统、体验式服务等）在时间和空间两个维度上进行演进分析。运用理想解设定一个理想化的解决问题新高度，以理想度公式衡量并取舍产品的改进方案。

步骤2：创新资源的分析利用。对系统进行功能分析，找到形成问题节点的具体组件间的作用关系，并以功能再分配为原则对组件进行裁剪处理。以实现系统预设功能为导向进行资源分析与利用，将所获得的各类资源用于创新性解题尝试。

步骤3：工程项目的矛盾消除。在解题过程中，系统某一项参数改善时引起了另外一项参数的恶化（跷跷板式问题），或是对一项参数产生了两项完全不同的需求（拔河式问题），则须对问题进行矛盾分析，挖掘问题潜藏的技术矛盾或物理矛盾，利用矛盾消除方法获得对应的原理解（原理性解题方案）。

步骤4：实践方案的价值评价。通过发明原理或分离原理所获得的原理解，与专业知识相结合产生概念性技术方案。运用三项方案价值评价方法，实现“概念方案→技术方案→实践方案”的跃迁。

从项目品质提升的角度来看，步骤1和步骤2可用于项目创意酝酿并获得更多有价值的创意，步骤3和步骤4可用于创新项目中的技术问题解决并获得更巧妙的解题方案。

4.2 TRIZ系统分析与理想解

创新项目想要拥有可迭代的好产品，关键是需要将创意种子首先变成一个最小化的可行产品（技术系统）。TRIZ创新思维中的“九屏图法”是一种系统化思维方法，可用于快速定位当前技术系统在大环境（超系统）中的位置，并对技术系统的组成部分（子系统）进行分析，通过发展时序和因果逻辑获得项目迭代的图示化分析结果。

4.2.1 系统分析

系统分析方法包括组件分析、功能分析、结构分析、参数分析等方法。九屏图法（又称时间与空间思考法）通过将纵轴空间维度（超系统、系统、子系统）与横轴时间维度（过去、现在、未来）进行交汇，构建九个屏幕的图示化思维方法，如图4－5所示。

- 系统。系统由多个子系统组成，通过子系统间的相互作用实现一定的功能。
- 超系统。系统之外的高层级系统称之为超系统。
- 子系统。系统之内的低层级系统称之为子系统，子系统也视为构成当前系统的组件。

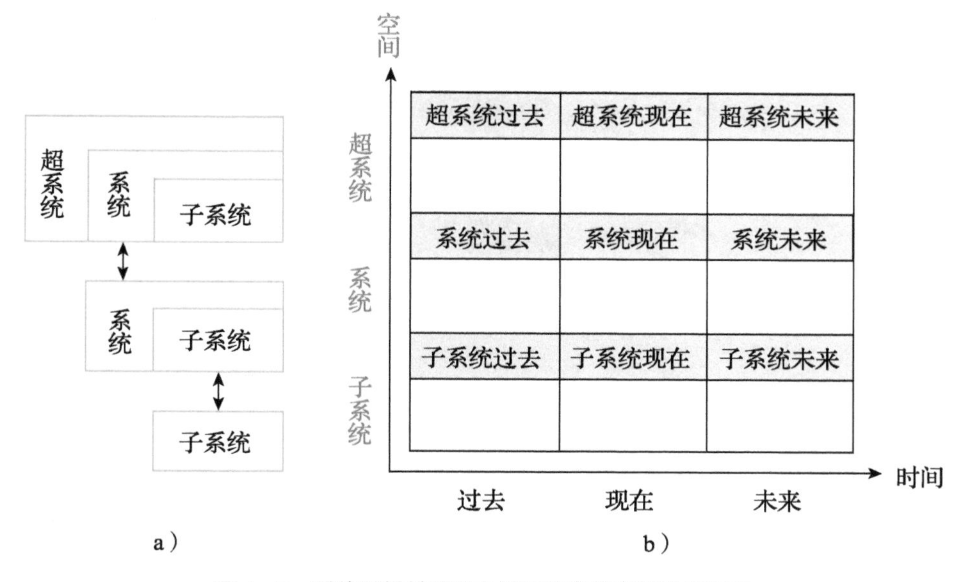

图 4－5 系统层级关系和九屏图时空维度关系示意图

a）系统层级关系 b）九屏图时空维度关系

九屏图法的系统层级划分边界，取决于系统问题的改进范围设定。在确定“系统现在”时须采用“拍照片（确定系统出现问题的时间节点与工况）”的手法对系统进行时空定位，时空定位是为了在确切的“操作时段和操作区域”内分析出更多可用于项目创新的资源。

非技术创新领域（工艺、服务、流程等）和技术创新领域（系统、装置、产品等）的问题均可应用九屏图法进行分析。非技术领域的问题可将其置于“系统现在”格中，先思考事情演变的前因后果，再思考问题的细节和所处环境。技术领域的问题可将有问题的技术系统置于“系统现在”格中，先对有可能造成系统出现问题的当前情况、组成部分（子系统）和所属环境（超系统）进行分析，再对问题产生节点的之前、之中、之后进行分析。九屏图法为项目问题分析中的组件构成与组件结构关系提供一种可视化的思维工具，可帮助我们打破单一视角分析问题的思考边界壁垒，从当前系统以外的八个角度寻找一切创新可用的资源。

【九屏图法案例分析】

运用九屏图法对“燃油汽车系统”进行分析，构建的分析结果如图 4 - 6 所示。

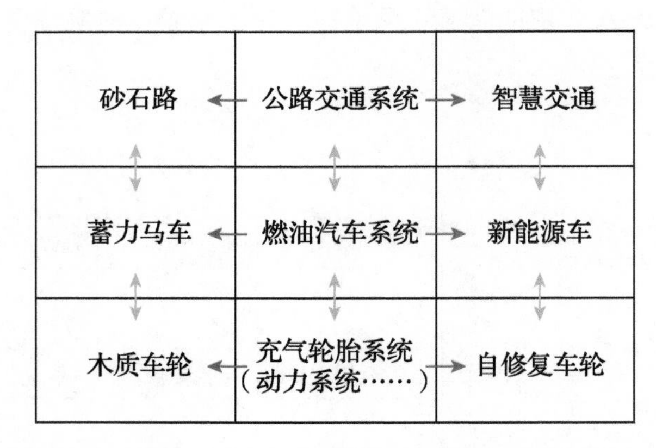

图 4 - 6　运用九屏图法对燃油汽车系统进行分析

4.2.2　理想解

试想一下，如果你是一位船长，夜幕中在浩瀚无垠的大海上航行时，你最期盼看到的是什么？ 是否就是指引你前行的灯塔呢？ 理想解就是指引我们寻找创新方向及解题方案的灯塔。理想解通过将客观限制条件转化为可利用条件，让探索式创新转变为目标驱动式创新，在不断消除障碍的过程中获得理想化的最终结果，理想解相关概念逻辑关系如图 4 - 7 所示。

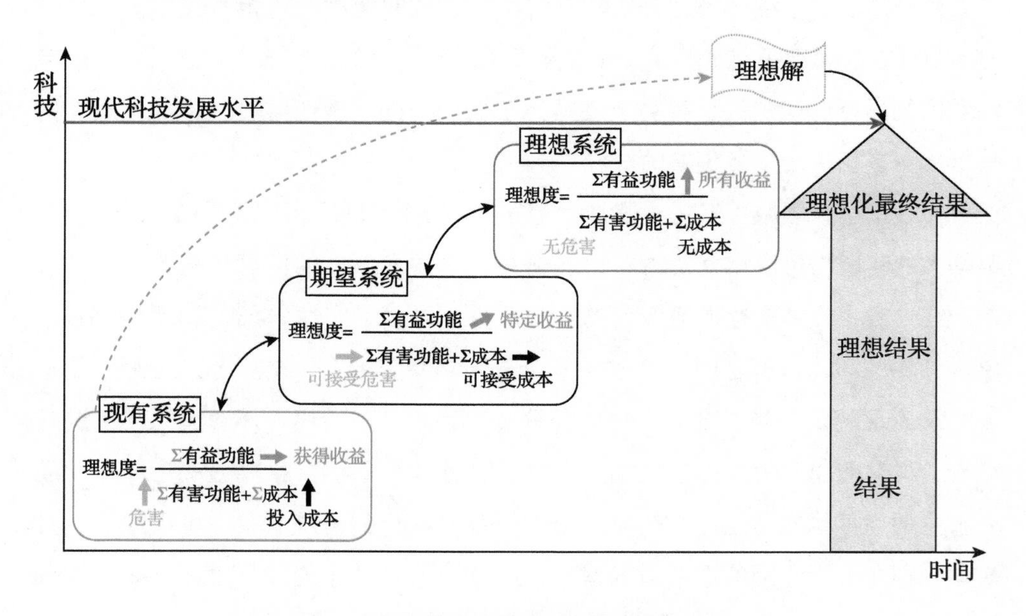

图 4 - 7　理想解相关概念逻辑关系示意图

（1）理想解。系统处于理想状态的原理解，用于明确项目研发或系统改进时能够达到的最优解决目标，确定解决系统问题的方向定位，引领我们获得理想化的最终结果（IFR，Ideal Final Result）。理想解将理想化的创新方向量化为理想度（理想化水平程度）。

（2）理想度公式。

$$理想度 = \frac{\sum 有益功能}{\sum 有害功能 + \sum 成本} \tag{4-1}$$

衡量系统是否向着理想解的方向进行迭代。其核心主旨为，是否消除了所有有害功能及成本，是否充分发挥了全部有益功能。

（3）理想化最终结果。理想系统的输出结果称为理想化最终结果，在某种给定的客观条件下，以实现系统自服务为目标，用最小的代价获得最大系统改进的结果。理想化最终结果体现的是，“产品处于生命周期曲线某个发展时段”和“现代科技发展水平”交汇处的理想化状态。随着客户需求、时代背景、现代科技发展水平三项客观因素的改变，该结果是可迭代更新的。

理想解本质是不断追求卓越的方向定位，并非是具体结果，也不存在实体物质。不断改进的系统越接近理想解，越能达到极致化的降本增效和现有资源的充分利用。在理想解的引领下，可促使“现有系统输出的结果”迭代为“期望系统输出的理想结果”，进而追求“理想系统输出的理想化最终结果”。**在寻求理想化最终结果的过程中，“消除原系统的不足，保持原系统的优点，没有使系统更复杂，切勿引入新的缺陷”应为操作层面必备的四个特点。**

理想解的设定应遵循三种考量和一个引入原则。①三种考量：三小原则（小问题、小改动、小成本）、三零标准（零成本、零危害、零结构）、三种境界（事前自预防、事中自解决、事后自改善）。②一个引入：在描述“设定的理想解是什么”时加入关键字“自己”，有利于获得更多达到理想解的“障碍”（理想解中的障碍特指一种客观条件未被满足的情况，通过认知视角的转换，可以将这种未被满足的客观条件转化为寻找资源的有利条件）。分析出来的障碍越多，获得寻找资源的条件就越多。

设定理想解的步骤见表4-1，其中分析结果内标注“↓”的是正向分析思维导引，标注“↑”的是反向解题思路导引，从正向分析到反向求解两个角度对设定步骤作以释义。

表 4-1　理想解设定步骤表

理想解设定步骤	分析结果
1.(现有系统)设计目标是什么?	(↓明晰目标)(目标实现↑)
2.设定的理想解是什么?	(↓提升理想)(理想实现↑)
3.现有系统达到理想解的障碍是什么?	(↓梳理障碍)(消除障碍↑)
4.出现这种障碍的原因/结果是什么?	(↓因果分析)(消因除果↑)
5.不出现这种障碍的条件是什么?	(↓障碍失效)(条件成立↑)
6.创造这些条件可用的资源是什么?	(↓挖掘资源)(资源代入↑)

理想解的核心思想是"目标导向拔高度，理想追寻自服务，客观限制变条件，降本增效用资源"。设定理想解时应抛开一切限制现有系统发展的客观条件，可基于现有系统的解题目标，提出一个具有自服务属性的理想化解题方向，设定的高度可以高于现代科技发展水平，通过对现实和理想之间存在的障碍进行分析，依据分析结果来设定使障碍失效的条件，有针对性地将分析结果中的资源带入到障碍失效条件中，用以消除罗列出的所有障碍，从而获得更加接近于理想化最终结果的项目解题方案。

【理想解案例分析一】兔笼问题

某农场主散养大量兔子，因不想让兔子走得太远而照看不到，改为兔笼圈养。兔子成长需要吃到新鲜的青草，但农场主不愿每日割草并运回来喂兔子。

表 4-2"兔笼问题"理想解设定与分析

理想解设定步骤	分析结果
1.(现有系统)设计目标是什么?	不用人,兔子就能够吃到新鲜的草
2.设定的理想解是什么?	兔子总能自己吃到新鲜的草
3.现有系统达到理想解的障碍是什么?	1.兔子无法自主觅食 2.笼子无法自主移动 3.草长得慢
4.出现这种障碍的原因是什么?	1.因为兔子被困于笼子里 2.因为笼子与草地摩擦大且没有移动的能量 3.因为自然规律,草生长需要时间
5.不出现这种障碍的条件是什么?	1.兔子在规定范围内活动 2.笼子能移动到新的地方并且具备自驱动能量 3.草长得速度快于兔子食用的速度
6.创造这些条件可用的资源是什么?	系统资源:兔子、草地、笼子(质量、结构) 超系统资源:太阳光、风能、地势、重力场等

兔笼问题的理想解设定与分析见表 4-2。对于农场主来说，好的解题方案应符合三小原则（小问题、小改动、小成本）。针对上述案例的可用资源，大家一定能想到很多的解题方案，但面对相同的事物思考不同的问题是一种能力，对资源进行多视角的深入分析可帮助我们提高这项能力。请大家思考以下方案都运用了哪些类别的资源，见表 4-3。

表 4-3 “理想解案例分析一”的解题思路

分析角度	方案草图			
兔笼类别	球形笼子	圆柱体笼子	棘轮型笼子	锥形笼子
移动形式	整体移动	双向移动	单向移动	定向移动
受控范围	难以控制	线性控制	进度不一	自给自足
移动范围	面	线	射线	点(规定范围)

【理想解案例分析二】草船借箭

周瑜故意刁难诸葛亮，要求他三日内造箭十万支。诸葛亮在夜色中以迷雾为屏障，擂鼓呐喊诱敌发箭，用船载回十万支箭，破解阳谋，立下奇功。草船借箭的理想解设定与分析见表 4-4。

表 4-4 “草船借箭”理想解设定与分析

理想解设定步骤	分析结果
1. (现有系统)设计目标是什么?	三日内获得十万支箭
2. 设定的理想解是什么?	十万支箭不用造,自己就飞来了
3. 现有系统达到理想解的障碍是什么?	1. 军中可用物资短缺,需调配物资以便造箭 2. 缺乏足够的造箭专业技工 3. 工期与现有物资及人员配备冲突(矛盾)
4. 出现这种障碍的结果是什么?	1. 导致所需耗时超三十日 2. 导致工作效率及成品率低 3. 导致无法按期交货(箭)
5. 不出现这种障碍的条件是什么?	1. 有可用且充足的现成物质资源 2. 产出便是可应用的成品 3. 可以延长工期
6. 创造这些条件可用的资源是什么?	系统资源:船、人(鲁肃的忠厚、曹操的多疑) 超系统资源:夜色、迷雾、风能、水流、声场等

设定理想解过程中的注意事项如下。

(1)在设定理想解的第4步“出现这种障碍的原因/结果是什么？”应对障碍的产生原因及导致的不良结果进行两项分析，如果仅进行了单项分析，则将问题中的另一项删除（分别如案例一、二所示）。如果进行了两项分析，则应标注好对“障碍”的分析结果是从哪个角度（原因、结果）进行的分析，并在第5步中给出对应的障碍失效条件。

(2)在创意酝酿或解决项目问题的过程中，可运用“理想解设定步骤”中的“6→5→3”步骤，获得解题方案的具体描述信息（即采用什么资源→满足了哪个障碍失效条件→使哪个障碍的成因条件不成立，或消除了障碍导致的不良结果）。对于没有任何不良影响的障碍可视为障碍不存在。当目标与理想解之间不存在任何障碍时，则可视为达到了理想解的状态。

以需求为导向进行系统资源分析是TRIZ解决问题的重要策略。任何未达到理想解的技术系统均应对相关资源进行再分析、再认识。将重新审视或改进后的资源与TRIZ创新工具（功能分析、矛盾分析等）相结合，用于提高技术系统的理想度，通过将资源与需求相匹配，利用功能载体让人获得收益是资源分析的主要目的。

4.3 创新资源的分析利用

古人云：“学贵有疑，小疑则小进，大疑则大进。”请问大家可曾想过这样一个问题：发明人在将解决问题的智力成果转换为专利前，他处理问题的方式是直接解决，还是先分析、后解决的呢？ 分析问题和解决问题之间是必然关系吗？

4.3.1 功能分析

我们对问题进行分析往往是为了明确需求（用什么资源能解决我的问题），通过明确需求去寻找并利用资源来获得解题方案。针对存在问题的系统进行功能分析，是准确处理待解决问题的有效手段。这里通过三项TRIZ创新工具（功能分析→资源分析→矛盾分析）构建TRIZ处理问题流程（分析问题→寻求资源→解决问题），用“以少见多”的学习方式帮助大家掌握TRIZ处理问题流程。

(1)功能三要素：两组件间应发生接触，且相互作用，并产生结果（参数的改变或保持）。

(2)功能：是指组件1对组件2发出的作用，使得组件2的参数发生改变或保持稳定。

图4-8中的组件1是执行功能的组件，组件2是接受组件1作用的组件。TRIZ功能的精简表达形式为功能＝功能载体S（名词）＋作用V（动词）＋作用对象O（名词）。

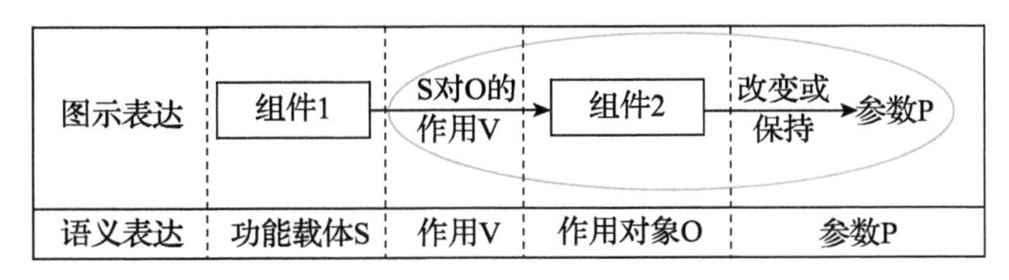

图4-8　功能表达形式

请大家尝试分析一下：安全帽的功能是什么？ 牙刷的功能是什么？ 眼镜的功能是什么？ 按照TRIZ对功能的精简表述形式，安全帽的功能表述是安全帽阻拦物体（SVO），牙刷的功能表述是牙刷去除异物（SVO），眼镜的功能表述是眼镜折射光线（SVO）。

(1)组件：系统或超系统的组成部分，由超系统组件、系统组件、作用对象组件构成，如图4-9所示。

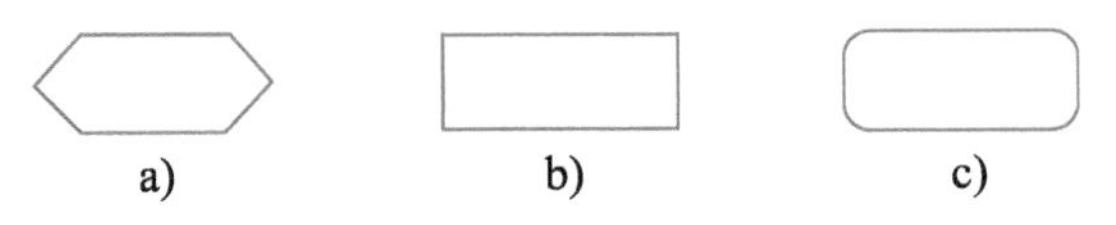

图4-9　组件的图示表达形式

a）超系统组件　b）系统组件　c）作用对象组件

(2)组件属性：功能载体、作用对象。组件间的作用是相互的，组件属性的确认以用户的分析视角而定，发出作用者为功能载体，接受作用者为作用对象。

(3)组件类型：物质、场、物质与场的组合。（物质是指具有静质量的物体，如安全帽、牙刷、眼镜等。场是指没有静质量，但可在物质间传递的能量，如电场、磁场、重力场、光场等。）

(4)功能分析：是一项问题分析工具，由组件分析、关系分析、组件关系图

（也称为功能模型图）三部分构成，如图 4－10 所示。

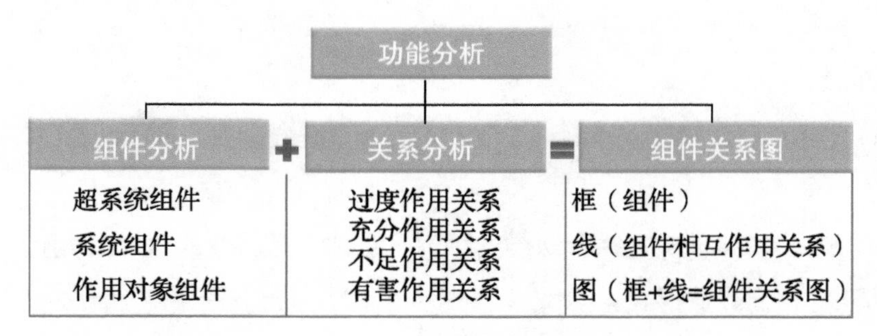

图 4－10　功能分析构成

功能分析三步法：

步骤 1：组件分析。填写组件分析列表（见表 4－5），给出系统名称，将系统组件、超系统组件逐一罗列出来。作用对象组件存在于超系统中，在其后用“作用对象”标识。

表 4－5　组件分析列表

系统名称	系统组件	超系统组件

步骤 2：关系分析。当组件数量超过两个时，则需绘制组件间作用关系结构图，如图 4－11 所示，按照组件序号依次在人字形网格交叉线上寻找与当前组件有关系的组件，图中黑点“●”表示在这两个组件之间，至少有一个或多个相互作用关系（即功能）。

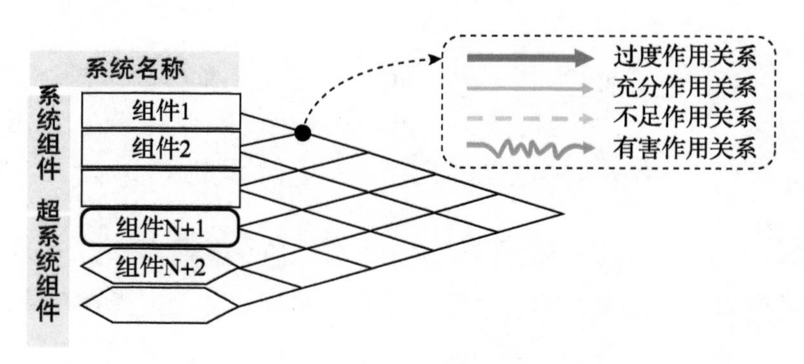

图 4－11　组件间作用关系结构图

图中虚线框内所示为组件间的相互作用关系类型，在绘制组件间作用关系结构图的过程中选择哪种作用关系线，取决于分析者在分析组件间相互作用时的期望值（过度 > 期望值，充分 = 期望值，不足 < 期望值，有害 ≠ 期

望值）。

步骤3：组件关系图。以图示表达的形式，将“组件”用所对应的作用关系线（过度、充分、不足、有害）进行“连线”，并在关系线旁用动词描述作用，绘制组件关系图。

例如，以“功能载体S—作用V—作用对象O”的形式对“安全帽阻拦物体，牙刷去除异物，眼镜折射光线”分别绘制相应的组件关系图，如图4－12所示。

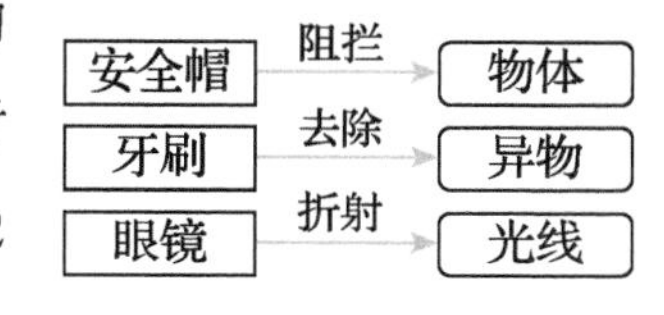

图4－12　安全帽、牙刷、眼镜的组件关系图

组件关系图可以帮助我们加深对系统履行功能情况的客观认识，图示化的展现形式有利于我们直观了解系统内各组件之间的相互作用关系，重新认识系统存在问题的关键点成因，根据成因对解决问题可利用资源的具体需求进行分析，从而明确解题方案应满足怎样的需求。

【功能分析案例】眼镜系统

图4－13中眼镜（近视镜）系统履行功能情况：当眼镜戴在人头部（通过耳朵、鼻梁限位镜框）时，系统中的镜片（系统组件）使环境中的光线（超系统组件）改变其折射角度后，进入到人的眼球内，让人获得矫正视力的主要收益，使人可以清晰地看到远距离的物体。

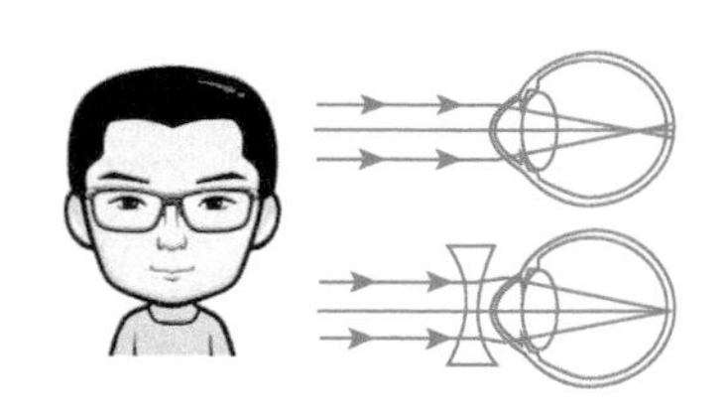

图4－13　系统情况描述图

针对“眼镜系统”的情况描述图进行组件分析后，获得表4－6。

表4－6　“眼镜系统”组件分析列表

系统名称	系统组件	超系统组件
眼镜系统	镜片 镜框 镜腿 鼻托	光线（作用对象） 眼球 鼻梁 耳朵

通过对“眼镜系统”中的各类组件进行分析后，获得如图4－14所示的关系分析图。

将图4－14中的每一个“●”均转化为箭头加注释（动词）形式的组件关系

分析。图 4－15 是对图 4－12 案例组件关系图中的“眼镜折射光线”进行的深入分析，将眼镜作为当前系统进行系统组件间的关系分析，并对超系统组件与当前系统组件间的关系进行分析。

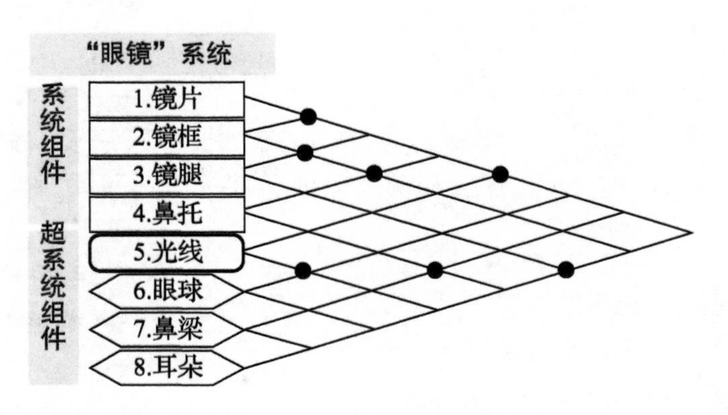

图 4－14　“眼镜系统”关系分析图

针对图 4－15 中的“有害作用关系、不足作用关系、过度作用关系”，均可以利用“功能裁剪”中的四项裁剪方法对问题组件进行裁减，裁剪后将获得新系统（产品）。

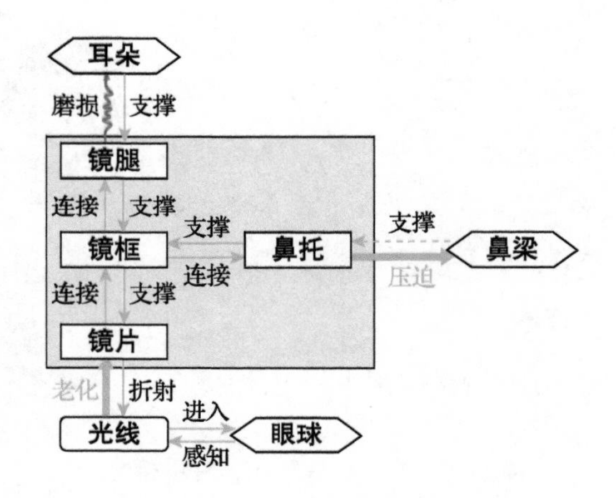

图 4－15　“眼镜系统”组件关系图

4.3.2　功能裁剪

功能裁剪（系统组件功能再分配的组件裁剪方法），是将系统化繁为简的同时以谋取有用功能最大化，将有害功能（冗余或非期望的系统做功）和成本降至最低限度。

通常情况下系统组件功能再分配的裁剪有四种方法，见表 4－7。

表 4-7 四种裁剪方法

裁剪方法	组件关系图	说明
1	组件1 ✕ —作用→ 组件2	若没有组件 2,则不需要组件 1 及其发出的作用
2	组件1 ✕　作用→ 组件2	组件 2 能自我完成组件 1 所提供的作用,则组件 1 可被裁剪
3	组件1 ✕ —作用→ 组件2；其他已有组件 —作用→ 组件2	如果系统(子系统)或超系统中“其他已有组件”可代替组件 1 发出相同作用,则组件 1 可以被裁剪
4	组件1 ✕ —作用→ 组件2；新添加组件 —作用→ 组件2	系统中“新添加的组件”可代替组件 1 发出相同作用,则组件 1 可以被裁剪

在精益创新阶段，应突出一个“精”字，美而小胜于大而泛，需要用追求极致的精神去挖掘用户的核心需求，将与核心需求不相干的功能都裁减掉，在某一功能点上达到单点极致。TRIZ 创新工具中的“功能裁剪”就是针对此类问题进行处理的问题解决工具。

裁剪的对象为系统中的组件，将被裁剪掉组件的有用功能重新分配给系统中的其他组件身上，见表 4-8。

表 4-8 四种裁剪方法案例

裁剪方法	组件关系图	说明
1	作用	当鼻托(组件 2)没有时,鼻托支架(组件 1)可以被裁减掉
2	作用	镜片(组件 2)能自己支撑且固定自己,镜架(组件 1)被裁减掉
3	作用	眼眶(超系统组件)代替镜腿(组件 1)发出相同的作用即固定镜框与镜片,则镜腿(组件 1)可被裁减掉
4	作用	松紧带(新添加组件)代替镜腿(组件 1)发出相同作用即固定镜框,则镜腿(组件 1)可以被裁减掉

当我们想要获得相对的“降本增效”设计方案时，也可以对充分作用关系的组件进行裁剪。如何裁剪取决于该组件的功能价值判断，在保证系统正常做功的情况下，可将执行次要功能的组件进行裁剪，保留执行主要功能的组件，从而获得一个正常做功的精简系统。

4.3.3 资源分析

资源是创新的原材料，解决问题的实质是对资源的深度分析与巧妙运用。在进行项目研发或产品创新设计时，将了解需求作为分析问题的出发点，有利于准确寻找并利用资源，从而获得正确的解决问题方案。

- 资源，是指系统及其所处环境中可被开发和利用的元素（物质、能量、信息等），凡是有助于实现功能的相关元素都构成了资源。
- 资源分析，是指通过转换对事物的认知视角，寻找并确定有价值的各类可用资源。

在 TRIZ 中，可用来解决系统矛盾，推动技术系统进化的物质及其属性、能量、信息等都是可用资源。从系统做功的角度可将资源分为六类：物质资源、能量资源、信息资源、空间资源、时间资源、功能资源，见表 4－9。

表 4－9 资源类型释义及案例

序号	资源类型	概念释义及案例
1	物质资源	任何可以完成特定功能的物质 例如，钻木取火，发动机燃烧汽油输出动力
2	能量资源	具有使物质做功能力的资源，存在于系统内外的场或能量流 例如，风力发电，利用磁场的指南针
3	信息资源	技术系统中能产生或存在的信号，通常信息需要通过载体表现出来 例如，落叶知秋，中医看病时的望闻问切
4	空间资源	不同系统层级中物质的相对位置，中空部分或孔状空间 例如，枣夹核桃，寝室的上下铺
5	时间资源	工艺过程或系统运行的之前、之中、之后及可同步运行的时间间隔 例如，牛的反刍，厨房蒸锅可以上蒸下炖同步加工食物
6	功能资源	技术或其环境中能够产生辅助功能的能力 例如，飞机舱门旋梯，富兰克林利用风筝引电

通过系统化思维对资源进行分类，可将资源分为内部资源和外部资源。根据发展观的视角对资源进行分类，可将资源分为现成资源和派生资源。见表4-10。

表4-10　资源存在的位置及形式

序号	存在位置及形式	概念释义
1	内部位置资源	在矛盾发生的时间、区域内部存在的资源
2	外部位置资源	在矛盾发生的时间、区域外部存在的资源
3	现成形式资源	系统本来就有组成部分，一想便知、拿来即用的资源
4	派生形式资源	系统中有些资源是后来产生的，是对现成资源的改变

因为内部资源是获得成本消耗相对较低的资源，所以在进行资源查找过程中应优先查找。虽然内部资源通常是闲置（需要转换认知视角对物质的诸多属性进行挖掘）且不易被发现的，却是解决问题投入产出比最高的优质资源。在引入外部资源的过程中应注意，所引入的资源应没有使系统变得复杂，并切勿引入有潜藏缺陷的新元素。

【资源分析案例】单人寻灯问题

开关1、2、3与灯泡甲、乙、丙不是有序对应关系，房间内的三个灯泡可分别被房间外的三个开关所控制，控制开关的位置无法看到房间内部。初始状况灯都是关闭的，仅有一次进入房间检查灯泡情况的机会，请思考如何操作可获知开关与灯泡的对应控制关系？“单人寻灯问题”的系统组件结构关系，如图4-16所示。

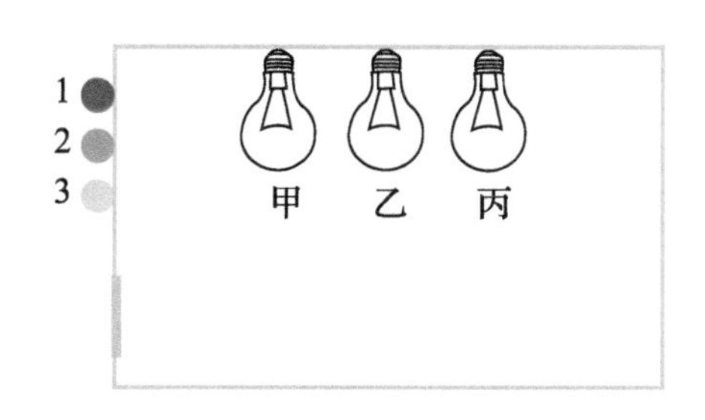

图4-16　“单人寻灯问题”系统组件结构关系示意图

为便于大家对该系统进行多角度的资源分析，这里给出一份“三层六类”的资源分析表，供大家进行资源分析，见表4-11。在进行资源分析时，表中的每一个空格都应按照“由内而外，由现成到派生”的路径去寻找可利用资源。

表 4 - 11　资源分析表

查找层级＼资源分类	物质资源	能量资源	信息资源	空间资源	时间资源	功能资源
超系统						
系统						
子系统						

请思考在图 4 - 17 所示的解题方案中，运用了哪一系统层级的什么类别的资源？ 这些资源都以怎样的形式，存在于系统中的什么位置？

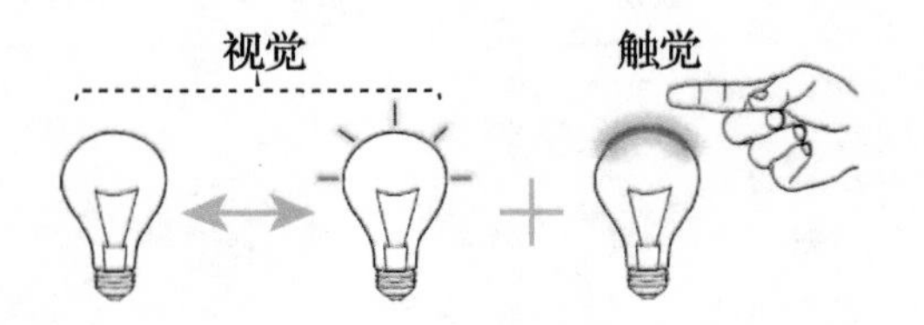

图 4 - 17　“单人寻灯问题”解题方案示意图

4.3.4　资源利用

知道了资源分类和层级查找后，怎样有效地利用资源才能获得巧妙的技术方案呢？

资源利用是指在获得收益的同时减少成本和危害，可以让技术方案以最小的资源投入获得更多的收益，以最小的资源消耗满足特定的需求。

从技术方案的有效价值角度来看，对现行系统最好的解题技术方案应是以小博大的问题解决形式，以点带面的系统改变方式，以少获多的投入产出比，即“确定最小问题，寻求最小改变，投入最小成本”的解题“三小原则”。同时应按照表 4 - 12 中的资源属性去寻找和选择资源，尽量选择具有“免费、有害、无限、成品”属性的资源。

表 4 - 12　选择资源的顺序

选择角度	资源选择顺序
价值	免费→廉价→昂贵
质量	有害→中性→有益
数量	无限→足够→不足
可用性	成品→改变后可用→需要建造

表中所述资源属性中的“有害资源”是指原本没有被最大限度挖掘其可用性的资源，或是放错地方的资源，是一种有待研发的资源。采用变害为利的方式（通过改变原有物质的物理参数或化学参数，获得新的物质属性并加以利用），对有害资源进行改良可获得“避免损失和额外赢利”的双重效应。

4.4 工程项目的矛盾消除

4.4.1 矛盾分析

在工程技术系统问题改进或产品设计过程中，常常需要处理一些冲突，例如，对一项参数提出两项不同需求，或是解决原有问题将会导致新问题的出现等。通常情况下，此种问题的处理方法往往是在一定约束下进行参数优化，通过折中或妥协来获得暂时满意的效果，但这并不能从根本上解决问题的矛盾点。TRIZ 将产生问题的矛盾归结为管理矛盾、技术矛盾、物理矛盾三类。其中管理矛盾是非标准矛盾，不能被直接消除，通常需要转化为技术矛盾或物理矛盾来解决。

- 通用工程参数（39 个）。用于描述不同工程技术系统共性参数的通用参数词汇表。
- 发明原理（40 个）。基于大量专利和技术方案所凝练出来的，用于解决发明问题的通用原理。
- 矛盾矩阵表。由通用工程参数编号和发明原理序号所构成的一种横纵坐标速查表，通过查表可将消除技术矛盾所需的原理解尝试范围，从 40 个缩减为推荐的某几个发明原理。

4.4.2 技术矛盾分析与消除

技术矛盾（跷跷板式矛盾），是由系统中两个相互制约的参数导致的，当运用某种手段对技术系统的参数 1 进行改善时，将会引起该技术系统中参数 2 恶化，如图4－18所示。

判断系统是否存在技术矛盾的三种分析方法如下。

- 在系统中引入一种有益功能后导致某种有害功能的产生，或增加了已经存在的有害功能。
- 消除一种有害功能时导致系统中有益功能变坏。
- 有益功能的加强或有害功能的减少，致使系统变得过于复杂。

图 4-18　技术矛盾概念示意图

技术矛盾的消除三步法为“定义矛盾→参数转化→查表求解”，详解如下。

步骤 1　定义矛盾。根据“如果……那么……但是……”的格式确定技术矛盾，获得“如果（采用的措施），那么（期望的改进目标→参数 1），但是（导致的不良结果→参数 2）”，并运用技术矛盾验证表进行技术矛盾验证，见表 4-13。

表 4-13　技术矛盾验证表

格式	TC-1(技术矛盾导出)	TC-2(技术矛盾验证)
如果	拟采用的措施 A	拟采用的措施 非 A
那么	参数 1 被改善 △	参数 2 被改善 ○
但是	参数 2 被恶化 ●	参数 1 被改善 ▼

其中 TC-1（技术矛盾导出）与 TC-2（技术矛盾验证）中的参数互为相反值（TC-1 中的参数 1 与 TC-2 中的参数 1 互为相反值，TC-1 中的参数 2 与 TC-2 中的参数 2 互为相反值），此种相互验证模式有利于检验所描述技术矛盾的可靠性。一般情况下将 TC-1 中的参数 1 和参数 2 经“参数转化”处理后，用于查询矛盾矩阵表获得消除技术矛盾的推荐发明原理。

步骤 2　参数转化。参照通用工程参数表，将“口语化参数描述”转化为“通用工程参数描述”，见表 4-14。

表 4－14　通用工程参数表

序号	通用工程参数名	序号	通用工程参数名	序号	通用工程参数名
No.1	运动物体的重量	No.14	强度	No.27	可靠性
No.2	静止物体的重量	No.15	运动物体作用时间	No.28	测量精度
No.3	运动物体的长度	No.16	静止物体作用时间	No.29	制造精度
No.4	静止物体的长度	No.17	温度	No.30	作用于物体的有害因素
No.5	运动物体的面积	No.18	光照度	No.31	物体产生的有害因素
No.6	静止物体的面积	No.19	运动物体能量消耗	No.32	可制造性
No.7	运动物体的体积	No.20	静止物体能量消耗	No.33	操作流程的方便性
No.8	静止物体的体积	No.21	功率	No.34	可维修性
No.9	速度	No.22	能量损失	No.35	适应性,通用性
No.10	力	No.23	物质损失	No.36	系统的复杂性
No.11	应力,压强	No.24	信息损失	No.37	控制和测试的复杂度
No.12	形状	No.25	时间损失	No.38	自动化程度
No.13	稳定性	No.26	物质的量	No.39	生产率

步骤 3　查表求解。运用如图 4－19 所示的微信小程序（小程序名称：TRIZ 小帮手）查询矛盾矩阵表（39 个通用工程参数、40 个发明原理），获得推荐的原理解（40 个发明原理中的某几个）用于消除技术矛盾，获得概念性解题方案。

图 4－19　微信小程序中的“TRIZ 小帮手”

表 4－15　矛盾矩阵表

改善参数 \ 恶化参数		No.1 运动物体的重量	No.2 静止物体的重量	No.3 运动物体的长度	……	No.39 生产率
No.1	运动物体的重量	+	−	15,8,29,34		35,3,24,37
No.2	静止物体的重量	−	+	−		1,28,15,35
No.3	运动物体的长度	8,15,29,34	−	+		14,4,28,29
……						……
No.39	生产率	35,26,24,37	28,27,15,3	18,4,28,38	……	+

表 4－15 中的第一列表示改善参数（期望的改进目标），第一行表示恶化参数（导致的不良结果）。矛盾矩阵表中“数字”表示推荐的解决技术矛盾的发明原理序号，数字位置越靠前，推荐度越高。“+”表示物理矛盾。“－”表示 40 个发明原理（见表 4－16）的机会均等，可按顺序逐一尝试。在这里需要特别

指出的是，40个发明原理当中的每一条原理，都可以作为一个单独的创新措施及解决问题的通用原理加以运用。

表4－16　发明原理表

序号	原理名称	序号	原理名称	序号	原理名称
1	分割	15	动态特性	29	气体或液压结构
2	抽取	16	不足或过度作用	30	柔性外壳或薄膜
3	局部质量	17	多维	31	多孔材料
4	增加不对称性	18	机械振动	32	改变颜色
5	组合	19	周期性作用	33	同质性
6	多用性	20	有效作用持续性	34	抛弃再生
7	嵌套	21	减少有害时间	35	性能转换
8	重量补偿	22	变害为利	36	相变
9	预先反作用	23	反馈	37	热膨胀
10	预先作用	24	借助中介物	38	加速氧化
11	事先防范	25	自服务	39	惰性环境
12	等势	26	复制	40	复合材料
13	逆向思维	27	廉价替代品		
14	曲面化	28	机械系统替代		

【技术矛盾案例分析】飞机升力提升问题

当飞机起飞时机翼面积越大，所获得的升力就越大，但机翼的面积增加会导致飞机的重量增加。

(1)定义矛盾。

飞机升力提升问题的技术矛盾描述格式为“如果（机翼面积加大），那么（飞机升力提升），但是（飞机总重增加）”。填写技术矛盾验证表，见表4－17。

表4－17　“飞机升力提升问题”的技术矛盾验证表

格式	TC－1(技术矛盾导出)	TC－2(技术矛盾验证)
如果	机翼面积加大 A(加大)	机翼面积减小 非A(减小)
那么	飞机升力提升 △(升力)	飞机总重降低 ○(总重)
但是	飞机总重增加 ●(总重)	飞机升力下降 ▼(升力)

将TC－1（技术矛盾导出）中的技术矛盾参数对“△（升力）和●（总重）”采用标准化的TRIZ语言进行描述，即运用39个通用工程参数将非标准描述转化为标准描述，如图4－20所示。

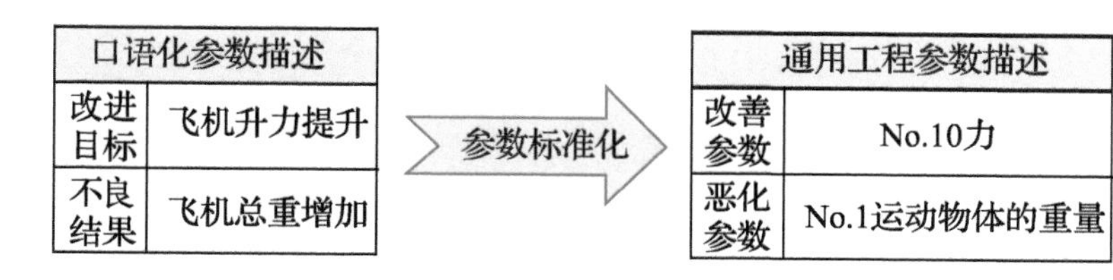

图4－20　通用工程参数转化过程

(2)参数转化。

改善参数——No.10 力。任何改变物体运动状态（或系统）间相互作用的度量。

恶化参数——No.1 运动物体的重量。运动物体在重力场中的重量（物体的质量）。

(3)查表求解。

通过查询矛盾矩阵表（见表4－18），得到的发明原理如下。

“8. 重量补偿原理”“1. 分割原理”“37. 热膨胀原理”“18. 机械振动原理”。

表4－18　矛盾矩阵查表结果

改善参数	恶化参数
	No.1 运动物体的重量
No.10 力	8、1、37、18

通过“8. 重量补偿原理”这一原理解（见表4－19），提出运用排出的废气来提高飞机的升力。当废气被排出时所释放的力，起到了扩展机翼的功能，有助于在产生升力的同时不增加飞机的重量。

表4－19　发明原理及其释义

原理序号	原理名称	发明原理释义
8	重量补偿原理	A. 将某一物体与另一能提供升力的物体结合，以补偿其重量； B. 将物体与介质(利用空气动力、流体动力或其他力等)的相互作用实现其重量补偿。

4.4.3 物理矛盾分析与消除

物理矛盾（拔河式矛盾）：对同一个参数具有相反的并且合乎情理的不同需求。

当系统中出现了对一个参数具有“A”与“非A”的相反需求时，就视为系统中存在物理矛盾。虽然采用“A”与“-A”的方式能快速高效地定位物理矛盾，但采用“A”与“非A”的思考范围能挖掘出更多的物理矛盾，有利于我们在根本上解决系统中的问题，从而获得更多有价值的方案。物理矛盾参数取值思考范围，如图4-21所示。

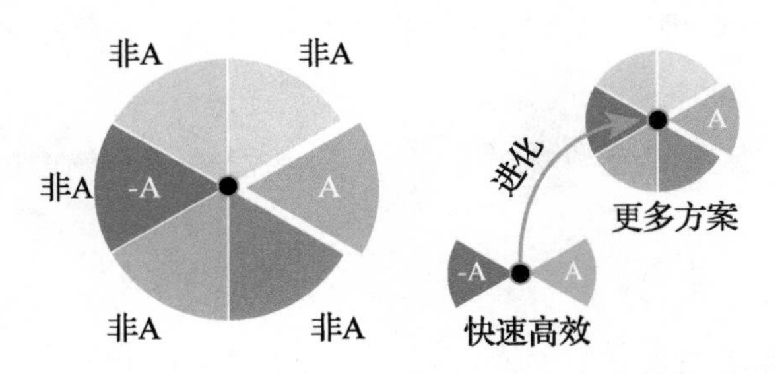

图4-21　物理矛盾参数取值思考范围

例如，既要长又要短，既要对称又要非对称等，都是物理矛盾的表现形式。常见的物理矛盾参数值需求，见表4-20。

表4-20　常见物理矛盾参数值需求表

类别	物理矛盾参数值			
几何类	对称与非对称 锋利与钝	长与不长(短) 圆与非圆	平行与交叉 大与小	厚与不厚(薄) 水平与非水平(垂直)
材料及能量类	多与不多(少) 时间长与不长(短)	密度大与不大(小) 黏度高与不高(低)	功率大与不大(小) 温度高与不高(低)	导热率高与不高(低) 摩擦系数大与不大(小)
功能类	喷射与卡住 运动与静止	推与不推(拉) 强与不强(弱)	冷与不冷(热) 软与不软(硬)	快与不快(慢) 成本高与不高(低)

物理矛盾的描述格式见表4-21。

表 4-21 物理矛盾描述格式表

物理矛盾	需求描述	参数值	参数
		(A)	
		(非 A)	

一般情况下，技术矛盾中都潜藏着对应的物理矛盾。技术矛盾案例分析“飞机升力提升问题”中所隐含的物理矛盾见表 4-22。

表 4-22 “飞机升力提升问题”物理矛盾描述格式表

物理矛盾	需求描述	参数值	参数
	为满足飞机升力提升，需要	加大	机翼面积
	为满足飞机总重减小，需要	减小	

物理矛盾可运用分离原理将矛盾双方进行分离从而获得解决。分离原理由“空间分离原理、时间分离原理、基于条件的分离原理、整体与部分的分离原理”四项构成。

(1)空间分离原理：是将矛盾双方（同一个物理矛盾参数的两个不同需求）在不同的空间上进行分离。即通过在不同的空间方向上满足不同的需求来进行分离，当矛盾双方在某一空间上只出现一方时，使用空间分离原理解决物理矛盾。

(2)时间分离原理：是将矛盾双方在不同的时间段上进行分离。即通过在不同的时刻满足不同的需求。当矛盾双方在某一时间段中只出现一方时，使用时间分离原理解决物理矛盾。

(3)基于条件的分离原理：是将矛盾双方在不同的条件下进行分离，以降低解决问题的难度。当矛盾双方在某一条件下只出现一方时，即通过在不同的条件下满足不同的需求，使用基于条件的分离原理解决物理矛盾。

(4)整体与部分的分离原理：是将矛盾双方在不同系统层级上进行分离。当矛盾双方在子系统、系统、超系统级别内只出现一方时，通过在不同的系统层级上满足不同的需求，基于系统论的视角，使用整体与部分的分离原理解决物理矛盾。

【物理矛盾案例】针眼面积问题

老年人在使用缝衣针的过程中，穿针引线时希望针眼面积大些，有利于穿线，在缝衣服的时候则希望针眼面积小些，有利于针在布料中穿梭，这就是一种物理矛盾。

(1)定义矛盾。

针眼面积问题的物理矛盾描述格式见表4-23。

表4-23 “针眼面积”的物理矛盾描述格式

	需求描述	参数值	参数
物理矛盾	为满足穿针引线时易于操作,需要	加大	针眼面积
	为满足缝衣服时不破坏布料,需要	减小	

(2)应用分离原理求解。

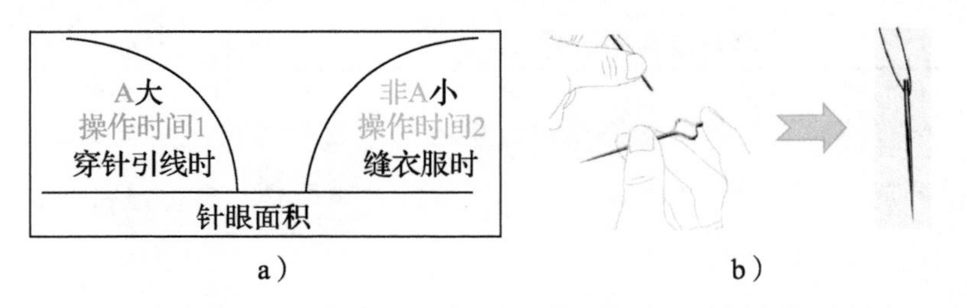

图4-22 “针眼面积”物理矛盾的解题思路及方案示意图

a) 时间分离原理示意图 b) 解题方案概念示意图

图4-22中采用时间分离原理对针眼面积既要大又要小的需求，在不同操作时段间进行分离。将针眼部分采用柔性材料制作，当需要穿针引线时，只要用力压一下针的顶端，针眼即可放大，从而轻松地将线穿过去。穿线完毕后针眼会自动恢复原样，利于缝制操作。

4.5 实践方案的价值评价

实践方案特指具有实践价值的技术方案，是引领技术系统实现更多有益功能的方案。具有完备性且理想度高的技术方案才是具有实践价值的方案。无论是一个简单的产品还是复杂的技术系统，都应遵循客观规律发展演变。TRIZ所提出的技术系统进化法则，指出了技术系统进化的发展方向，能够帮助我们在众多的创新方案中遴选出最有价值的实践方案（概念方案→技术方案→实践方案）。对于运用TRIZ原理解所获得的概念方案，应结合自身知识对概念方案进行补充、修订和完善，使其成为可以解决问题的技术方案。

为提高新技术系统的研发效率，避免创新过程中的盲目试错，这里选用

TRIZ 技术系统进化法则当中的完备性进化法则和提高理想度进化法则以及 RTC 算子（资源 Resource、时间 Time、成本 Cost）用于实践方案的价值评价。这里从“完备性进化评价、理想度提升评价、方案优先级评价”三个方面展开。

4.5.1 完备性进化评价

完备性进化评价是衡量技术方案能否对提升系统高效输出预设功能的考量，技术系统的总体进化趋势应是逐渐完备的，如图 4－23 所示。

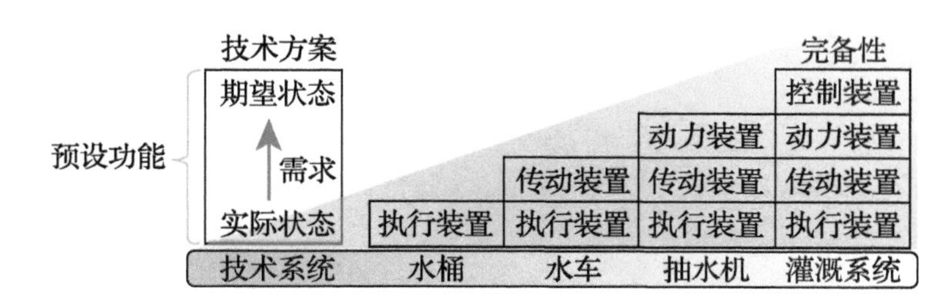

图 4－23 灌溉系统的完备性系统进化趋势图

技术系统是为实现功能而构建的，不完备的系统无法满足用户对当前技术系统的更高需求。虽然一个不完备的技术系统并不妨碍其单独成为一个工具或产品，但提高技术系统的完备性是技术方案引领技术系统实现预设功能的必要条件。预设功能是以满足“从实际状态到期望状态之间不断攀升”的用户需求为目标的一种功能设计。技术方案应以实现预设目标为前提，不断提高系统的完备性。一个完整的技术系统在做功时，应至少包含“动力装置（产出或转换能量）、传动装置（传递能量）、执行装置（执行功能）、控制装置（调控参数）”四个部分。如有缺失则会导致整个技术系统局部或整体失效，无法实现其预设功能。

【完备性进化分析案例】电风扇系统

电风扇技术方案完备性分析，如图 4－24 所示。

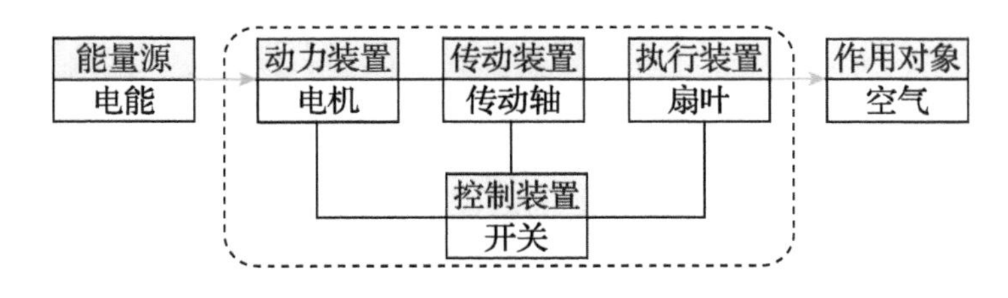

图 4－24 “电风扇”系统完备性分析

系统完备性进化评价是以提高生产率和降低人工劳动强度为目的。项目改进人员对于不完备的系统，运用完备性进化法则对技术系统进行改进方案设计，可促使技术系统不断趋于完备。提高系统完备性是技术方案是否具有价值的评价依据之一。

4.5.2 理想度提升评价

技术系统是朝着不断提高系统理想度的方向进化。理想度，是工程技术人员或产品设计人员衡量技术系统改进程度或新产品项目研发过程中创新性的重要指标。技术方案理想度的提高，有助于技术系统价值的提升。

理想度公式（式 4－1）可用于衡量实践方案改进产品或系统的理想化水平。提高技术系统理想度的四个方法见表 4－24。

表 4－24 提高技术系统理想度的方法

序号	操作形式
1	增大分子，同时减小分母。
2	分子，分母同时增加，确保分子增速高于分母。
3	锁定分母，增大分子。
4	锁定分子，减小分母。

由式（4－1）可以得出：技术系统的理想度与有用功能之和成正比，与有害功能之和及其总成本成反比。实践方案对产品改进的理想度越高，产品的竞争能力越强。

价值工程是降低成本，提高经济效益的管理学理论。价值工程的理论基础是价值理论公式，其主要思想是对选定研究对象的功能及费用进行分析，从而提高对象的价值。

$$价值\ V=\frac{功能\ F}{成本\ C} \tag{4-2}$$

通过将理想度公式（式 4－1）与价值理论公式（式 4－2）对比可知，TRIZ 将价值理论公式中的功能更细致地分为有益功能和有害功能，其中需要注意的是有益功能与有害功能是相对的概念。

例如，某人在自习室用手机外放英语音频，进行发声练习，音频对他的学习是有益功能。但从是否影响自习室系统内其他成员的角度来看，他是做出了有害功能。所以功能的有害还是有益取决于判定者的价值取向和预期值。

4.5.3 方案优先级评价

方案优先级评价表用于对多项方案进行优先级排序，以排序结果作为执行方案顺序。排序靠前的实践方案对解决系统问题具有较好的投入产出比和较高的可行性。

表 4－25 方案优先级评价表

方案序号	指标权重												优先级别
	所需资源			时间消耗			整体成本			处理策略			
	大	中	小	长	短	瞬	贵	廉	无	后	中	前	
	5	10	15	5	10	15	5	10	15	5	10	15	
方案 1													
方案 2													
……													

表 4－25 从系统改进所需的“所需资源、时间消耗、整体成本、处理策略”四个角度按照“所需资源规模：较大、适中、较小。方案实施时长：较长、较短、瞬间。成本投入情况：昂贵、廉价、不需。问题处理策略：事前预防、事中改进、事后修缮”的权重值设定规则，以“5、10、15”三个数值来量化四个不同的角度。通过累加求和的方式获得优先级得分。在实施技术方案对系统进行改进过程中，可优先选用优先级别分值最高的方案作为实践方案。

本章总结

TRIZ 是系统化解决发明创造问题的创新方法工具集。

TRIZ 创新方法体系结构凝练为“理想、资源、矛盾、方案”四要素（心中有理想，眼里有资源，抓得准矛盾，提得出方案）。

理想解的核心思想是“目标导向拔高度，理想追寻自服务，客观限制变条件，降本增效用资源”。

资源是创新的原材料，解决问题的实质是对资源的深度分析与巧妙运用。

解决发明问题的过程就是找到矛盾并消除矛盾的过程。

对现行系统最好的解题技术方案应是以小搏大的问题解决形式，以点带面的系统改变方式，以少获多的投入产出比，即“确定最小问题，寻求最小改变，投入最小成本”的解题三小原则。

扫码获取
本章测试题

第 5 章

创新搜索与知识产权保护

很多同学都在做各种各样的创新创意项目。电影《宝贝计划》中有一个镜头是婴儿车不小心挂在汽车上自由地跟着车跑，如果年轻的妈妈推着这样的车下坡，稍不注意，这个小车就有可能带着宝宝飞奔，非常危险。有一位同学就想到了一个项目，当双手放到小车上的时候，小车感应到妈妈的存在，车轮可以自由地行动。但是双手离开时候，小车的制动装置就会使它停在原地。这个想法很好，可是很可惜，在几年前的 iCAN 国际赛上，德国队就做过这样的一个项目。讲这个故事是想说明，**做项目时，你在想，别人也在想。**

创新是一件难以琢磨，却又不可阻挡的事情。即使爱迪生在做最后一次灯泡实验的时候放弃了或失败了，也还是会有电灯的发明。因为人类的知识是建立在前人的基础之上的，问题往往会由多人同时提出，看谁能掌握足够的信息并快速实现。爱迪生只不过是率先发明了电灯，所以**成功有时候也是一个小概率的事件。**

创新并不是一件简单的事情，却又是需要我们努力去做的一件事。**“工欲善其事，必先利其器”，对任何事物进行分析和理解都应该寻求一种科学的思路和方法。**本章通过介绍一种思考分析问题的工具——“5W1H”方法，加之笔者自己“北斗 TAXI 计程器”的真实项目，带领大家了解从发现问题到信息搜索，进而快速予以工程实现的全过程。

5.1 信息检索过程（Where）

一个创新项目可以从功能、结构、技术、艺术四个象限来考虑，首先明确问题定义，找到项目中的所需元素，求解问题，与前人所有和他人所想进行比较，找到并定位自己的项目特色，进而对自己的方案进行有效的实施与高效的管理。图 5-1 给出了一个项目提出到分析解决的流程。

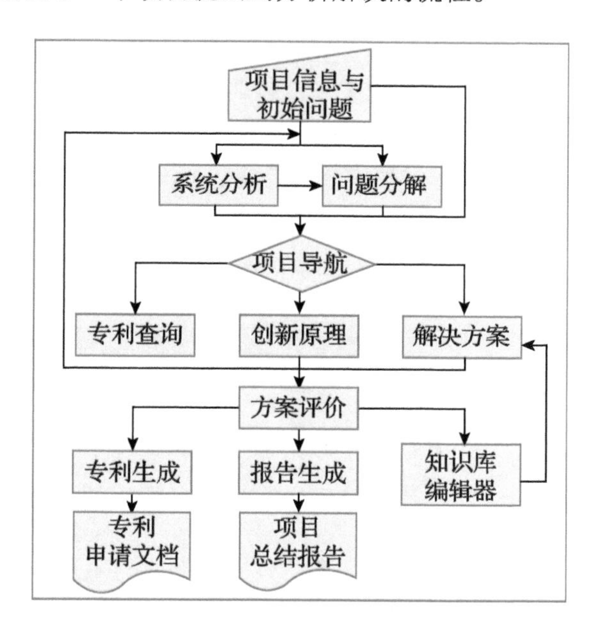

图 5-1　项目提出与分析解决流程示意图

【实例】有一天，我乘坐出租车回家，被不良的出租车司机多收了费，既然遇到了这样的事情，就要把它研究得透彻一点。因为我是研究北斗卫星导航系统的，就想既然北斗能够定位，也就能够计算两点之间的距离。出租车原来的计价器也是计算 A 地到 B 地的距离，我就看看两者之间有什么区别，便以出租车计价器为例进行了问题研究，发现市面上存在名为“跑得快”的违规装置，通过改动出租车计价器的信号输入，达到多计里程、多收费的非法目的。为了揭示违规行为，我选择以“出租车计价器的计程导航系统”为研究课题，制定了相应的信息检索策略。

5.1.1 课题分析

1. 关键词

以“出租车计价器的计程导航系统”为课题，首先进行关键词的分解，名称中首先有“出租车”，英文“TAXI”，把关键词锁定为“计程导航系统”，则可以锁定目前中国的“北斗”和美国的“GPS”，出租车导航系统的关键词及查询组合方式内容设计见表5-1。

表5-1 出租车导航系统的关键词及查询组合方式

课题名称	关键词	查询组合方式
出租车导航系统	出租车、TAXI、GPS、北斗	（出租车+出租汽车+TAXI）×（GPS+北斗） （出租车+出租汽车+TAXI）×（计价器+计程器）

2. 确定学科范围

根据课题具体方向，选择确定学科范围。实例中综合了定位系统和汽车本身的特点，并且有新的拓展，本课题可能涉及的学科有计算机科学、地球科学、动力与机械、航空航天科学、测绘学。

3. 确定检索年代、文献类型、检索方法、检索数据库

检索时要注意检索的年代，比如关键词中涉及的北斗，此领域的研究近10年涉猎得较多。确定文献类型，具体需要查询论文、报告、还是综述，或者是几者的组合，然后确定检索方法和检索数据库，基于上述步骤，可以得到以下检索路线。

检索年代：20世纪90年代以后。

文献类型：科技报告、科技期刊、会议论文、专利文献。

检索方法：倒查法、追溯法。

检索数据库：EBSCO、Engineering Index、IEEE/IEE Electronic Library、Web of Science、ScienceDirect、维普中文期刊数据库、万方数据库、中国期刊全文数据库等，当然可以不断修订和扩大范围。

5.1.2 查找文献信息

1. 调整、修改检索策略，扩大检索

以中国知网平台为例。前面确定了检索的路线，就可以开始反复地、迭代地查找，最后汇总整理，精准找到所需信息。

在检索时，平台软件通常会设置很多检索要素或检索条件，图 5－2 给出了检索实例关键要素示意图，左侧的检索范围，包括年代以及其他的字段等。检索后，应该调整并扩大范围，进行反复迭代，改变检索字段，增加近义词的数量等。例如，出租车还可以用出租汽车、巡游车、网约车等，在重构与迭代中开阔视野和扩大范围。

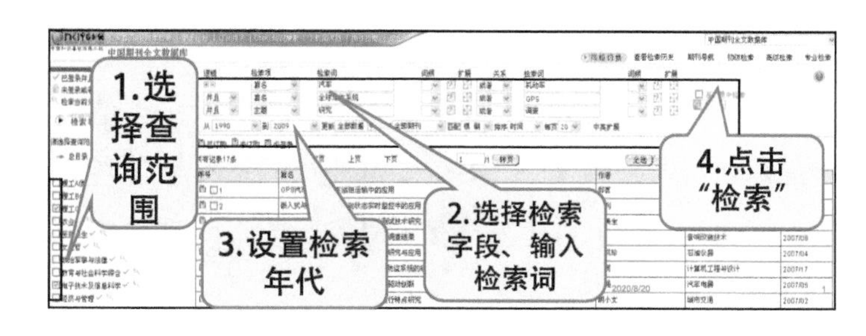

图 5－2 检索实例：关键要素示意图

2. 知识产权检索

- 分析检索主题。专利分为发明专利、实用新型专利、外观专利。想要明确主题，可以通过有限关键词目标精准检索，也可以经过深入分析来逐步扩大范围，以此来缩小、聚焦所需要的精准信息域。
- 确定关键词。扩大关键词范围，如上文提到的“GPS、北斗、TAXI、出租车、巡游车、网约车、计价器、计程器”，逐步建立关键词资料库，图 5－3 给出了专利检索确定关键词界面图。
- 选择检索系统初步检索。专利检索系统有中国专利信息网、国家知识产权专利检索及分析网站、SooPAT 专利搜索引擎等多种国内外检索途径及工具。
- 根据检索结果，浏览其文摘，进行高效筛选。
- 确定相关的 IPC 分类号，再次检索（确认检索式）迭代。
- 深入分析，以此进行扩大或缩小检索域和信息库。

美国图书馆学会（ALA）和美国教育传播与技术协会（AECT）在 1989 年提

交的一份《关于信息素质的总结报告》中提出：“具备信息素质的人，能够识别何时需要信息，知道如何查找、评估和有效利用需要的信息来解决实际问题或者做出决策，无论其选择的信息来自计算机、图书馆、政府机构、电影或者其他任何可能的来源。”

图 5－3 专利检索：确定关键词界面图

学会检索即是培养信息素质，“搜商”是一种核心能力，信息检索处理要始于博大才能精深，从一篇篇高质量的文献出发，分析其学科分布、发展趋势、作者（机构）等，沿着科学研究的发展道路，按时间顺序向前可以越查越旧，向后可以越查越新、越查越深。

5.1.3 索取原始文献

同样的一个任务，有的人做得特别快，而且出来的结果刚好是该项目所需要的。这是因为有些人的信息搜索和获得原始文献的能力比较强。

(1) 中国期刊数据是全文数据，可以直接获取全文。

(2) 二次文献数据库，不提供全文，需要记录文献线索，进一步获取原始文献。

5.2 文献整理与信息检索知识路线(What)

5.2.1 思维导图辅助文献整理

有了参考文献或专利论文后，就需要进行整理。把查得的出租车计价器、中国专利硕士论文、期刊论文、英文文献、专利等各种形式的文献用思维导图列出来，图5－4给出了出租车计价器相关文献的思维导图。然后下载所有文献，读摘要，标注每篇文献的特点，对比自己的想法和别人的想法之间相同或者不同的地方。每读完一篇文献都要总结（Comments）以下关键要素。

- 讲了什么问题（Main Point）？
- 采用的方法（Methodology）？
- 采用了什么假设（Hypothesis）？
- 有什么新发现（Findings）？
- 不足之处（Limitations）或错误之处？
- 所属流派（School）/机构？
- 引用的文献有哪些？

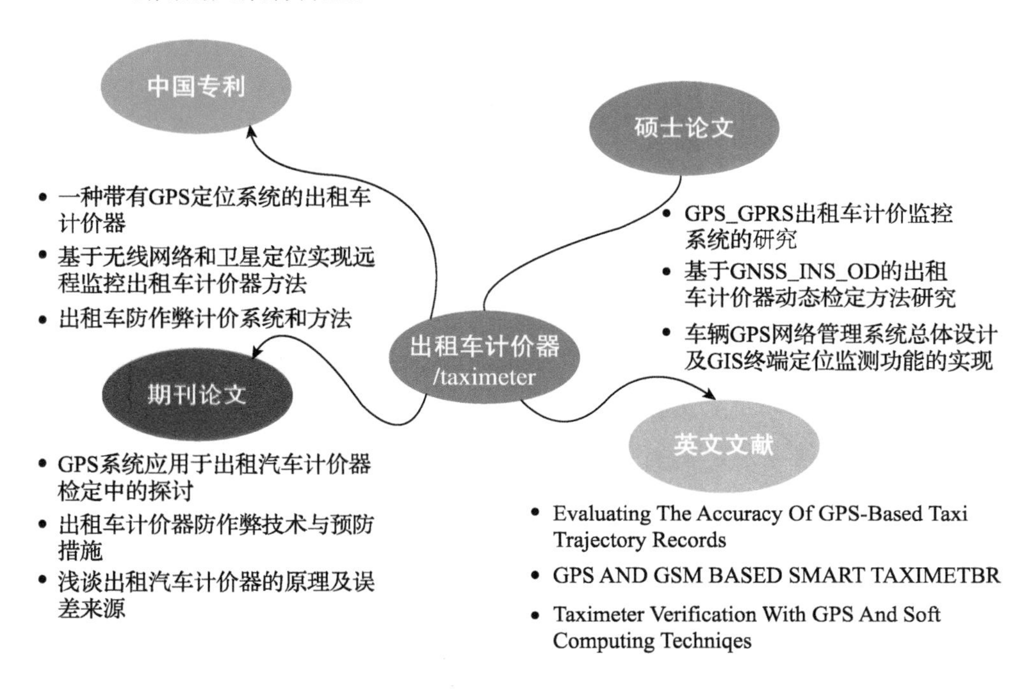

图5-4 出租车计价器相关文献的思维导图

重要的一点是，此文献有什么缺点。如果我们做的东西别人都做了，没有缺点，我们做还有意义吗？ 肯定是为了否定，我们在肯定他人工作的情况下，也要找出其不足和缺陷，这也是我们要去改进的地方。

5.2.2 提升效率——获取高水平文献

关于参考文献的选择，有一句话叫“仰之弥高”，意思是，如果你参考的文献都是视野狭窄和低水平的，你就无法拥有广阔的视野，也做不出高水平的创新成果。再如，用谷歌与谷歌专家系统或者知识系统来检索，查出来的信息是不一样的，有学术化或者专业化之分。还有几个典型的好文献信息源，如科学杂志、自然杂志，都是科技工作者希望发表论文的宝地。

除了文献信息源，还有非文献信息源。人类科技文献的历史变动，经过了很长时间，最早可能是研究者的一些手记，逐渐变成了正式的印刷出版物，然后论文、专利等从研究报告中细分出来，随着技术进步逐步演变为电子文档，形成了一个个信息库。面对海量的文献，**除了用思维导图以外，还有一个叫EndNote的软件**，是汤姆森集团的产品，支持跨平台使用。使用软件把我们查到的文献全部导到系统中，然后进行记录和阅读管理。

假如爱因斯坦一生就发了2篇文章，而我发了200篇文章，能说明我的200篇就水平高、贡献大吗？ 其实不一定，甚至是一定不。在这种情况下，如何评判文献呢？ 要看影响因子，即以杂志两年内被引用的所有次数除上杂志文章总数。

检索信息时，可按单一学科检索，也可以跨学科检索。其实这世上本没有学科，是人类为了方便管理诸多知识，才出现了不同的学科。

除了查工程创新论文或者专利原文以外，还有一个快速入门的方法——检索综述类的文章。别人已经对这一个问题、一个行业或者一个热点进行了数百篇的论文对比，最后写成了综述类文章。例如，博士生论文的第一章，基本上都是综述类的，分析得都很细致。论文是全人类的；专利是分国家的，是按地区来保护的。如果你希望找到潜在的合作者，当然也可能是潜在的对手，来促进产学研方面的合作，可以通过倒查或关联的方法，或者使用大数据分析，可以一直跟踪关心的信息并把它挖掘出来。使用搜索引擎可以找到免费的或收费的学术库，还可以通过社交网络跟作者直接联系，还有很多像“小木虫”一样的网站，都是大家进行学术交流和信息共享的好地方。

5.2.3 信息检索知识路线

按照已经整理好的文献，在同时了解了信息源分类的基础上，进而就可以按照信息检索知识路线展开进一步的工作了。

文献信息源按照不同的划分标准分类如下。

按文献信息源的出版形式划分：图书、期刊、专利文献、科技报告、学位论文、其他。

按文献信息源的载体形式划分：手写型、印刷型、缩微型、声像型、电子型。

按对文献信息的加工深度划分：零次文献、一次文献、二次文献、三次文献。

5.3 文献分析的一般过程（How）

文献分析的一般过程，即对资料进行分析、搜集、选择并系统化，最终找到突破口的过程。这个过程大致可以分为四个时期：“昨夜西风凋碧树，独上高楼，望尽天涯路”——迷茫期；“衣带渐宽终不悔，为伊消得人憔悴”——探索期；“蓦然回首，那人却在灯火阑珊处”——豁朗期；“行至水穷处，坐看云起时”及“会当凌绝顶，一览众山小”——升华期。

一项专利的申请文件主要由两大部分组成：说明书和权利要求书。图 5－5 给出了专利申请文件组成图。

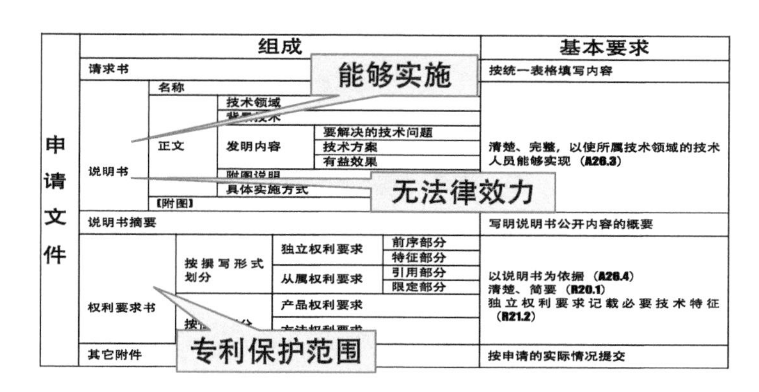

图 5－5　专利文件组成图

（1）说明书。说明书是没有法律效力的，这里面包含着别人的工作，也包含着你的工作。说明书的要求是清楚、完整、可实现，例如，家里买了一台新电视，很少有人打电话问厂家如何安装，一般都是对照说明书，按照步骤把该连接的线连接好了，就能够使用了。不借助第三方，单纯看说明书就可以把任务完成，就说明这个说明书写对了，否则就是没写好。

（2）权利要求书。这部分是专利保护的内容范围，就是人无我有、人有我优的地方，即与众不同的地方。如果通过文献检索查不到相关内容，那么恭喜你，机会来了，这很可能说明别人还没做过，这也可能就是你的权利要求。

5.3.1 专利说明书

1. 名称

专利名称的撰写应注意以下问题。

(1)应简明、准确地表明专利请求保护的主题。这个名称，应该是你需要保护专利的最具概括性的描述。例如，“一种北斗 GNSS/DR 组合导航出租车计程计时系统及其运行方法”就远比“一种计程器”或“新型计程器”来得更准确、更明白无误，保护的主题也更有针对性。

(2)名称中不应含有非技术性词语，不得使用商标、型号、人名、地名或商品名称等。

(3)名称应与请求书中名称完全一致，不得超过 25 个字。

下面我们就以撰写的“一种北斗 GNSS/DR 组合导航出租车计程计时系统及其运行方法”专利申请书为例进行讲解（以下简称“本案例”）。

2. 技术领域

技术领域，是指发明或实用新型专利直接所属或直接应用的技术领域和范畴。对技术领域的描述，通常可以整理成一个独立自然段。

随着人类社会的发展，社会分工越来越细，科学技术资料是分领域和学科的，像一棵树型结构，有树干、大树枝、小树枝和叶子，申请时一般应尽量符合国际专利分类表中相应的（最低）分类位置，也就是叶子的位置。而技术领域分类和选择，决定了专利申请是由大同行还是由小同行来评议。专利局为适应审查，分为若干个部门，并进一步细分为若干个审查室。不同审查员的知识结构也不一样，有各自擅长或不擅长的领域，他们通常会依据国际通用专利分类表，只负责对其中一个或相关几个子类专利领域进行审查。换一句话来讲，明确技术领域目的是使专利审查机关准确地分类，找到更适合、匹配更专业的审查员对号入座地工作。

对技术领域的描述通常格式为“本发明涉及一种……的方法和装置，属于……领域。特别是涉及一种……（细化描述）”。

针对本案例，可列举以下两种对技术领域的描述。

例 1：本发明涉及一种智能交通领域中的计程器方法。

例 2：本发明涉及一种 TAXI 系统中的计程器方法。

二者的区别在于：例 1 的领域大于例 2。

再比如，一种汽车、一种电动汽车、一种玩具电动汽车。不难看出，定语越多，实际上范围越小。要选择合适的领域，需要通过检索大量的文献，更准确地界定研究主题范围。

根据上述分析，本案例说明书将技术领域表述为“本发明涉及出租车技术领域，特别涉及一种北斗 GNSS/DR 组合导航出租车计程计时系统及其运行方法”。

3. 背景技术

背景技术也叫现有技术、已有技术，有点像论文中的引言。主要内容为目前相关技术、引证文献资料、别人的工作现状等。对背景技术的描述可以整理成多个自然段。

具体可以对申请日之前的现有技术进行综述、分析、描述和评价；指出当前不足或有待改进之处，或新发明创造中有什么更有利的内容等，具体可按照主观描述、客观引证、分析问题（并指出缺点）的顺序来组织撰写。

(1)主观描述是以发明人的视角，对现有技术展开客观分析评价。从宏观到中观、微观，从抽象到系统、具体，着眼点与本发明最接近的现有技术对照。

例如，本案例的主观描述为：“随着城市建设日益加快，出租汽车已成为人们生活中不可缺少的交通工具。出租车计程计时装置是在出租汽车上安装使用的一种计量器具，它根据重车状态下的行驶里程和低速等待时间来进行计费，最终通过计价微处理器计算并通过显示器显示消费者应付的价格。重车状态下的行驶里程通过测量霍尔传感器的脉冲或者光电传感器的脉冲来实现，等待时间的长短通过测量车辆在低于某一行车速度所用的时间来计算。假设出租车车轮的周长为 L，车轮每转动一圈霍尔传感器输出一个脉冲信号，设总的输出脉冲数为 N，再设车辆行驶的里程为 S，则 $S = N×L$。

“在出租汽车行业内，有的司机为了赚取更多的利益，就会人为增加计程装置的脉冲数目，使计程装置显示的里程数高于实际行驶里程数，人为修改时间使出租车的时间与实际时间不符，从而实现多收费的不良行为，严重损害乘客的经济利益。”

(2)客观引证是以一篇或几篇参考文献支持主观描述。也就是要事实胜于雄辩，避免为抬高自己的发明，人为压低现有技术和别人的工作；不能喊口号，需要数据和事实证明。除开拓性发明外，应提供几篇在作用、目的及结构方面与本发明密切相关的对比资料，简述其主要结构、组成或工艺等技术构成，可借助附图说明。此处不能人为降低文献要求，刻意回避密切相关文献和技术，否则专利审核员会一票否决。

参考文献通常是专利文献，也可包括其他的技术文献，如论文、专著、教材等。引证时需要标明名称、出版者、时间、作者，如果引用的是专利文献，则写明专利号、国别、名称即可。

本案例的客观引证为："中国专利文献 CN101136109A 公开了'一种带有 GPS 定位系统的出租车计程计时装置'，该发明利用 GPS 技术，使出租车计程计时装置能够记录乘客上下车地点(经纬度)和车辆运行轨迹，但是，该发明仅仅利用 GPS 技术记录乘客上下车的地点（经纬度），没有运用北斗 GNSS/DR 技术进行计程和计时，更没有应用北斗/GNSS 的信息进行计程和计时的防作弊。同时，该发明记录的轨迹断点性严重、连续性差，存在很大误差，无法达到米级定位精度。

"中国专利文献 CN103035036B 公开了'基于无线网络和卫星定位实现远程监控出租车计程计时装置方法'，该发明利用 GPS 技术，出租车可以通过卫星定位模式和霍尔传感器模式进行计程、计价，出租车计价器通过比较卫星定位模式和霍尔传感器模式对应得到的计程数据来发现和防止出租车的计程、计费作弊行为。但是，该发明仅仅利用了 GPS 卫星导航技术，在没有导航信号甚至导航卫星信号微弱的复杂环境下无法精准定位与计程，也没有轨迹回放功能，在遇到司机与乘客因为里程发生纠纷时，仍然无法提供有效证据。同时，该发明计程为二维平面计程，其计程精度较差。该也没有采用卫星授时技术，计时装置时间基准不一致。"

(3)分析问题是指针对引证参考文献来分析问题，包括说明现有技术的基本思路、结构、方法、特点等，指出现有缺点以便专利审查员审核对照。

本案例的问题分析为："目前，出租车计程计时装置普遍存在以下问题：第一，这种增加脉冲和修改时间的手段极其隐蔽，故乘客难以及时发现出租车司机的作弊行为。第二，根据 JG517－2016《出租汽车计价器检定规程》，计价器在重车状态下每计程 100m 输出一个脉冲，可以得出现有计价器的计程精度为 100m，即误差为 0.1～99.9m，根据误差分析，现有计程计时装置存在离散性大和不归一性。第三，现有计时装置为单一独立系统，时间基准为内部的时钟单元，每台计时装置的时间基准不一致。第四，一旦遇到司机与乘客产生纠纷，出租车监控中心无法获取出租车的历史位置和轨迹，从而无法判定具体的里程。”

一般说来，现有技术可能有多方面的缺点，没必要全面分析指出，只需指出发明人拟改进的具体缺点即可。如果发明人指出了很多缺点，但只能克服其中部分缺点是不合适的。这里指出的缺点应与发明目的有着密切的联系，两者应相适应。

4. 发明内容

发明内容包括本专利拟解决的技术问题、技术方案及有益效果等部分。

(1)技术问题。发明内容解决的技术问题，即为解决现有技术中的问题而提出的技术性目的，且专利申请公开的技术方案应能够解决这些技术问题，前后要一致并匹配。叙述正面、直接、简洁，说明发明的具体任务。且目的与名称相吻合，受题目约束。通常用一个自然段来描写一个发明目的，要用词规范、准确，正面表达。发明目的实质上是反映进行发明创造的主观内在动因，即“想做什么”。

本案例的技术问题为：“针对现有技术的不足，本发明提供了一种北斗GNSS/DR组合导航出租车计程计时系统；本发明还提供了上述GNSS/DR组合导航出租车计程计时系统的运行方法。”

客观上本段落要与背景技术描述结合。背景技术说出了哪些缺点，发明目的就要解决、克服这些缺点。如果说的是A缺点，改进技术却是针对B缺点，不具有可对比性是不被允许的。

(2)技术方案。发明内容的技术方案是严格按照示例文档要求，所提取的必要技术特征集合。文字描述应力求准确、周到、简洁，详尽程度以本领域内普通技术人员，也就是差不多同水平的技术人员能够理解、实施为准。

本案例的技术方案为：“一种北斗GNSS/DR组合导航出租车计程计时系统，其组合导航是指GNSS导航与惯性导航两种导航模式的结合。包括GNSS导航单元、惯性导航单元、霍尔传感器、卫星授时单元、实时时钟单元、复位保护单元、功能键、计量微处理器、监控微处理器、空车牌、非易失性存储器、无线通信单元、显示器、打印机。

“所述GNSS导航单元、惯性导航单元、霍尔传感器、卫星授时单元、实时时钟单元均连接所述计量微处理器；所述空车牌、非易失性存储器、无线通信单元、显示器、打印机均连接所述监控微处理器；所述复位保护单元连接所述计量微处理器、所述监控微处理器；所述功能键连接所述计量微处理器、所述监控微处理器，所述计量微处理器连接所述监控微处理器。

“所述 GNSS 导航单元通过接收 GNSS 卫星信号进行车辆的实时位置定位；所述惯性导航单元通过惯性传感器的测量值计算车辆的实时位置；将这两种模式结合，可以得到在任何环境下车辆的里程和时间信息……”

技术方案与背景技术和发明目的密切相关，回答“如何做”的问题。背景技术中存在的缺点指明了研究方向，发明目的提出如何能克服缺点的方法或产品，技术方案要具体给出可实施的措施。根据发明目的的不同，技术方案可分为方法类方案和产品类方案，二者的基本构成元素都是技术特征，为能达到发明目的最少的技术特征集合。

“技术特征集合”只能用“技术特征”来描述，其他语言表达不行。把方案分解成一条条技术特征。“最少的”是指构成的技术特征缺一不可，少一个则完不成发明目的，多一个则画蛇添足。

本案例的技术特征为：“根据本发明优选的，所述 GNSS 导航单元的型号为天枢 P302，所述惯性导航单元的型号为 MPU9150，所述霍尔传感器的型号为 EW632，所述卫星授时单元的型号为 AGM331C，所述实时时钟单元的型号为 DS1302，所述复位保护单元为复位保护电路，所述功能键为按键，所述计量微处理器的型号为 STM32F103，所述监控微处理器的型号为 STM32F103，所述空车牌的型号为 TYUI，所述非易失性存储器的型号为 W25Q128，所述无线通信单元为 SIM900 模块，所述显示器为 LCD 液晶显示器，所述打印机的型号为 ERC05。”

也就是每一个发明创造都是由一个或一个以上的实施例支持的，但实施例还不是专利法意义上的技术方案，还需要从具体的事例中，抽象出“技术特征”。通过抽象，使技术方案来源于具体例子，又高于具体例子。

1)方法类技术方案，其技术特征是一条条含有时间顺序的步骤。通常是对应着一个新的流程图，与之对应的现有技术中也是一个流程图，只是现有做法有缺点，需要用一个改进的或以前没有的新流程图来替代。通常表述为：“本发明提出的……方法，包括步骤如下：（顺序说出步骤）。”

本案例的方法类技术方案为：“上述北斗 GNSS/DR 组合导航出租车计程计时系统的运行方法，包括步骤如下：

“①出租车计程计时系统进行初始化。

“②GNSS/DR 组合导航与霍尔传感器分别进行计程；GNSS/DR 组合导航包括 GNSS 导航单元及惯性导航单元。

“③判断出租车是否为重车状态，如果是，进入步骤④；否则，返回步骤②。

“④计算 GNSS/DR 组合导航得到的里程与霍尔传感器得到的里程之间的总里程误差率。

“⑤将步骤④得到的总里程误差率与设定阈值 K 比较，$0 < K \leqslant 5\%$，如果总里程误差率大于 K，则该出租车通过无线通信单元向出租车监控中心发送异常信息，出租车监控中心将接收到的异常信息进行存储记录，并发出报警信息提示该出租车存在作弊行为；否则，该出租车不存在异常现象……”

2)产品类技术方案，其技术特征一是产品结构组成，如若干个元件或组成部分，每一个元件或部分元件必须是必不可少的；二是各个元件或部件的连接关系。新产品要么是增加了新的结构、部件，要么是改进了连接关系构成了新方案。需要说明的一点是，增加了新结构必然导致连接关系改变，但连接关系改变不见得会导致新结构或部件增加。通常表述为：“本发明提出的一种……装置，包括 A、B、C……还包括……（说明各技术特征之间的连接关系）。”

综上所述，技术方案的撰写要求可以概括为以下几点。

第一，技术方案应当清楚、完整地说明装置的形状、构造特征，说明如何解决技术问题，必要时应说明技术方案所依据的科学原理。

第二，撰写技术方案时，机械产品应描述必要零部件及其整体结构关系；涉及电路的产品，应描述电路的连接关系；机电结合的产品还应写明电路与机械部分的结合关系；涉及分布参数时，应写明元器件的相互位置关系；涉及集成电路时，应清楚公开集成电路的型号、功能等。

第三，技术方案不能仅描述原理、动作及各零部件的名称、功能或用途。

(3)有益效果。在完成了技术方案的描述后，事实上会存在两个技术方案，一是本发明的技术方案，二是背景技术中的已存在的技术方案。每个技术方案都有其相应的效果。有益效果是本发明的技术方案与背景技术相比所产生的差。如果对比效果不突出则发明不成功。这个差值越大则该发明的创造性越高，即为本发明的高明之处。通常从三方面来说明有益效果：一是用结构特征或作用关系进行分析；二是用理论说明；三是用实验数据证明。通常可通过生产率、质量、精度和效率的提高，能耗、原材料、工序的节省，加工、操作、控制、使用的简便，以及有用性能等来反映。

本案例的有益效果为：“①本发明运用北斗 GNSS/DR 组合导航技术对出租车进行计程，避免了传统卫星导航在没有导航信号或者导航信号微弱环境下的计程问题，如隧道、高架桥和城市峡谷的路段。

“②本发明采用卫星授时技术，确保了每辆出租汽车时间基准的统一。

“③本发明组合导航模块计程采用三维计程方法，提高了计程精度，减小了误差，提高了系统的准确性和可靠性。

“④本发明还提供了出租车实时位置信息，为出租车公司的调度提供了有力的保障。

“⑤利用 GNSS 地基增强技术和优化导航算法达到亚米级定位精度，采用 DR 技术解决复杂环境下的定位问题，最终使其车辆轨迹连续无断点。

“⑥本发明所描述的系统还具有出租车轨迹存储功能，组合导航模块通过无线通信单元将每秒的位置信息上传到出租车监控中心，出租车监控中心对获得的位置信息进行存储，遇到出租车与乘客的纠纷问题时，出租车监控中心可以调取出租车行驶的轨迹，保障了双方的合法利益。本发明能够对出租车司机的行为进行网络化、自动化监控和管理，保障了乘客的利益，同时为出租车司机提供了方便。”

5. 附图

说明书的附图，应集中提出，统一编号，通常只需要绘制黑白两色图（外观专利除外），说明书中不能插入图片，附图中不能出现过多文字。注意附图的整体层次性和逻辑性，一般是先总后分，平级相聚，形成逻辑严密的整体。附图是为了说明发明的目的而精制的。代表同一部分的标记在各附图中应相同，附图标记注意逻辑性，从而能够完美地表达发明创造的实质。

工程图是工程师的语言，对专利构思来说，图表化思维是个好习惯，有了基本的想法后，就可以开始画图，可以先在纸上画草稿，再用 CAD、Visio、Origin 等常用绘图软件绘制。好的附图需要不断修改，可以用思维导图规划，附图规划不好，专利撰写就无从下手。专利文件将文字说明和附图分为两个文件出现，这是规定。一般来说，对于产品类的发明创造，附图中应至少有一幅关于产品结构的框图。对于方法类的发明创造，至少有一幅流程图。有多个发明目的的，附图也要与之分别对应。具体如下。

第一，每幅图应当用阿拉伯数字顺序编图号，比如：图 1，图 2，…，图 N。

第二，附图中的标记应当与说明书中所述标记一致，但并不要求每幅图中的附图标记连续，说明书文字部分中未提及的附图标记不得在附图中出现。

第三，有多幅附图时，各幅图中的同一部件应使用相同的附图标记。

在满足上述要求的基础上，要给每个不同的部件，取一个标记，按数字序号分别取名。如果附图较多，而且各附图中部件很多，在给部件做标记时，可以采用“图号+部件号”的方式。这样做的好处是一看前面的第一个数字，就可知道此部件属于哪一张附图。

本案例的附图如图5-6、图5-7、图5-8、图5-9、图5-10、图5-11、图5-12所示。

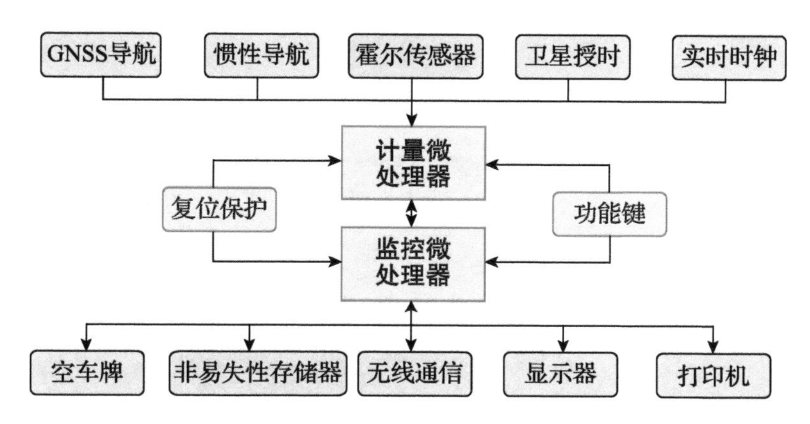

图5-6 本发明北斗GNSS/DR组合导航出租车计程计时系统的结构示意图（本案例“图1”）

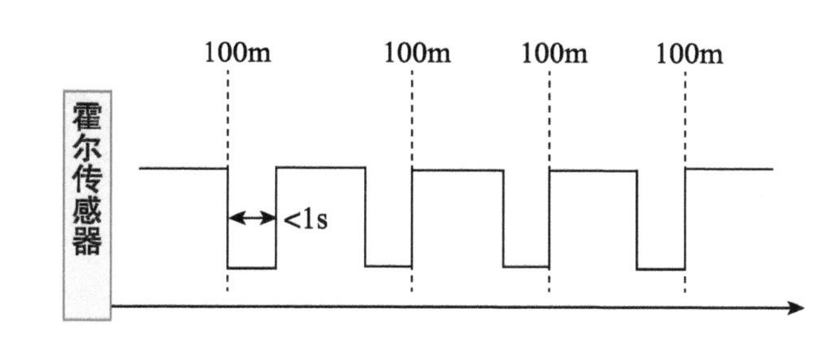

图5-7 本发明霍尔传感器产生脉冲的示意图（本案例“图2”）

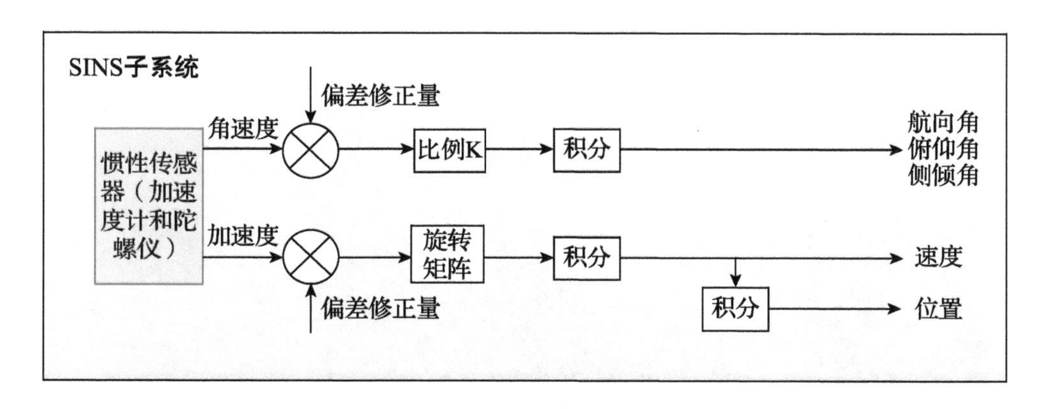

图5-8 本发明SINS子系统框图（本案例“图3”）

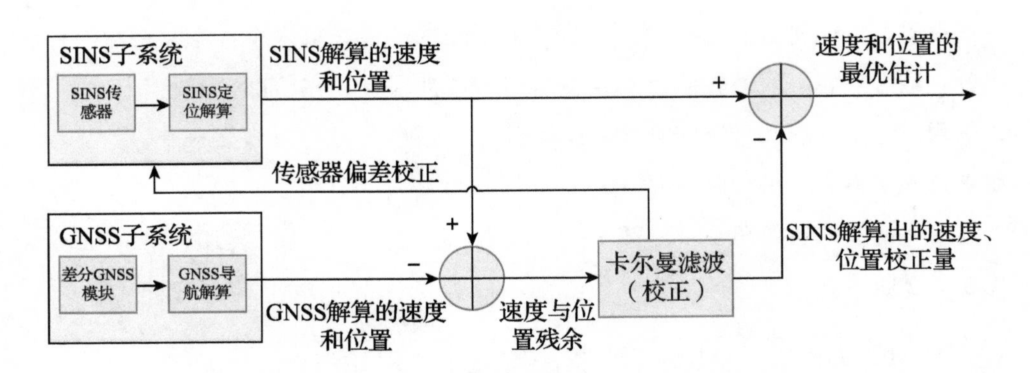

图5－9　本发明组合导航算法框图（本案例“图4”）

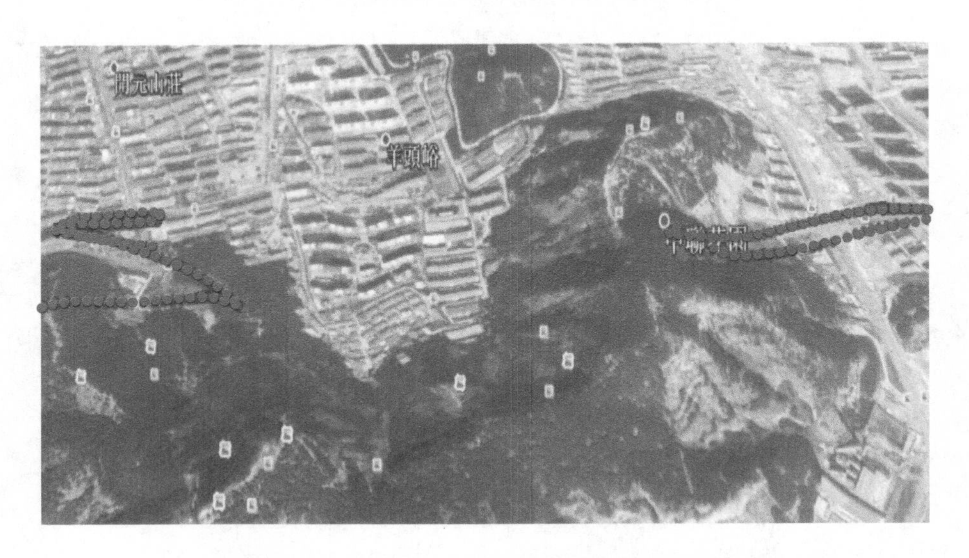

图5－10　为只有GNSS卫星导航车辆穿过隧道的轨迹图（本案例“图5”）

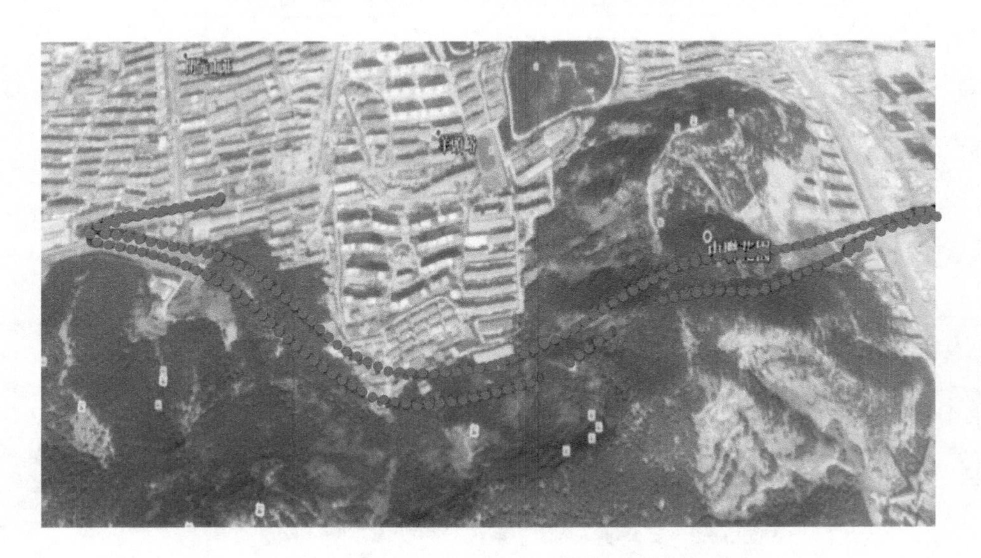

图5－11　为GNSS/DR组合导航车辆穿过隧道轨迹图（本案例“图6”）

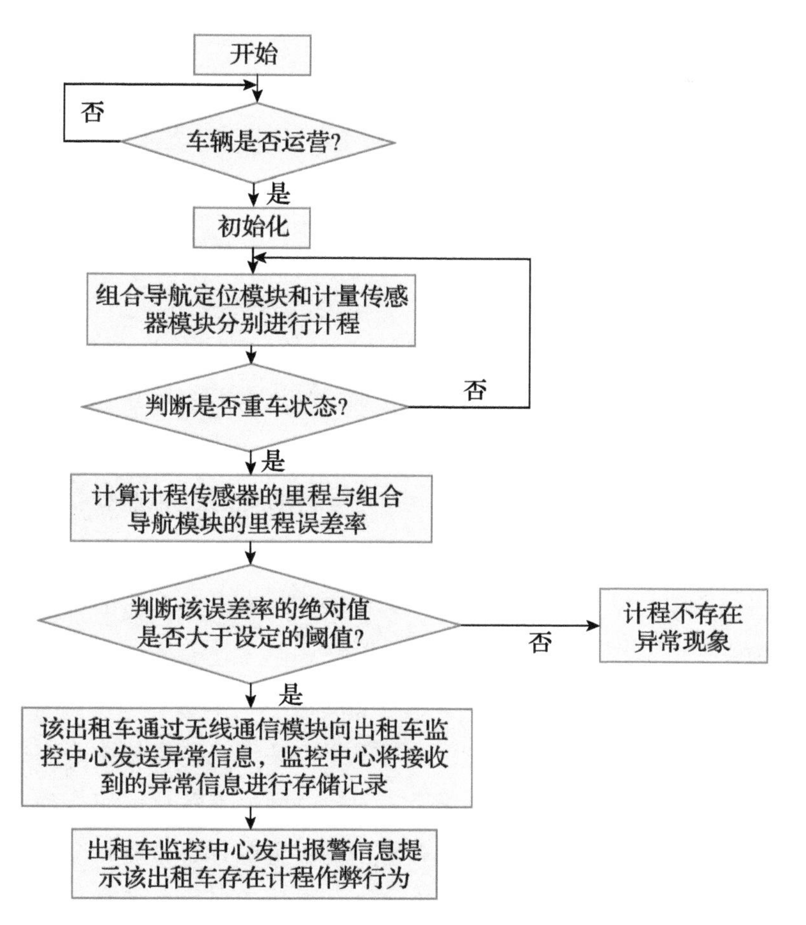

图 5－12　本发明通过组合导航计程模式判断出租车是否存在作弊行为的工作流程图

（本案例“图 7”）

6. 具体实施方式

具体实施方式是指专利要达到某种效果而采用的方式，包括举例等。其主要是针对专利审查员的，方便专利审查员了解专利的实施情况。具体实施方式应详细写明申请人认为实现发明或者实用新型的优选方式。必要时，需举例说明，有附图的，则要对照附图说明。

本案例的具体实施方式为：“下面结合说明书附图和实施例对本发明作进一步限定，但不限于此。

“实施例 1

“一种北斗 GNSS/DR 组合导航出租车计程计时系统，如图 1 所示，其组合导航是指 GNSS 导航与惯性导航两种导航模式的结合。包括 GNSS 导航单元、惯性导航单元、霍尔传感器、卫星授时单元、实时时钟单元、复位保护单元、功能键、计量微处理器、监控微处理器、空车牌、非易失性存储器、无线通信单元、显示器、打印机。

“GNSS 导航单元、惯性导航单元、霍尔传感器、卫星授时单元、实时时钟单元均连接计量微处理器；空车牌、非易失性存储器、无线通信单元、显示器、打印机均连接监控微处理器；复位保护单元连接计量微处理器、监控微处理器，功能键连接计量微处理器、监控微处理器，计量微处理器连接监控微处理器。

“GNSS 导航单元通过接收 GNSS 卫星信号进行车辆的实时位置定位；惯性导航单元通过惯性传感器的测量值计算车辆的实时位置；将这两种模式结合，可以得到在任何环境下车辆的里程和时间信息。卫星授时单元通过接收 GNSS 卫星信号进行时间的解算；复位保护单元对计量微处理器和监控微处理器进行系统复位；霍尔传感器将测量的脉冲数发送至计量微处理器，通过计量微处理器的计算得到车辆行驶里程；空车牌显示车辆的运营状态；功能键对计量微处理器和监控微处理器作初始化设置；实时时钟单元为计量微处理器提供时钟信号；无线通信单元用于接收出租车监控中心向出租车下发的数据，以及向出租车监控中心回传的数据；非易失性存储器用于存储出租车监控中心向出租车下发的数据和车辆的速度、位置和里程信息；计量微处理器接收组合导航输出的车辆位置信息，根据车辆位置信息计算车辆的里程信息，接收霍尔传感器输出的脉冲数，根据脉冲数计算车辆的里程信息，再根据里程比对算法计算里程的误差率；监控微处理器通过 SPI 总线对非易失性存储器进行读写操作，进行税控信息交互；监控微处理器通过 IIC 总线对无线通信单元进行读写操作，进行车辆速度、里程信息交互；显示器显示单价、计程、计时和金额信息；打印机用于打印有效发票信息。

“实施例 2

“根据实施例 1 所述的一种北斗 GNSS/DR 组合导航出租车计程计时系统，其区别在于：

“GNSS 导航单元的型号为天枢 P302，惯性导航单元的型号为 MPU9150，霍尔传感器的型号为 EW632，卫星授时单元的型号为 AGM331C，实时时钟单元的型号为 DS1302，复位保护单元为复位保护电路，功能键为按键，计量微处理器的型号为 STM32F103，监控微处理器的型号为 STM32F103，空车牌的型号为 TYUI，非易失性存储器的型号为 W25Q128，无线通信单元为 SIM900 模块，显示器为 LCD 液晶显示器，打印机的型号为 ERC05。

“实施例 3

"实施例1或2所述北斗GNSS/DR组合导航出租车计程计时系统的运行方法，如图7所示，包括步骤如下：

"①出租车计程计时系统进行初始化。

"②GNSS/DR组合导航与霍尔传感器分别进行计程；GNSS/DR组合导航包括GNSS导航单元及惯性导航单元。

"③判断出租车是否为重车状态，如果是，进入步骤④；否则，返回步骤②。

"④计算GNSS/DR组合导航得到的里程与霍尔传感器得到的里程之间的总里程误差率。

"⑤将步骤④得到的总里程误差率与设定阈值K比较，$0<K\leqslant 5\%$，如果总里程误差率大于K，则该出租车通过无线通信单元向出租车监控中心发送异常信息，出租车监控中心将接收到的异常信息进行存储记录，并发出报警信息提示该出租车存在作弊行为；否则，该出租车不存在异常现象……"

由于该部分是对本技术方案的充分公开和再现本技术方案，以及理解和支持权利要求等最重要的部分，撰写时，在保证清楚、简洁的基础上特别注意以下几个方面。

第一，应保证所述领域普通技术人员不经过创造性劳动即能实现，应当尽可能写得细致周密。

第二，应当充分地支持权利要求的内容。尤其是对于概括性和功能性的技术特征，应当给出多个具体的实施方式。实践中，由于举证的困难，对于上述情况最好也直接写明。

第三，撰写时应保证任何一个具体实施方式至少应包括独立权利要求的全部必要技术特征，任何一项权利要求至少有一个具体实施方式包括其全部技术特征，即优选实施例。

第四，应当描述其结构构成、电路构成或化学成分，说明组成产品的各部分之间的相互关系。应说明其动作过程或不同的状态，以帮助审查员更好地理解技术方案。

5.3.2 专利权利要求书

权利要求中分两种权利，一种是主权利，另一种是从属权利。一份专利请求书应至少包含一个主权利，要把主权利写清楚；从属权利，可以有也可以没有。

本案例的权利要求书为："1. 一种北斗 GNSS/DR 组合导航出租车计程计时系统，其特征在于，包括 GNSS 导航单元、惯性导航单元、霍尔传感器、卫星授时单元、实时时钟单元、复位保护单元、功能键、计量微处理器、监控微处理器、空车牌、非易失性存储器、无线通信单元、显示器、打印机；

"所述 GNSS 导航单元、惯性导航单元、霍尔传感器、卫星授时单元、实时时钟单元均连接所述计量微处理器；所述空车牌、非易失性存储器、无线通信单元、显示器、打印机均连接所述监控微处理器；所述复位保护单元连接所述计量微处理器、所述监控微处理器，所述功能键连接所述计量微处理器、所述监控微处理器，所述计量微处理器连接所述监控微处理器；

"所述 GNSS 导航单元通过接收 GNSS 卫星信号进行车辆的实时位置定位；所述惯性导航单元计算车辆的实时位置；所述卫星授时单元通过接收 GNSS 卫星信号进行时间的解算；所述复位保护单元对所述计量微处理器和监控微处理器进行系统复位；所述霍尔传感器将测量的脉冲数发送至所述计量微处理器，通过所述计量微处理器的计算得到车辆行驶里程；所述空车牌显示车辆的运营状态；所述功能键对所述计量微处理器和监控微处理器作初始化设置；所述实时时钟单元为所述计量微处理器提供时钟信号；所述无线通信单元用于接收出租车监控中心向出租车下发的数据，以及向出租车监控中心回传的数据；所述非易失性存储器用于存储出租车监控中心向出租车下发的数据和车辆的速度、位置和里程信息；所述计量微处理器接收组合导航输出的车辆位置信息，根据车辆位置信息计算车辆的里程信息，接收所述霍尔传感器输出的脉冲数，根据脉冲数计算车辆的里程信息，再根据里程比对算法计算里程的误差率；所述监控微处理器通过 SPI 总线对所述非易失性存储器进行读写操作，进行税控信息交互；所述监控微处理器通过 IIC 总线对所述无线通信单元进行读写操作，进行车辆速度、里程信息交互；所述显示器显示单价、计程、计时和金额信息；所述打印机用于打印有效发票信息。

"2. 根据权利要求 1 所述的一种北斗 GNSS/DR 组合导航出租车计程计时系统，其特征在于，所述 GNSS 导航单元的型号为天枢 P302，所述惯性导航单元的型号为 MPU9150，所述霍尔传感器的型号为 EW632，所述卫星授时单元的型号为 AGM331C，所述实时时钟单元的型号为 DS1302，所述复位保护单元为复位保护电路，所述功能键为按键，所述计量微处理器的型号为 STM32F103，所述监控微处理器的型号为 STM32F103，所述空车牌的型号为 TYUI，所述非易失性存储器的型号为 W25Q128，所述无线通信单元为 SIM900 模块，所述显示器为

LCD 液晶显示器，所述打印机的型号为 ERC05。

"3. 一种权利要求 1 或 2 所述的北斗 GNSS/DR 组合导航出租车计程计时系统的运行方法，其特征在于，包括步骤如下：

"①出租车计程计时系统进行初始化；

"②GNSS/DR 组合导航与霍尔传感器分别进行计程；GNSS/DR 组合导航包括 GNSS 导航单元及惯性导航单元；

"③判断出租车是否为重车状态，如果是，进入步骤④；否则，返回步骤②；

"④计算 GNSS/DR 组合导航得到的里程与霍尔传感器得到的里程之间的总里程误差率；

"⑤将步骤④得到的总里程误差率与设定阈值 K 比较，$0<K\leqslant 5\%$，如果总里程误差率大于 K，则该出租车通过无线通信单元向出租车监控中心发送异常信息，出租车监控中心将接收到的异常信息进行存储记录，并发出报警信息提示该出租车存在作弊行为；否则，该出租车不存在异常现象……"

根据专利侵权判定中的"全面覆盖"原则，主权利要求（一般为权利要求第一条）列举要求保护的项目越少越精，保护范围可能就越大。写出其他欲侵权者无法绕过的关键技术保护要点，非关键性的技术特征写入从属权利要求（如权利要求第 2 条、第 3 条等）。若该项权利要求中写了 5 项，侵权者只侵犯了其中 4 项，就不算侵权，所以越精而不是越多越好。尽可能采用逐渐增加技术特征的方式来撰写从属权利要求，使独立权利要求得到更好的保护。使用多项从属权利要求，可有效增加技术特征的组合方式。

权利要求书要求清楚、有效，符合以下特征：单一功能使每个技术特征具有确定的内容；产品尽可能使单元的功能单一，可通过将一个单元划分为多个子单元以避免其具有过多的功能；方法尽可能使每个步骤只包括一个核心动作，可通过划分步骤、采用条件从句、省略详细过程等方法实现。

5.3.3 小结

这个专利方案，笔者总共查询了 15 篇文献。大致了解了目前的出租车计程方式。轮子半径为 R，用公式 $2\pi R$ 计算出圆周长，轮子上装一个光电对射或霍尔器件，每遮挡一次即每转一圈时就记一个数，实际上相当于一个脉冲，脉冲送给中央处理器（CPU），脉冲数量乘以圆周长，就得到了距离。有一篇文章里面讲，通过脉冲算出每过 100 米时告知中央处理器，跑了 100 米、跑了 500

米……就告诉计价器开始计费（如图 5－13 所示）。

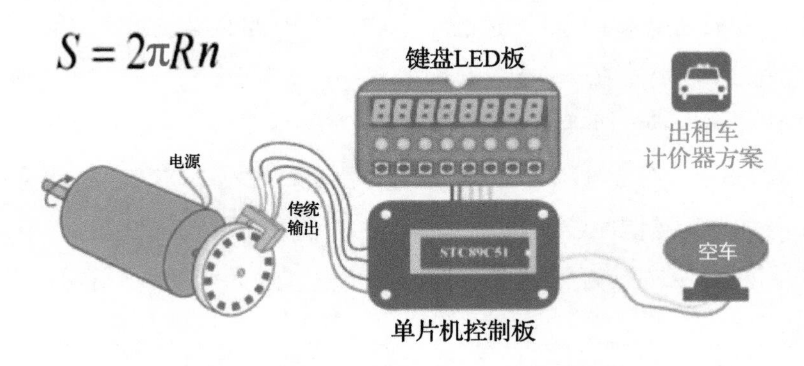

图 5－13　传统出租车计程计价器方案

把这个原理搞清楚了，大家想一下，作弊怎么做？ 例如，原来每分钟发送 100 个脉冲，现在可以仿造 20 个出来，就等于距离增加了。也可能是换个小轮子，车子检测时用大轮子，回家后偷换成小轮子。当然还有其他方式，但不管怎么样，基本原理就这两条。针对这两条，我又检索到有人把 GPS 用在出租车计价器上。查到这篇文章时，我的心凉了，别人已经抢在我前面这样做了。真正研究后发现，其 GPS 仅用于校正。而我们的方案更具颠覆性，想做一个使用北斗导航系统的新计程计价器，让脉冲的方式消失，这就跟别人不一样了，如图 5－14 所示。定位原理就是电磁波速乘以时间差，算出来距离，平面三点定位；空间四颗卫星定位，实际上就解一个 4 未知数的观测方程，把经度、纬度、高程和时间算出来，北斗就是这个原理。如果用增强技术消除误差，再结合惯导，就像隧道里没有卫星信号来辅助定位，可以实现优于 1 米的精度。

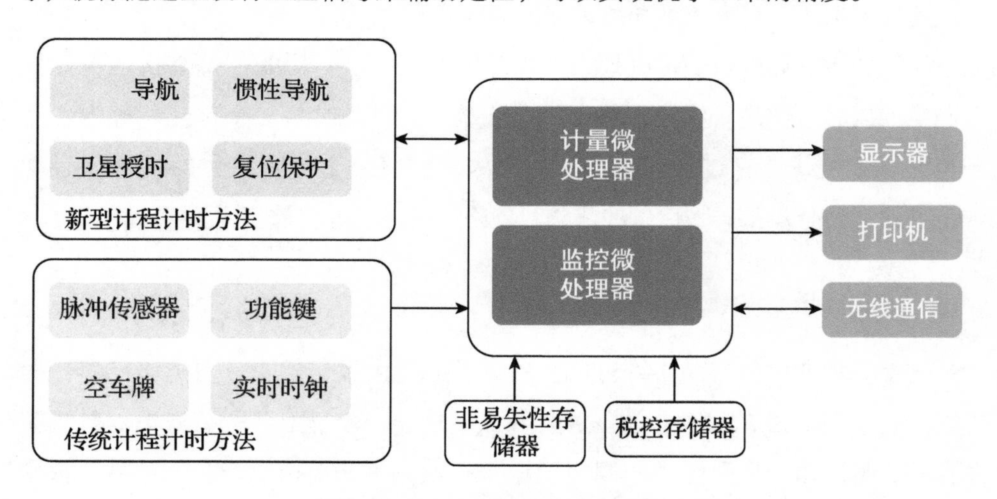

图 5－14　北斗导航的新计程计价器

基于北斗模块做这个系统，究竟准不准，也不能仅看文献。于是就把研究的设备装到出租车上实地测试一下，对比验证实现了优于1米误差，用在计价器上发现没人用过。接下来就开始进行SWOT分析，即优势、劣势、机遇和挑战，就这样把这个专利写出来了，这就是一个思考和迭代的过程。

在文献分析过程中要特别搞清楚的一点是，你提出了、发明了，还是设计了、研究了、分析了。如果仅仅是分析了，就弱一点；如果是发明了、设计了或者提出了，那就是创新。还有一点就是对权利要求的实质性的要求，以这个计价器为例，所有的东西都是我的吗？ 不是，只有加上北斗、组合导航及区域，是我的新想法。原来那些方式是人家的，对于权利要求来说，就保护你的创新点。主权力可以认为把北斗导航系统用在里面，从属权利就是按区域计程计价。《专利法》指出，当一个专利包含了在先专利的全部特征，就叫侵权。全部特征有十个，我侵权了九个，一个没侵权，就不叫侵权。所以权利要求越少越好，谁只要侵犯了我的这一条就叫侵权。对大家来讲，在申请时一般建议写三四条，被否定两条，还能剩一两条。

针对专利申请，笔者作了一首专利诗：

名称意赅字数简，领域厘清类不难。
背景比对问题找，内容明确尽细言。
方案方法产品准，附图文件需独清。
权利要求明主次，避让设计精少赢。

5.4　重视知识产权及专利转化(Why)

知识产权制度始于智力创造带来的利益合理分配。首先提一个问题：为什么猪不会灭绝，而大象却濒临灭绝呢？ 简单的回答是，你可以把猪圈养起来，但你不能圈养大象。而更为深层的原因是，人们饲养的家畜属于私有财产，人们会谨慎地照管他们，以降低自己的风险，获得最大回报；但人们对于大象这类不属于任何人的资源则会倾向于滥用，而不考虑后果。那么有没有办法使人们能够像对待猪一样对待大象呢？

为了保护大象，非洲许多国家采取了各种办法。例如，肯尼亚政府制定了严禁猎杀大象的法律，但收效甚微。20世纪80年代，肯尼亚丧失了80%的野生大象，每天被猎杀的大象就有十几头。而津巴布韦政府则制定了不同的制度，规定大象栖息地的村落拥有对大象的所有权，村民有权向观看大象的游客收费，还可以向捕杀大象的猎人收费。

所以说，针对一个有形物品，如果加上了所有权就等于具备了产权。知识产权则是一种无形财产权，它与房屋、汽车等有形财产一样，都受到国家法律的保护，都具有价值和使用价值。有些重大专利、驰名商标或作品的价值也远远高于房屋、汽车等有形财产。同样，知识产权专利会使智力变成财富。你有了想法，别人也有想法，怎么办？ 你的成果得先注册。还要给专利局交费，如果不续交，也不保护了。

林肯说专利制度是给天才之火加上利润之油。海蒂·拉玛，今天我们都要向她致敬，因为她保存码分多址的专利，弹钢琴时受到启发，跳频加密通信。我国著名科学家王选院士因发明汉字激光照排技术，使汉字印刷术“告别铅与火，迎来光与电”。

假如你拥有出租车计价器的专利，可以把这个专利以40万元转让给一个工厂，然后每生产一台提100元，假设生产了1万台，就可以赚140万元。这就相当于用了6页专利纸，换了140万元，而且还不用开工。这个例子主要是要告诉大家怎么通过成果转化，通过知识产权来武装赋能我们自己。但前提是什么？ 你一定要创新，而且要让甲方认可你的创新，得把创新写到他的招标书里，才能赢。

与有形财产类似，知识产权制度涉及一个基本的政策选择，即智力创造带来的利益如何分配，主要由谁来获得这部分利益更加合理。这里有两个选择，一是知识归社会公有，这样虽然降低了社会公众获取、利用知识的成本，但同时也降低了人们创造知识的积极性，要知道公共品总是存在供给不足的问题；二是将知识私有，即通过知识产权制度赋予知识的创造者一定范围内的私有权利，使其可以在一定程度上独享知识带来的利益。这一制度虽然在一定程度上增加了公众利用知识的成本，但同时也为知识的创造提供了足够的刺激，解决了知识供给不足的问题。

习近平总书记在两院院士大会上指出，“实践反复告诉我们，关键核心技术是要不来、买不来、讨不来的。只有把关键核心技术掌握在自己手中，才能从根本上保障国家经济安全、国防安全和其他安全。”大学生创新创业一般要立足于技术项目，因此项目是否具有创新性，就成为大学生创新创业能否成功的首要条件。大学生创业失败常常忽视技术创新，拿不出有自主知识产权的创造发明。有了发明却缺乏自我保护意识，没有及时申请知识产权保护。因此，笔者建议大家应当选择技术含量高、自主产权明确的项目，做好产品和市场化。

5.5 知识产权内容及专利本质(Which)

知识产权：法律赋予人们对其在科技和文学艺术等领域内创造性智力成果所享有的权利。

广义含义：人类一切领域发明、科学发现、外观设计、商标，目的是为了制止不正当竞争。

狭义含义：著作权、专利权、商标权、名称标记权等。

假如我们熟知的小明同学勇于创新，是第一个凳子专利的发明人，实质内容包括:最简模型为四个等长的支架腿，共同支撑一个平板的平面。

小明的凳子市场销售很好，可是更愿意动脑筋的小强同学发现了小明凳子的缺点：长时间地坐在凳子上，身体只能直坐不太舒服。他突发奇想，如果能给凳子装上一个符合身体倾斜度的靠背，坐在上面就舒服多了。基于发明的规则，于是小强就率先发明了椅子，并准备申请专利，椅子相比凳子改进之处在于多了一个核心新部件——靠背。

产生了以下问题：

(1)小强可以申请椅子的专利吗?

可以!

申请专利要有所创新，但并不要求技术创新方案全部为原创发明，只要在原有系统基础上有所改进也可以。实际上，原创性的发明或者说基础性的发明并不多见，能占到十分之一就不错了。尤其是在科技日益发展的今天，很多发明都是在现有技术或前人的肩膀上进行些许改进或优化。

当人们感到或发现不舒服的时候，也就是发现了问题，为了解决这个问题就会激发思考，提出新的策略和方案，比如刚才提到的椅子就是发现了凳子不舒服的缺点，才进行奇思妙想的创新的。

有人讲，模仿加改进等于创新，这句话有一些道理但也并不是完全正确。在我们创新创造的过程中，多数工作是在已有技术基础上进行改进的，使得产品性能更好、成本更低、效率更高等，这些成果具有创新性，均可申请专利。要进行颠覆式创新时，有时要抛掉原有的框架和思维，需要独辟蹊径做原始创新，发明全新产品的机会是有，但多数是小概率事件，难度大，一旦成功就是巨大的创新和影响力。不要以为自己的创新不起眼，小发明能解决大问题，常思考一定会有大创造。

(2)小强可以生产、销售椅子吗？

不可以！

有人会疑问：既然自己已经申请获得了专利及其证书，为什么还不能生产了呢？ 那不是白花钱了么，申请专利还有什么意义？ 专利规则中有关于侵权的诠释是，只要一件产品中包括了在先有效专利权利要求的全部技术特征，则落入了该专利的保护范围。也就是没有征得该专利持有人的许可就是侵权。对小强来讲，椅子虽然增加了靠背，但包括了四条腿和凳面，即包括了小明凳子专利权利要求所有构成要件，就落入了专利保护范围。

进一步，小强有椅子专利，他人包括凳子专利权人小明如果未经过小强同意，也不能生产椅子，否则也侵犯了小强的椅子专利权。对小强来说，虽不能生产椅子，但拥有椅子专利权，即拥有了椅子专属“垄断权”。

(3)小强为什么要申请椅子专利呢？

通过前面的分析，显然小强申请专利并不仅是想拥有名义上的垄断权，说到底还是为了扩大生产和销售椅子，从中获得利润。由于凳子专利的存在，小强又不能擅自生产销售椅子，那申请专利的真正意义何在呢？

从需求角度讲，由于椅子更加人性化，坐起来更符合人体工学，椅子市场一定会更好，利润也一定更可观，生产销售椅子一定有好结果。事实上，小强有椅子专利，小明同样也不能生产销售椅子。如果双方合作，是不是会成功呢？ 战术层面上，可以有这样几个方案。

1)小明授权或许可给小强使用凳子的专利，即小强可生产销售椅子，需要支付给小明一定的双方约定好或达成共识的凳子专利使用费。

2)小强授权或许可给小明使用椅子的专利，即小明也可以生产椅子，需要支付给小强一定的双方约定好或达成共识的椅子专利使用费。

3)小明和小强进行各自专利的交叉许可，即小明授权小强使用凳子的专利，小强也授权小明使用椅子的专利，可以付钱也可以不付钱，也可以找找差价。这样小明既可以生产凳子也可以生产椅子，小强也既可以生产凳子也可以生产椅子。

当然还有很多其他的合作方案，比如引进资本，由第三方来具体生产销售等，但无论哪种合作方案，对小明和小强来说都有收获，皆大欢喜，都从各自专利中获得了收益，专利的效益和赋能价值就彰显出来了。

故事总在演进和不断发展。大白和老郎老师发现椅子市场利润好，也想生产销售椅子，可是由于小明和小强各自凳子和椅子专利的存在，有诸多限制，特别希望获得小明和小强的专利授权或许可，于是大白老师和老郎老师亲自上门拜访，可是小明和小强拒绝了大白老师免费的授权和许可，都提出了高额的费用。

(4)大白和老郎老师怎么办?

大白和老郎老师，可以继续在凳子和椅子的基础上进行改进提升。例如，两位老师发现小强的椅子也有缺陷，就是只有靠背，双手不知道放在那里，如果能在椅子上增加两个扶手，岂不变成了扶椅，这样会舒服很多。可老郎老师没有跟大白老师商量，先偷偷地进行了带扶手椅子专利的申报，没写大白老师的名字。后来，带扶手的椅子就演绎成小明、小强和老郎老师相互授权或许可的故事，三人之间上演了专利和知识产权游戏的三国演义。

大白老师很生气，但情绪归情绪，法规归法规。要么大白老师退出江湖，要么要独辟蹊径。大白老师继续苦思冥想，持续改进提高。现在是新材料和智能时代，如果把椅子的靠背改进成可以平放的电动椅，椅子不就可以变成多功能智能躺椅了吗？ 或者干脆做个六条腿的躺椅，也或者来个一条腿的沙发椅，总之方法有很多，似乎每一项都没有所谓的侵权（也就是违背只要一件产品中包括了在先有效专利权利要求的全部技术特征，落入了该专利保护范围这个规定），这几个想法都可以申请新的专利。

由于扶椅和躺椅的市场会很大，小明、小强和老郎老师如果想生产扶椅和躺椅，那么大白老师就有了谈判的筹码。这样，专利剧从三国演义到了西游记师徒四人共同前行。大白老师的专利设计就叫作避专利设计（Design Around）。

从上文可以得到的结论如下。

(1)专利的本意是保护创新发明创造，但随着市场的竞争，专利俨然已经成为商业竞争的策略，只有拥有专利权，才能掌握话语权。专利更像是一种商业上的游戏，没有专利可能连玩游戏的资格都没有。

(2)专利除了保护自主创新成果外，可以交叉许可或授权，作为与别人谈判的筹码。在企业合作、融资等过程中，也可以股价变现。

(3)专利保护和避专利设计是矛与盾的关系。如何尽最大可能用专利保护自己的创新发明，又可避免他人的窃取和仿制？ 如何想方设法避开他人的专利包围形成突破？ 这对矛盾交织在一起总是在不断地促使我们动脑筋、找出路，促使我们的社会不断砥砺前行、技术创新。正所谓殊途同归，矛和盾虽为不同的途径却达到了同归的目的。

5.6 从何时哪方面提升真能力(When)

专利中真正有价值可能很少，真正能赚钱的更少，先要有再去精。

首先要积极行动起来。动则能，能则思，思则变，变则通，通则达。“上下同欲者胜”。我们要齐心协力，将顶层设计和规划知识产权策略工作做到位。可以按照 PDCA（计划、执行、检查、处理）方法积极开展工作，具体步骤如下。

第 1 步，保护商标。尤其是在我们要进行创业的时候，创新创业，第一步先要保护商标，先起个名字（公司、软件、硬件产品需要）。

第 2 步，申请专利。无论是对创业的项目还是创新的项目来说，这都是非常需要的，而且专利一定要在项目早期申请（创新创业类项目均需要）。

第 3 步，申请软件著作权（主要面向软件类、芯片类项目）。

第 4 步，项目总结。有些结果要进行论文的总结（各种项目均需要）。

第 5 步，会议交流完善。

第 6 步，设计标准。如果我们形成了一定的批量并进行小批量生产的时候，我们可以做一些标准（创新创业类产品需要）。

第 7 步，总结成一些图书和著作（部分成果需要）。

第 8 步，项目完成后，参加竞赛或者是项目的成果申报（努力争取获得）。

专利和专利申请是一回事吗？ 不是。专利申请是提交了申请，但不一定获批。如果专利申请过了实审阶段，可以认同为已经有了专利；但是如果只是提交阶段则不行。关于论文和专利的关系，是先送论文还是先送专利申请文件？答案是先送专利申请文件后送论文，等到专利已经到了实审阶段了，再送论文出去。

还有一点需要强调，发明人和专利权人，这两个概念是不同的。所以，专利涉及了职务发明和非职务发明。其中，职务发明创造申请专利的权利属于该单位；申请被批准后，该单位为专利权人，在进行专利转让时，要给单位留提成。

本章总结

本章通过思考分析问题的工具——“5W1H”方法，旨在以出租车计价器从发现问题到信息搜索快速迭代予以路径实现的案例化教学，具体从信息检索过程（Where）、信息检索主要知识和路线（What）、文献分析一般过程（How）、重视知识产权及专利转化（Why）、知识产权内容及专利本质（Which）、从何时哪方面提升真能力（When），给出了有示范效果的例子。

扫码获取
本章测试题

第 6 章

创新项目的基本要素

本章重点从商业计划书的角度讲述创新项目的主要要素以及准备和提炼商业计划书的方法和技巧，主要内容有以下几点。

- 商业计划书：是一份全方位的项目计划，有相对固定的格式，它包括从企业成长经历、产品服务、市场营销、管理团队、股权结构、组织人事、财务运营到融资方案等非常全面和翔实的项目内容。
- SMART 原则：是一种非常实用的科学规范的高效工作方法，S（Specific）是具体性、M（Measurable）是可衡量性、A（Attainable）是实现性、R（Relevant）是相关性、T（Time－bound）是时效性，能保证项目管理中考核的公正、公开与公平。
- 30 秒电梯谈话：如何在较短的时间（30 秒左右）里阐述清楚自己的主要目的从而赢得机会。
- SWOT 分析：即态势分析法，S（Strengths）是优势、W（Weaknesses）是劣势，O（Opportunities）是机会、T（Threats）是威胁。通过列举以上因素并依照矩阵形式排列，用系统分析的思想，把各种因素相互匹配起来加以分析，从中得出相应的决策性结论。

6.1 项目的商业计划书

每个商业项目都要有一份商业计划书（Business Plan，简称 BP），它是公司或者一个项目单位，为了寻找战略合作伙伴或者其他招商融资等目标，在前期对项目科学的调研分析，搜集、整理有关资料的基础上，根据一定的格式和要求编辑整理完成的，能够客观、全面、真实地展示公司和项目的现状以及未来发展潜力的一份书面的文字资料，它一般包括产品服务、生产工艺、市场客户、营销策略、股权结构、组织结构、财务运营与融资等很多方面，所以它是一个内容非常完整、意愿很真诚，而且基于事实、结构清晰、通俗易懂的对项目的全面介绍。一份完整的商业计划书一般包括如图 6 - 1 所示的十几个部分。

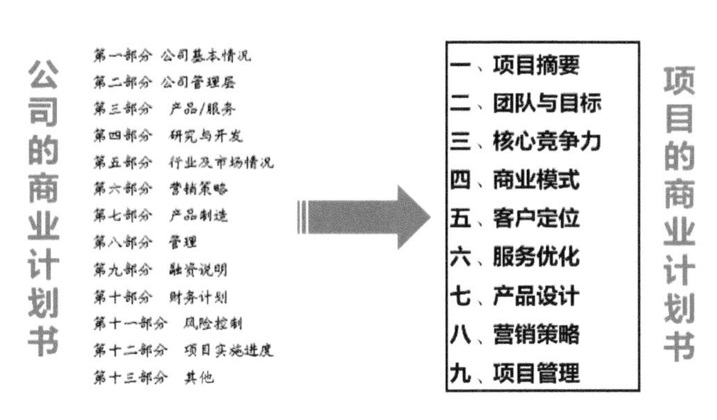

图 6 - 1　公司的商业计划书与项目的商业计划书

公司的商业计划书对于学生的创业项目和创业团队并不合适，因为初期的项目并不复杂，而且很多商业的部分也涉及不到，所以我们把它凝练为以下九个部分。

(1) 项目摘要：简短而全面的项目介绍。

(2) 团队和目标：团队的组成和项目的主要目标。

(3) 核心竞争力：与其他同类项目相比较，本项目的核心特点和竞争力。

(4)商业模式：描述项目计划采用的商业模式。

(5)客户定位：找准项目的客户群体，给出明确的客户画像和客户旅程。

(6)服务优化措施：如何做好服务以及优化措施，后续章节主要讲游戏化创新设计。

(7)产品设计：产品的核心功能、外观以及 UI 设计等。

(8)营销策略：采取何种市场营销策略。

(9)项目管理：全面的项目管理方案和策略等。

从这一章开始，我们将结合自己的项目对项目商业计划书中的九项内容进行学习和联系，最终形成一份完整的项目商业计划书。本章主要针对前三项——项目摘要、团队和目标、核心竞争力，我们称之为创新项目的三个基本要素。

6.2 项目摘要

项目摘要是项目计划书的第一部分，也是最重要的部分，它必须是简短而全面的项目介绍，要给人留下深刻的印象，才能吸引投资人继续看下面的内容，如果项目的摘要枯燥无味，那这个项目计划书就基本停留在这一页了。项目摘要包括三项主要内容——项目名称（Project）、项目的关键词（Keywords）和项目的独特特征（Uniqueness），我们称之为 PKU 原则。

6.2.1 项目名称（Project）

创新项目的形成是多次迭代的过程，直到找到非常独特、明确的核心功能和定位，项目才有分量落到实处，才是一个真正的创新项目。有了自己的项目以后就要给它起一个非常响亮的名字。取名的原则是，根据项目的核心特点取一个简单易记的项目名称。

以创新工程实践的课程名称为例。——中文为创新工程实践，英文为 iCAN・PKU。

创新工程实践
iCAN•PKU

图 6-2 项目名称

如图 6-2 所示，看到这个名字就知道，它首先是关于创新的，第二，它跟工程实践、项目管理有关系，第三它是注重实践的，所以它不是一门泛泛的创新课。当然他的英文名字更好记，iCAN 是国际大学生创新创业大赛的名字，PKU 是北大的缩写，iCAN · PKU 寓意每个同学在创新的舞台上可以“PK”任何一个人，展现自己的与众不同，展现自己最好的一面。

很好的项目取名例子还有很多，比如苹果、华为、小米、特斯拉等，所以，给自己的项目起个响亮的名字很重要。

6.2.2 项目的关键词（Keywords）

每个项目都有它的关键词，准确提炼关键词很重要。

还以创新工程实践课程为例来讨论它的关键词。图 6 - 3 是我们 2019 年春季学期的课程内容示意图，课程一共进行 15 周，分为三个阶段。

图 6 - 3 项目的关键词

(1) 创意酝酿。从第一周到第六周，课程内容包括创意启发、头脑风暴、TRIZ 创新方法、专利查新和项目的基本要素等内容，主要是讲授创新方法，让同学们学习主要的创新方法并采用这些创新方法找到自己的创新项目，然后组成创新团队；所以这一阶段的成果是团队项目的自评和互评。

(2) 项目提升。从第七周到第十一周，课程的主要内容包括商业模式、用户体验、游戏化创新和产品设计等对项目进行设计和工程管理的内容。

(3) 作品呈现。从第十二周开始，课程进入实践阶段，从市场营销、项目管理、路演表达等角度促进同学们的项目实践，课程最后的结课环节是作品展示。

可见，创新工程实践课程的内容主要包括了以下三个关键词：创新方法、工程管理和项目实践。

6.2.3 项目的独特特征（Uniqueness）

项目摘要中必须要提纲挈领、简明扼要地写出项目的要点和创新之处，那就必须要提炼并明确表达出项目的独特特征。这个特征与关键词不同，关键词是词，这个特征是能够涵盖其性能和性质的短语。

以创新工程实践课程为例，在图 6 - 3 中我们已经了解了课程的主要内容和安排逻辑，那么这门课的独特特征是什么？

首先它不是一门泛泛的创新课，它是一门适用于多个学科的创新通识课程，它教授的内容和方法具有普适性。

其次它明确指出了要学生掌握几种重要的创新思维方法，并且用到自己的项目中去。

再次，它不是一个仅仅通过听课就可以完成的课程，它要求学生进行实际创新项目的演练，参与到整个创新项目从无到有的过程中去。

最后，它除了提升学生的创新能力之外，更强调要锻炼学生做事坚韧不拔的创业精神，最后进行项目的汇报和展示。

所以，创新工程实践课程是一门与众不同的创新课，它具有几个很容易辨识的独特特征，包括创新通识课程、掌握创新思维方法、演练创新项目的过程和提升学生的创新能力和创业精神等。

6.2.4 项目摘要的 PKU 原则

项目摘要是项目商业计划书的第一项也是最关键的一项，它必须能够吸引人继续看下面的商业计划书正文。不具有吸引力的摘要会直接让读者失去兴趣，后面的内容也就失去了意义。那么，如何写好项目摘要呢？

这里介绍一种创新工程实践课程独创的项目摘要撰写方法——“PKU 原则”，如图 6 - 4 所示。

列出这三条以后，项目摘要的基本要素就有了，再通过合理的逻辑串联起来，就形成了初步的项目摘要。还是以创新工程实践课程为例，图 6 - 5 是课程的项目摘要，其中包括项目名称（P）、关键词（K）以及独特特征（U）之间的关系。

我们来分析一下图 6 - 5 中的创新工程实践课程摘要。

- 创新工程实践是项目名称。

图 6－4　项目摘要的 PKU 原则　　　　图 6－5　项目摘要的示例分析

- “创新方法、工程管理和项目实践”是课程的关键词。
- “创新通识课程、掌握创新思维方法、演练创新项目的全过程和提升学生的创新能力和创业精神等”是课程的独特特征。

可见，这个摘要是组合了“项目名称（P）+ 关键词（K）+ 独特特征（U）”的一段文字，天然包含了我们所阐述的项目中所有不可或缺的核心要素，而且重点突出，特征明晰，语句简洁，逻辑性强，如果再适当优化一下语言，自然就是一个非常好的项目摘要。

注意，采用 PKU 原则写项目摘要的几个要点如下。

一是项目名称一定要有特色，不能太泛泛也不能太抽象，以能够反映项目特色为好。

二是关键词的提炼一定要准确，一般来说每个项目有 3~5 个关键词比较合适。

三是独特特征一定要有辨识度，最好能用一句简单明了的话概括出来。

另外，既然是摘要就一定不要太长，以 300~500 字为好。

6.3　团队和目标

项目计划书的第二部分是确定项目团队和共同目标。

6.3.1　团队（Team）

什么是团队？ 有一句话说得好：人在一起是聚会，心在一起是团队。

团队就是要不同的人聚在一起为了一个共同的目标去做事。这里介绍一个家喻户晓的创业团队：西游团队(见图 6－6)。

图 6－6　西游团队

以唐僧为核心的西游团队里一共有四个人：唐僧、孙悟空、猪八戒和沙和尚。尽管他们性格迥异、特征鲜明、矛盾重重，可是他们却拥有一个共同的目标，那就是西天取经。因为这个目标团结在一起，互相支持和帮助，克服千难万险去完成他们其中任何一个个体都无法完成的任务，这就是团队的意义和团队的力量。我们下面仔细分析一下这个团队中每个人的特点和在团队中的作用。

师父唐僧是团队的带头人（Leader）。他虽然很啰唆、很无趣，可是有一个很大的特点，那就是一心取经，一步也不会撤，而且他具有美好的、令人信服的个人品德。唐僧身上具有作为团队带头人的核心素质：目标明确、意志坚定、以德服众！

西游记团队的第二个核心人物是谁？ 我认为是沙和尚，为什么？ 因为沙和尚吃苦耐劳，从来不挑肥拣瘦，什么活都干，一路上挑东西最多的是他，被打被骂最多的也是他，不管身陷什么样的绝境坚决不掉队、不添乱。在每一个创业团队里，带头人身边最不可或缺的就是沙僧这样任劳任怨、顾全大局的核心成员。

第三位是猪八戒。他能力不算特别强，但有一个很大的本事就是审时度势。平时看似混世魔王，可是关键时刻他能够出力去上通下达、放低身段、摆平各种关系。所以，猪八戒是团队不可或缺的黏合剂、润滑液，对于团队建设很重要。

最后一个是孙悟空。他能力超强，脾气最大，最难驯服。他顺则万能，逆则寸步难行，常常一言不合就出走，是最难合作的人，但也是排忧解难、降妖除魔最不可或缺的人，对于团队达成目标的功劳最大。

那么西游团队是怎么成功的？

是由唐僧这位团队带头人的品德和意志决定的。

首先，唐僧对整个团队的核心任务和终极目标非常明确：西天取经，必须要取到经！九九八十一难，所有人都打过退堂鼓，只有唐僧一意西行，从未放弃。

其次，唐僧能够协调团队成员发挥各自最强的那部分能力，解决适合的问题。三个弟子能力各自不同，人尽其才，决不混用。

最后，唐僧能忍能容。无论弟子对他怎样不敬、出现多大的问题，他都能够宽容化解，再次把团队聚到一起前行。

有了这样的策略以后，唐僧和他的徒弟们尽管一路上历经磨难、跌跌撞撞、矛盾不断、相爱相杀，但是最后坚持到了西天，取到了真经。

可以说，西游团队四个人的性格和角色分工值得大多数创业团队借鉴：

第一，每个团队的带头人必须像唐僧一样目标坚定，心胸开阔，知人善任；团队里一定要有一个像沙和尚一样特别任劳任怨的人，然后要有一个像猪八戒一样社交能力出色的润滑剂，最后是要有一个能力特别强的孙悟空。如果这个孙悟空具有容人的心胸和明确的目标的话，他可以是团队的带头人。

第二，组建团队是一个磨合的过程，每个团队成员都需要学会怎么与人合作，尽力发挥自己的特长，一切都是为了往前走。

6.3.2 SMART 目标

把一个团队带起来的重要抓手是要有共同的目标。管理学大师德鲁克在《管理实践》一书中强调各个公司都要实施目标管理，不仅仅是为了让员工更加高效、明确地工作，更是为了将来对员工实施绩效考核时提供考核目标和考核标准，使考核更加科学化规范化，更能保证考核的公开与公平。这里以 2019 年春季学期的创新工程实践课程为例，应用 SMART 原则来设定具体的目标，具体说明见表 6－1。

表 6－1　SMART 目标的具体对应关系

SMART	要求	创新工程实践的 SMART 目标	分析说明
Specific	目标非常具体，不能笼统模糊	带领学生演练从创新想法酝酿、形成创新项目再到开展项目实践和优化的全过程	具体、明确、清晰

（续）

SMART	要求	创新工程实践的 SMART 目标	分析说明
Measurable	目标必须量化，可以衡量方便检查	让学生掌握 2~3 种创新方法，3~5种项目管理和优化方法	具体到每一项可衡量的数据
Attainable	目标必须有一定的难度但是可以实现	每个学生参与创新项目的形成和实践并写出自己项目的商业计划书	有难度,但是可以完成
Relevant	目标必须与核心人物具有相关性	提升学生的创新能力和创业精神,形成对创新创业的基本认知	目标与课程的主旨密切相关
Time - bound	目标必须有明确的时间期限	在 2019 年 2 月 20 日到 6 月 5 日期间的 15 次课程上完成全部训练	时间非常具体

图 6 -7 是 2019 年春季学期的创新工程实践课程的 SMART 目标。

创新工程实践课程2019年春季学期的SMART目标

创新工程实践课程在2019年2月20日到6月5日期间通过15次课程，带领学生演练从创新想法酝酿、形成创新项目到开展项目实践和优化的全过程，让学生掌握2～3种创新思维方法，3～5种项目管理和优化方法，形成自己项目的商业计划书，从而提升学生的创新能力和创业精神，形成对创新创业的基本认知。

图 6 -7 创新工程实践课程的 SMART 目标

这个课程的 SMART 目标是很好理解、检查和可行的。

SMART 方法很实用，大家在自己制订各种目标和计划的时候都可以采用。那么如何检验自己的 SMART 目标是否具有吸引力呢？ 我们推荐另外一个工具——30 秒电梯法则。

【30 秒电梯法则】

30 秒电梯法则是麦肯锡独创的一种极度高效的表达法则（见《麦肯锡的选人用人法则》），它源于一个真实的故事。麦肯锡公司曾为一家重要的大客户做咨询。咨询项目结束后，对方的董事长在电梯里遇见了麦肯锡的该项目负责人。董事长问这位负责人：“你能把现在结果说一下吗？” 由于没有事先做准备，该项目负责人无法在从 30 层到 1 层的 30 秒时间内，把问题叙述清晰，麦肯锡公司失去了这位重要客户。因此，麦肯锡创建了“30 秒电梯法则”，要求公司的员工全部掌握使用方法，凡事都要在 30 秒内就把结果表达清楚。因为，如果你能够在 30 秒内把问题或解决方案做出有效的阐述，把简单高效的信息传递给对方，那么无论对方再忙，30 秒的时间他还是会给你的。

那么如何好这短暂的 30 秒呢？

我建议把“30 秒电梯法则”和 SMART 目标的提炼结合在一起进行练习：

首先，用 SMART 的方法将问题的核心、解决方案及落地办法等关键性信息进行提炼，运用简单明了的逻辑和简洁明晰的语言形成一个言简意赅、重点突出且具体明确的方案（文字控制在 120 字以内）。

其次，进行 30 秒的表达练习，直到自己能够非常顺畅地把整个方案传达给对方，令对方印象深刻为止。

这个方法值得大家尝试和掌握。

6.4 核心竞争力

项目计划书的第三项内容是项目的核心竞争力。

这里我们介绍一个非常有用的分析方法：SWOT 分析，即态势分析法，分别为 Strengths（优势）、Weaknesses（劣势）、Opportunities（机会）、Threats（威胁），即基于内外部竞争环境和竞争条件下的态势分析，就是将与研究对象密切相关的各种主要因素按照 S（优势）W（劣势）O（机会）T（威胁）四个方面来分类，通过调查列举出来，并按照矩阵形式排列，然后用系统分析的思想，把各种因素相互匹配起来加以分析，得出一系列相应的结论，而结论通常带有一定的决策性。

该方法主要由两个步骤组成。

首先，填写 SWOT 分析矩阵，见表 6－2。

表 6－2　SWOT 分析矩阵

S（优势）	W（劣势）	O（机会）	T（威胁）
优势，是组织机构的内部因素，具体包括有利的竞争态势、充足的财政来源、良好的企业形象、技术力量、规模经济、产品质量、市场份额、成本优势、广告攻势等	劣势，也是组织机构的内部因素，具体包括设备老化、管理混乱、缺少关键技术、研究开发落后、资金短缺、经营不善、产品积压、竞争力差等	机会，是组织机构的外部因素，具体包括新产品、新市场、新需求、外国市场壁垒解除、竞争对手失误等	威胁，也是组织机构的外部因素，具体包括新的竞争对手、替代产品增多、市场紧缩、行业政策变化、经济衰退、客户偏好改变、突发事件等
每一项按照重要性排列出来，不要并列，可以多列			

使用表格把与项目核心内容相关的因素按照重要性进行排列，如 S1、S2、S3，可以多列，但是不要并列，这里的 S（优势）和 W（劣势）指的是项目团队内部的因素，（O）机遇和（T）威胁指的是外界的环境因素。

然后，把这些因素按照重要性放到如图 6－8 所示的 SWOT 态势图的不同象限上，以 SW 作为横坐标，主要用来分析内部条件；OT 作为纵坐标，主要用来分析外部条件，找出对自己有利的、值得发扬的因素，以及对自己不利的、要避开的东西，发现存在的问题，找出解决办法，并明确以后的发展方向。

根据 SWOT 分析，可以将问题按轻重缓急分类，明确哪些是急需解决的问题，哪些是可以稍微拖后一点儿的事情，哪些属于战略目标上的障碍，哪些属于战术上的问题，并将这些研究对象列举出来，依照矩阵形式排列，然后用系统分析的方法，把各种因素相互匹配起来加以分析，从中得出一系列相应的结论，结论通常带有一定的决策性，有利于领导者和管理者做出较正确的决策和规划。

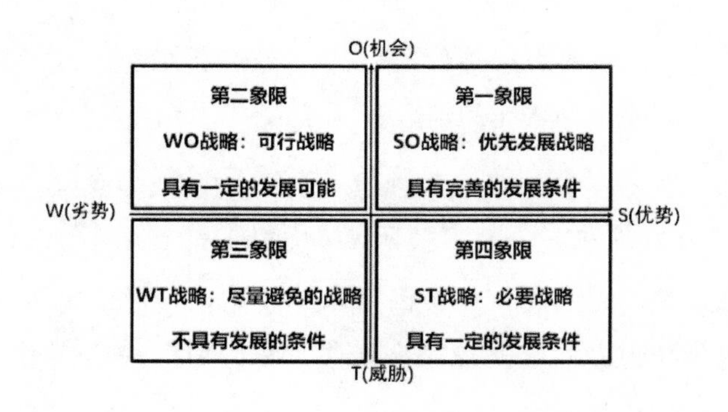

图 6－8　SWOT 态势图

这里我们分析一下“在我国开展创新创业教育网上培训项目”的机遇和挑战。

【项目简介】

我国从 2015 年开始提倡“大众创新，万众创业”，创新创业教育的发展乘势而起，以培养具有创新能力、创业基本素质和开创型个性的人才为目标，不仅仅是以培育在校学生的创业意识、创新精神、创新创业能力为主的教育，而是要面向全社会，针对那些打算创业、已经创业、成功创业的创业群体，分阶段、分层次地进行创新思维培养和创业能力锻炼的教育。区别于在学校开展创新创业教育，利用互联网开展线上创新创业教育培训的机会如何？

首先来罗列一下与这个项目相关因素的 SWOT 分析矩阵，见表 6－3。

表 6－3　中国创新创业教育网上培训项目的 SWOT 分析矩阵

S(内部优势)	W(内部劣势)	O(外部机会)	T(外部威胁)
S1:专业能力强	W1:缺乏市场开拓能力	O1:刚需、市场大	T1:对手成长快
S2:经验丰富	W2:缺乏拳头产品	O2:层次多，范围广	T2:高校与相关部门竞争
S3:有一定的客户群	W3:资金短缺	O3:成长空间大	T3:政策不确定性

从 S（内部优势）来看，有以下几个方面：

S1：团队专业经验丰富，我们这个团队长期从事创新创业教育，专业能力强。

S2：在国内率先开展了双创教育网络慕课实验，具有丰富的网上授课和培训经验。

S3：过去十年积累了一定的潜在客户群，在大学师生中具有一定的口碑。

再来看 W（内部劣势），在以下几个方面不可回避：

W1：团队没有市场经验，在如何开拓市场方面能力欠缺。

W2：尚未找到明确定位，缺乏具有竞争力的特色产品。

W3：没有融资经验，资金短缺。

再从 O（外部机会）来看，目前有以下几个重要机遇：

O1：最大机遇就是，创新创业教育是国家政策驱动，属于全国范围内的刚需，因此对培训的需求量很大，市场空间很大。

O2：创新创业教育涵盖的层次很广。从中小学到大学再到社会群体都有需求，包括企事业单位内部也有需求，因此培训的层次多，范围广。

O3：这是一项全新的事业，国内市场几乎空白，没有很强劲的竞争对手，发展空间大，成长机会大。

分析 T（外部威胁）则有以下几个重要因素不可不考虑。

T1：竞争对手的成长速度快，目前国内在线培训是创业热门，公司很多，他们转向双创教育培训会很迅速，而且力度会很大。

T2：各个高校和教育相关部门也在开展相应的课程和培训，市场运作的培训与它们存在竞争关系。

T3：国家政策的不确定性，双创的政策虽然明确，但是也存在不确定性。

然后，我们把这些因素放入 SWOT 态势图的不同象限上，就成为如图 6－9 所示的 SWOT 态势图。在四个象限上，由 O（外部机遇）和 S（内部优势）围成的是优先策略区域，由 O（外部机遇）和 W（内部劣势）围成的是可行策略区域，T（外部威胁）和 S（内部优势）围成的是必要策略区域，T（外部威胁）和 W（内部劣势）围成的则是回避策略区域。

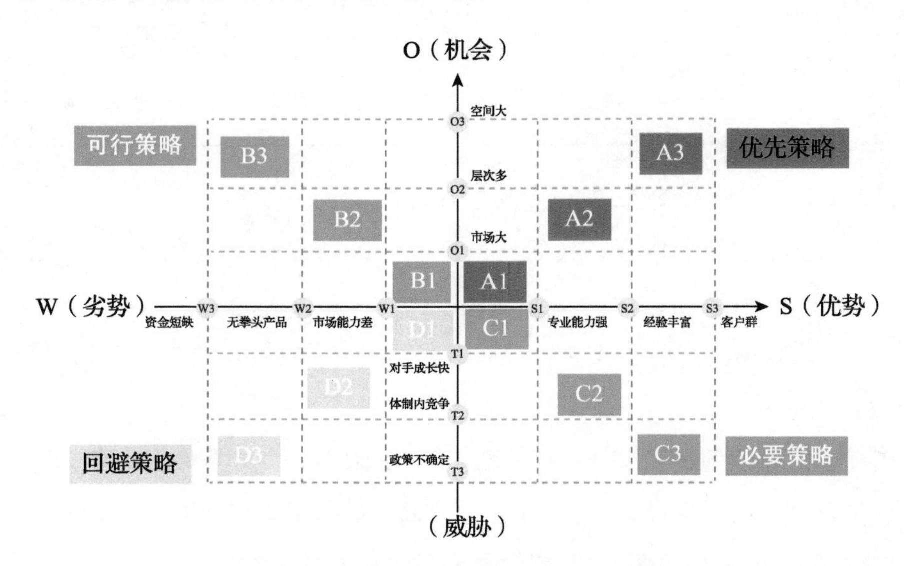

图 6－9　中国创新创业教育网上培训项目的 SWOT 态势图

我们通过举例来分析每个象限。

A1 优先策略：是组合最大内部优势 S1（专业能力强）和最大外部机遇 O1（市场大）所产生的，就是结合外部最大市场和自己专业能力的优势，找到专业能力最能够发挥的最大市场。例如，目前团队最强的是针对大学生的创新创业教育能力，而大学生的创新创业教育培训也是最大的刚需，那就针对这个市场开始做最强攻关。

C1 必要策略：是组合最大内部优势 S1（专业能力强）和最大外部威胁 T1（对手成长快）所产生的，就是要分析自己和对手的差异，在自己专业能力最强而对手还没有发力的部分抢先集中发力，先于对手占领这部分市场，例如，目前团队最强的是针对大学生的创新创业教育能力，而目前尚未有成熟的培训公司在大学生创新创业教育方面占有先机，那就集中火力在大学生创新创业培训上做出品牌。

B1 可行策略：是组合最大内部劣势 W1（市场能力差）和最大外部机遇 O1

（市场大）所产生的，就是需要快速提升团队的市场开拓能力，引进人才在团队最强的针对大学生创新创业教育市场进行开拓。

D1 回避策略：是组合最大内部劣势 W1（市场能力差）和最大外部威胁 T1（对手成长快）所产生的，就是要分析对手快速成长的领域是什么，尽可能避免正面冲突。

通过分析比较我们发现，A1 优先策略和 C1 必要策略是目标一致的，团队的第一要务是确定目标为大学生双创教育市场，战略是集中火力占领市场，形成拳头产品和特色，引进市场人才，尽量避免和已有的竞争对手正面冲突。

依次类推，我们可以通过 SWOT 态势图来分析项目的发展态势，得出合适的策略和战略。

SWOT 分析同样可以用在自我评估和重要人生决策上，能够帮助大家做到客观理性分析，避免感情用事和拍脑袋做决定，是一个非常实用有效的工具。

本章总结

本章主要讲述了项目计划书的三个主要内容：项目摘要、团队与目标和核心竞争力，介绍了项目摘要的分析方法（PKU 原则）、团队目标的确定方法 SMART 和竞争分析（SWOT 分析）的方法，以及 30 秒电梯法则。

扫码获取
本章测试题

第 7 章

创新项目的商业模式

现代管理学之父彼得·德鲁克曾经说过，“当今企业的竞争，不是产品和服务的竞争，而是商业模式之间的竞争”。可见，商业模式在创建、发展现代企业的过程中具有重要作用。那么，什么是商业模式？ 早期创业者应该如何设计自己创业项目的商业模式？ 如何表述商业模式？ 才能以一种共同的语言为团队和外部投资者描述一个有商业化价值的创新项目？

本章旨在厘清商业模式的基本概念，帮助处于初创期的创业者建立商业模式的基本概念，并帮助其掌握商业模式设计的基本方法，恰当的表述方式。为创业者在后期不断优化、升级商业模式奠定基础。

7.1 商业模式的基本概念

商业模式的概念由来已久，“Business Model”一词最早出现在20世纪50年代，但直到90年代，随着互联网的发展，才逐步被人们所熟知。

7.1.1 商业模式的定义

商业模式至今尚未有一个统一的定义，人们根据对商业模式的研究，分别从不同维度阐述了对商业模式的理解。

泰莫斯将商业模式定义为一个完整的产品、服务和信息流体系，包括每一个参与者及其起到的作用，以及每一个参与者的潜在利益和相应的收益来源和方式。

在魏炜和朱武祥两位老师合著的《发现商业模式》一书中，把商业模式定义为“商业模式就是企业为了最大化企业价值而构建的企业与其利益相关者的交易结构”。

在《商业模式新生代》一书中，亚历山大·奥斯特瓦德和伊夫·皮尼厄把商业模式定义为“商业模式就是企业如何创造价值、传递价值和获取价值的基本过程”。按照这个定义，我们甚至可以把商业模式追溯到有等价交换（商业模式最初的雏形）的时代；只不过，没有人专门对其定义。

我们发现，任何一次关于商业模式的交流和讨论，要想取得良好的效果，都需要有一种共同的语言，使大家方便描述、使用和理解相关概念和元素；否则，很难彼此沟通和交流相关概念，更别说优化升级商业模式。

为了大家更好地理解商业模式，交流商业模式，以及阐述商业模式，本章采用商业模式画布《商业模式新生代》的思路，并根据多年投资实践经验的总结，针对创新项目中早期的创业者，对商业模式画布进行适当的改进，以此为基础，对商业模式做进一步的阐述。

7.1.2 商业模式九要素

结合笔者长期的投资实践，以及亚历山大·奥斯特瓦德和伊夫·皮尼厄的商业模式画布工具，可以很容易地帮助国内创新项目的创业者定义商业模式，清晰地展示企业客户定位、核心优势、创造收入的基本逻辑。

我们对商业模式画布进行部分的适应性改良，可以得到更简洁、更容易理解的商业模式的基本要素，这些基本要素包括以下几点。

1. 客户群体分类

客户细分是指企业想要服务和接触的客户或者用户。

随着生产力的提升，产品极大丰富，人们已经告别了物资匮乏的时代，进入“多样化”选择的时代。所以，创业者面对的挑战，是需要把客户/用户进行仔细的区隔，通过提供特定产品，从而更好地满足该细分人群的需求。

该类客户/用户，通常可以用不同维度的“标签”进行详细的划分和标识。可以通过对年龄、收入、学历、消费能力等的划分和标识，进而分析和识别企业最适合为哪类客户/用户提供产品和服务，应该忽略哪类客户/用户群体。例如，某化妆品品牌的面膜，专门针对20~25岁的，每月化妆品消费能力在1000~2000元的二线城市的白领女生，提供补水功能，价格在8~10元的补水面膜产品，销量很好。

分析不同客户/用户的特性，对其进行“标签化”分类，从而识别不同群体的接触难度、喜好、付费能力、付费意愿、盈利程度等。进而可以确定企业提供不同产品满足特定客户/用户的细分需求。

所以，有效地识别和分析细分客户/用户群体，是创业者设计商业模式时第一个要分析和探索的。即使项目目标是要做一种面向大众市场的产品，仍需优先考虑好一个特定的客户/用户群体。例如，脸书就是从哈佛大学的学生交友软件开始的。

2. 客户问题/痛点

针对你最想服务的某类细分客户/用户群体，考虑他们在工作生活中有哪些尚未解决的问题。这类问题对他们工作和生活的影响有多大？ 这些痛点对该类群体来说，是值得解决的问题，还是必须要解决的问题？ 他们会为解决这类问题付费吗？

随着外卖行业的快速发展，市场上从事外卖行业，为点餐用户提供送餐服务的外卖送餐员越来越多。一部手机和一台电动车成了外卖送餐员工作的主要“生产工具”，按照每个外卖送餐员一天要骑行150~200公里计算，他每天需要为自己的铅酸电池充电3~4次，才能满足自己一天的送餐骑行需求。这样，电池的续航问题就成了外卖送餐员需要解决的痛点。国内的“张飞充电”，通过给外卖送餐员提供直接换电服务的模式，让外卖送餐员可以“无限续航”，提高其接单的数量和响应速度，高效地满足了客户/用户的需求，进而快速地占领了大量的市场，赢得了很多外卖送餐员的信赖。

通过对客户/用户的痛点进行分析，可以识别客户/用户需求的强烈程度，从而帮助创业者判断，这个创业项目是否值得做，有没有用户，会有多大市场。用户痛点越“痛”，对企业来说，就越有启动该项目的价值，就越可能成为创业创新的机会。

3. 独特卖点

独特卖点也叫价值主张，是用来描述为特定细分人群创造价值的产品和服务。独特的卖点是吸引细分目标客户/用户群体的最主要原因，是客户为当前企业的产品和服务买单的最主要原因。独特卖点需要与市场上的其他竞品或者客户/用户当前的解决方案有所区别，为客户/用户选择企业的产品和服务提供“充足的理由”。通常来说，独特的卖点会非常好地满足客户/用户在日常或工作等各项场景中的需求，进而使得客户/用户选择你而不是另一家公司。

4. 渠道

渠道是指企业如何接触客户/用户，并将其独特价值主张传递给细分客户/用户群体的方式。

例如，天猫、京东等电商平台，就是企业将其产品通过互联网化的电商平台，传递到客户/用户手里的主要方式。用户通过电脑端、手机端在线选择商品，支付完毕后，就可以收到企业在线出售的相关产品。这类电商平台，是企业产品传递到用户手里的重要方式之一。

除了线上，很多企业也通过代理或者直接开设线下直营门店，来和客户/用户建立对应的接触渠道，以确保将自己的独特卖点传递到客户/用户那里。

5. 客户关系维护

客户关系维护是指企业在获取客户/用户，维护客户/用户，提升销售额的过程中和细分客户/用户建立的关系类型。

6. 解决方案

解决方案是指企业为了满足客户/用户需求，解决客户/用户痛点，所需要提供的一系列产品和服务。

任何企业都需要提供其产品和服务，而兑现其为解决客户/用户问题或者痛点提供的独特卖点，这才是企业需要开展的核心产品和服务。

多数初创型企业，也都是以一项满足客户/用户需求的产品或者服务开始的。例如，腾讯最初是从 QQ 这款免费聊天工具开始的，用来满足大家的社交需求。小米最开始是为用户提供基于安卓操作系统的 MIUI 以及高性价比的小米手机，来满足用户对智能机换机的大量需求。

总之，解决方案要能解决客户/用户的问题和痛点，兑现其独特卖点，并优于现有市场上的解决方案。

7. 收入分析

收入分析比较好理解，《商业模式新生代》中有个非常形象的比喻：如果客户/用户是商业模式的心脏，那么收入来源就是动脉。

关于收入分析及其来源，有很多种形式，最常见的有：

(1) 将本逐利地通过实物销售获取收入，如汽车、图书等。

(2) 租赁，按时间段计算使用。

(3) 会员制，如健身房。

(4) 专利授权，如 ARM 通过专利授权获取收益。

……

企业可以设计不同的收费模式或组合，用于满足客户/用户的需求，从而获得收入。

8. 成本分析

成本是指构建和运营企业所引发的所有成本。

企业在创造独特价值，传递独特价值并维护客户关系的时候，会引发相关成本。这些成本包括人员、固定资产、营销费用、网站费用等各项开支。需要创业者在创业初期，就要建立成本意识，对收入和成本结构有一个清晰的认识，以便可以持续地维持公司的健康运转。

9. 门槛优势

对于成功的企业来说，各自都有独特的竞争力，这种竞争力是不容易被竞争对手模仿和超越的，以确保企业有足够的“护城河”，来维持企业的健康发展。

上述九个商业模式要素，必须回答商业方面的四个问题。

(1)创新项目为谁提供产品和服务?

(2)创新项目提供什么样的产品和服务?

(3)如何提供这些产品和服务?

(4)这些创新项目如何盈利?

7.1.3 商业模式九要素的可视化

在实践中，我们将商业模式九要素进行可视化，可以得到一个简单的表格，即商业模式创新画布，如图 7 - 1 所示。

<table>
<tr><td rowspan="2">客户问题/痛点</td><td>解决方案</td><td rowspan="2">独特卖点

简短宣言</td><td>客户关系维护</td><td rowspan="2">客户群体分类</td></tr>
<tr><td>门槛优势</td><td>渠道</td></tr>
<tr><td colspan="2">成本分析</td><td colspan="3">收入分析</td></tr>
</table>

图 7 - 1　商业模式创新画布

商业模式创新画布，很直观地体现了商业模式九要素之间相互作用的逻辑关系，也很直观地反映了企业如何创造价值、传递价值、获取价值的基本原理，如图 7 - 2 所示。

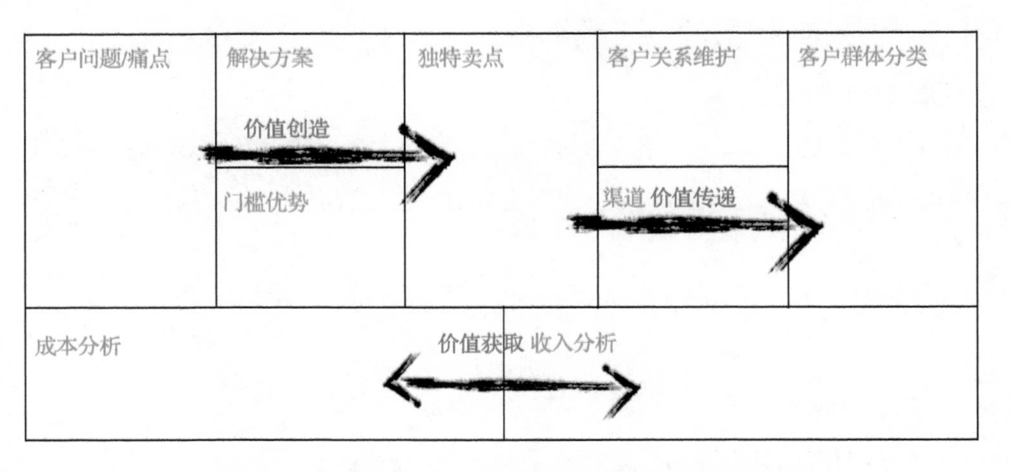

图 7-2 企业创造价值、传递价值、获取价值的基本原理

7.2 创新项目中如何使用商业模式创新画布

了解了创新项目的商业模式九要素之后，我们再来看看如何通过对这些商业模式中基本要素的思考，更好地帮助创新中的项目实现商业化，从而更好地思考和推动创新项目的进一步发展。

使用商业模式画布描述商业模式有两种阐述方式。我们通过一个案例来分析。

某企业长期从事家具建材行业相关机械设备的研发和生产，在核心产品开发中颇具竞争力。其研发的五轴联动数控机床，打破了欧美企业的垄断，且成本价格只有同行的1/5，售价是欧美同行的1/3左右。过去几年，其商业模式一直是通过机器设备的售卖来赚取利润，商业模式创新画布描述如图7-3所示。

通过上面的案例描述，我们可以很清晰地看到这家创业企业的整个价值产生、价值传递的过程。这样，基于一个简单的框架，可以很方便地进行创业项目的沟通和讨论。

我们甚至不需要写一份长篇累牍的商业计划书。商业计划书的真正意义是与投资人或者事业伙伴进行交流，很显然，越简洁越高效。一份商业模式画布，就可以快速解决这一问题。

另外，在实践中，我们大量使用商业模式创新画布，一个很重要的原因就是，绝大多数令创业者激情澎湃的创业项目，最后都是不靠谱的，很难按照最初设想的“A”计划顺利实现，真正成功的，往往都是“Z”计划。这就更能显现出使用商业模式创新画布的重要性和便捷性。

<table>
<tr>
<td rowspan="2">客户问题/痛点
最需要解决的1~3个问题
生产效率低
废品率高
传统机床，效率低
进口数控机床价格高</td>
<td>解决方案
产品最重要的三个功能
新机床</td>
<td rowspan="2">独特卖点
用一句简明、清晰和有说服力的话说明为什么你的产品与众不同，值得购买
人工成本降低70%
废品率降低80%</td>
<td>客户关系维护
让客户留存的方法
使用、维护</td>
<td rowspan="2">客户群体分类
目标客户
中小板材家具生产企业
早期积累客户</td>
</tr>
<tr>
<td>门槛优势
竞争对手无法轻易复制或购买的竞争优势
数控机床
可以识别便于互联网传输的
数据格式</td>
<td>渠道
如何找到客户
电话销售
大客户销售</td>
</tr>
<tr>
<td colspan="3">成本分析
客户获取成本：1万/客户
分发/渠道成本：
基础设施维护成本
人力成本
客户获取成本：1万/客户
渠道成本：销售价格的20%
维护运营成本：1万/年/台
物料成本：20万/台
当年人力成本总计：30万/年×20人=600万</td>
<td colspan="2">收入分析
盈利模式
客户终身价值
收入
毛利
盈利模式：机器售卖
客户终身价值：零配件
收入：每台80~100万</td>
</tr>
</table>

图 7-3 某企业商业模式创新画布

所以，商业模式创新画布，有制作速度快、内容紧凑、方便沟通等特点。

那么，对创业者来说，梳理完商业模式之后，应该如何跟投资人和商业伙伴描述项目的商业模式呢？

7.2.1 市场驱动角度

从市场驱动的角度，设计和阐述创新项目的商业模式，其顺序如图 7-4 所示。

<table>
<tr>
<td rowspan="2">【2.客户问题/痛点】
客户最需要解决的三个问题
现有解决方案：</td>
<td>【4.解决方案】
产品最重要的三个功能</td>
<td rowspan="2">【3.独特卖点】
用一句简明扼要但引人注目的话阐述为什么你的产品与众不同，值得购买</td>
<td>【7.客户关系维护】
客户关系维护</td>
<td rowspan="2">【1.客户群体分类】
目标客户
早期使用者：</td>
</tr>
<tr>
<td>【9.门槛优势】
无法被对手轻易复制或者买去的竞争优势</td>
<td>【6.渠道】
如何找到客户</td>
</tr>
<tr>
<td colspan="3">【8.成本分析】
争取客户所需花费
销售产品所需花费
产品研发费用
人力资源费用等……</td>
<td colspan="2">【5.收入分析】
盈利模式
客户终身价值
收入
毛利</td>
</tr>
</table>

图 7-4 设计和阐述创新项目的商业模式顺序（市场驱动角度）

具体可以按照以下模式梳理。

我们的________(项目名字)创新项目，针对________（1. 客户群体分类）在________（场景）中的________(2. 客户问题/痛点)，可以通过__________(3. 独特卖点)针对性地更好地解决他们的问题，为此，我们需要提供一个________(4. 解决方案，即产品或者服务)。收费方式是________（5. 收入分析）。通过________(6. 渠道)，我们可以将我们产品和服务，精准地传递给我们的客户/用户，我们通过________(7. 客户关系维护)来获得并维持客户/用户关系。所需要的成本大概是________(8. 成本分析)。这个创新项目，我们通过________(9. 门槛优势)来进一步增加我们的门槛优势，提升市场竞争力。

7.2.2 技术驱动角度

从技术驱动的角度，设计和阐述创新项目的商业模式，其顺序如图 7－5 所示。

<table>
<tr>
<td rowspan="2">【4.客户问题/痛点】
客户最需要解决的三个问题
现有解决方案：</td>
<td>【1.解决方案】
产品最重要的三个功能</td>
<td rowspan="2">【2.独特卖点】
用一句简明扼要但引人注目的话阐述为什么你的产品与众不同，值得购买</td>
<td>【8.客户关系维护】
客户关系维护</td>
<td rowspan="2">【3.客户群体分类】
目标客户
早期使用者：</td>
</tr>
<tr>
<td>【9.门槛优势】
无法被对手轻易复制或者买去的竞争优势</td>
<td>【7.渠道】
如何找到客户</td>
</tr>
<tr>
<td colspan="3">【6.成本分析】
争取客户所需花费
销售产品所需花费
产品研发费用
人力资源费用等……</td>
<td colspan="2">【5.收入分析】
盈利模式
客户终身价值
收入
毛利</td>
</tr>
</table>

图 7－5　设计和阐述创新项目的商业模式（技术驱动角度）

具体可以按照以下模式梳理。

我们的________(项目名字)创新项目，有一项核心________(1. 解决方案，即核心产品或者技术方案)技术，通过该技术，可以达到________(2. 独特卖点)效果，可以很好地解决________（3. 客户群体分类）的在________（场景）中的________(4. 客户问题/痛点)，收费方式是________（5. 收入分析），成本________(6. 成本分析)。通过________(7. 渠道)，我们可以将我们核心技术，让更多的客户/用户在使用我们的核心技术中收益，我们通过________(8. 客户关系维护）来获得并维持客户/用户关系。我们通过________（9. 门槛优势）来进一步增加我们的核心技术优势，提升市场竞争力。

7.3 启动创新项目商业模式设计中的注意事项

7.3.1 客户群体分类

创新型项目中的客户/用户群体选择非常关键。前面提到过，将客户/用户群体进行标签化，进行分类，以便发现更精准的客户/用户群体。

对于早期的项目，快速识别典型的早期客户/用户对项目的成败至关重要。创业者需要寻找早期客户/用户，而不是主流客户/用户。道理很简单，在创业初期，创业者如果连小部分人群都无法满足，大众的主流客户/用户更是无法满足。

如何寻找早期客户/用户，有以下几点经验可供参考。

（1）寻找那些最希望尝试我们的产品和服务的客户/用户群体，如果他们真打算购买类似的产品和服务，这样的早期客户/用户就特别合适。

（2）通过针对性的访谈和产品迭代，可以快速地满足他们的基本要求，探索客户/用户的真正需求。

（3）我们最了解的客户/用户群体，可能是以前我们老客户/用户。

（4）我们最容易接触到的客户/用户群体，也是我们应该优先考虑的。

7.3.2 独特卖点

通过对客户/用户群体的仔细分析，结合自己的核心能力，设计对应的产品卖点。

在向客户/用户传递产品卖点的核心理念时，要站在客户/用户的立场上，使用客户/用户可以理解的语言或者语境，才能更容易深深地打动客户/用户。与目前市场上已经存在的产品形成差异化定位，做到“一看/听就想买”。

王老吉，通过“怕上火，喝王老吉”的广告语，切入火锅消费的场景，成功地打动了客户/用户。达到了“一看/听就想买”的效果。“怕上火，喝王老吉”也就成了它的独特卖点。这是非常成功的独特卖点设计，实现了和其他竞品的差异化定位和竞争。

百事可乐也是通过以“年轻人的可乐！”作为产品差异化定位，区隔竞品可口可乐，成功地在竞争激烈的市场当中站稳了脚跟，获得了一大批忠实客户/用户。

独特卖点，要与众不同，要有独特之处。这需要回归到客户/用户的痛点，深度挖掘客户/用户的需求，帮助客户/用户切实地解决问题。

独特卖点，需要针对早期接纳者来进行设计，成功地打动最初的客户/用户群体之后，才能越过“鸿沟”，向大众市场进军。国内知名的抖音，就是在2018年3月，从“让崇拜从这里开始！”到“记录美好生活！”。

另外，独特卖点，需要站在客户/用户的立场，关注客户/用户的最终收益，“客户最想要的结果”。例如，某创业项目，专门帮助企业对接各大高校的实习生，他们提出的独特卖点是，“985/211高校实习生，48小时内领走”。这个卖点非常简洁、清晰，很快赢得了大批企业的认可。

7.3.3 解决方案

美国500 Startup的创始人戴夫·麦克卢尔曾经说过，客户并不关心你的解决方案是什么，他们只关心自己存在的问题。

创业者往往痴迷于做解决方案，却又常常忽视一个最重要的问题，就是忽略核心客户/用户的真正痛点到底是什么。几乎每个创业者都会认为自己抓到了客户/用户的痛点，可以有效满足客户/用户的需求，且市场前景很广阔。

在创新型项目的早期，千万要遏制住自己不断增加产品功能的欲望。优先对你认为的客户/用户最核心的痛点做最快速的验证。这时候，应该限制添加产品功能，只需要关注并解决最核心痛点的核心功能即可。

记住，你的解决方案往往不重要，客户/用户的真实感受才最重要。

7.3.4 渠道

无法建立有效的客户/用户渠道是创业公司失败的主要原因之一。经常听到创业者抱怨：我们的产品非常好，目标客户/用户也很清晰，但怎么销售出去呢？我们都不擅长这个。

对创业团队来说，早期任何可以接触到潜在消费者的渠道都可以利用。

创新性项目在早期很难有规模化的渠道，将产品和服务规模化地传递到客户/用户手中。这时候，可以从身边的特殊渠道开始你的创业项目，例如，

(1)朋友介绍。

(2)原有的核心老客户/用户。

(3)直接打电话给少量客户/用户。

(4)关键词广告。

随着创业项目的发展，可以增加能为创新项目带来规模化扩张效应的渠道，例如，

(1)互联网广告。

(2)合作伙伴。

(3)各种互联网分发渠道。

(4)病毒式营销。

(5)传统的销售、推广、地推等。

7.3.5 门槛优势

商场如战场，当你想将你的创意付诸商业化的时候，你就不得不考虑：你的创业创新项目，有哪些"护城河"，以便保护你免受同行在商业市场上的攻击。

你的创新项目，拥有了某些竞品难以企及的门槛，可以提高市场竞争能力，保护你更快更好地发展。

真正的门槛优势必须是无法被轻易复制或者购买的。

这些门槛诸如：

(1)自有的核心技术专利，如高通在通信领域的庞大专利保护。

(2)现有的庞大社群资源，如小米的米粉社区。

(3)现有产品形成的网络效应，例如，微信早期，因为有了QQ用户的快速导流，得以快速发展。

(4)超级团队，团队内部有行业内非常有影响力的技术人才加盟，创业项目具有很强的技术实力。

（5）业界权威人士的支持等。

当然，很多创新项目，并不是一开始就具有门槛，需要一定的积累，才能形成规模，也就逐步形成了壁垒。尽早地考虑为你的创新项目构建壁垒，这样会使项目的发展更加从容。

本章总结

商业模式这个概念是创新项目进行商业化运作必须要具有的基本商业逻辑。

对创新项目、创业团队而言，需要从商业可行性的角度来系统地思考自己的创新项目的商业价值和社会价值。

对创新项目的商业模式设计和表述而言，可以用商业画布这个有效的工具进行系统化的梳理和总结，分析其中的9大重点要素，并进行合理性调整和探索。

商业模式需要和团队和外部投资人进行交流，商业模式画布提供了一个统一的语言和视图。

系统地阐述商业模式，可以从技术维度和市场维度两个不同的角度来进行。

扫码获取
本章测试题

第 8 章

创新项目的用户体验

凡事皆有体验。例如，我们在家里泡一大杯咖啡可能成本仅需要 3 元，如果在星巴克，就算以 30 元作为卖价，仍可能会有许多人趋之若鹜，这说明人们到星巴克买得不只是一杯咖啡，而是享受它所提供的体验。

参加一个令人兴奋有创意的婚礼活动，经历一次有异国情趣的出国旅游，完成一次充满惊奇又快速的检索任务等，我们都在日常的生活中体验着各种过程。用户体验(User Experience，UX)是近年来互联网领域经常提到的概念，是为弥补传统互联网服务规划上的不足，转而强调“从用户需求出发”，依据用户使用网页的目的作为核心设计宗旨。可究竟什么是用户体验？用户体验与创新的关系是什么？在产品创新的过程中，如何进行用户体验设计来优化产品的设计？

本章旨在阐述用户体验的概念，厘清用户体验设计的观念，梳理并说明用户体验设计的流程步骤，为用户体验设计提供实践依据和建议，为创新创业提供优化产品的思路与方法。

8.1 用户体验的概念

用户体验存在于用户经历各种事件背后的感受，其概念过于抽象且涵盖的领域太广。对于创新创业者而言，认知用户体验的概念已有一定的难度，更别说将基于用户体验的设计方法应用在创新产品上。接下来我们重点说明用户体验的定义和特征，以及厘清用户体验设计的核心观念。

8.1.1 用户体验的定义

以用户为中心设计开发产品是创新设计思维的核心，其主要意义是明确用户在特定情境下经历事件过程的痛点，依据该痛点寻找解决方案或产品来消除用户的不良感受，设计团队必须将痛点具体转化为创新方案的功能和设计。用户除了提供自身的需求外，用户更是产品研制过程中的重要检验对象，设计团队探索用户测试使用产品的各种感受来优化改善产品的功能、内容、界面、效能，这种感受就是用户体验。因此，我们可以将用户体验定义为

用户体验是用户在使用产品、系统或服务的过程中所产生的整体感受，涉及人与产品、信息、程序或系统交互过程中的所有方面。

用户体验，简单来说就是用户的感受，但对于设计团队而言，如何理解并获取用户的体验感受，进而转化成用户喜爱的产品，将是最大的挑战，这也使得以用户为中心的创新设计，不是那么容易实现。

举例来说，在高速路上堵车是一个令人既苦恼又无奈的事件，该事件影响各种交通工具的驾驶员、乘客、交警等人群的体验感受，各种人群对该事件的痛楚程度是不同的，与此同时，需要的解决方案也是不同的。如果我们想要提出事件过程中的解决方案，首先要明确目标对象是哪种人群，其次是要针对该人群的心理需求进行概念的发想。针对驾驶员而言，心理的需求可能是希望提早知道事件的发生以避开该路段或提前改道，甚至希望遇到该事件时可以通过

车辆的特殊设备离开该路段，因此可以看到有许多方案正被发明实现，例如，导航系统规划比较不堵车的线路，或者提前预测并告知可能的堵车路段，又或者空客公司的飞行概念车，提供堵车时以短暂飞行的方式离开该路段；针对幼小的乘客而言，心理需求可能在于如何舒适地度过这段无趣的过程，因此游戏娱乐设备的解决方案就成了新形态的车内装修需求；如果乘客是一般成人，学习、处理公务、阅读、会议等有效地利用当下的时间皆可能是他们的心理需求，因此可以通过手机连接车上相关设备设计可行的解决方案。**上述是该情境下各种用户的心理需求，这些需求是经由用户痛点所延伸出来的，若设计团队将这个痛点更深入地转化成设计目标，并研制出更好的产品减轻或消除用户在事件过程中的不良感受，这就是基于用户体验设计的目的。**

用户体验是用户在使用产品过程中的各种感受，然而设计者要如何从产品中寻找这些感受呢？举例来说，图 8－1 是两台自动贩卖机的示例，当我们看到这两台贩卖机后，随即会根据过去的经验在脑海中生成有关贩卖机的外观、颜色、功能等信息，并开始与图中的贩卖机进行对比分析，从而对这两个设备产生不同的感受，或许图 8－1a 的机器更受欢迎，理由是可能仅从颜色来看更容易吸引人注意。换句话说，当我们听到或看到产品立马就有体验感受，这也是用户体验产品的开始。更进一步的发现，初始体验感受是驱使用户对产品产生好奇心和使用欲望的关键，若能有特殊的或亮眼的设计，将引来大量的用户，但往往这仅是一瞬间的功效。

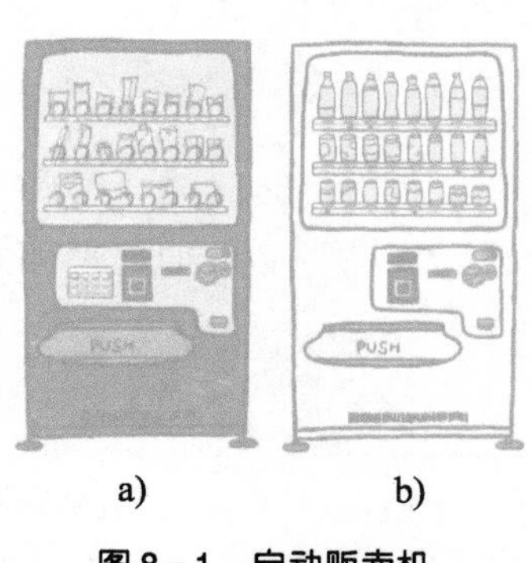

a)　　b)

图 8－1　自动贩卖机

a)　　b)

图 8－2　不同用户或情况面对自动贩卖机

为了更好地设计产品，设计者必须关注更多其他的用户感受。如图 8－2a 所示，对于女士跟儿童而言，这台贩卖机的大小、操作点以及产品展示等都有不同的感受，显而易见的是，这台设备对儿童非常不友好且不具有可操作性，并且儿童对于机器内所贩售的产品也不容易识别。即使同一个用户在不同情境也可能产生不同的感受，如图 8－2b 所示，该女士分别在双手没有束缚和提着各种不同物品的状态下，对于操作贩卖机的负担就会发生截然不同的体验感受。根据这两个不同的感受观察，或许我们就会发现生活中已经有很多专门针对儿童设计的机器或提供置物架等功能的贩卖机，这些感受其实是很容易理解的，并且很容易形成很简单的创意思维，这样的解决方案或设计往往简单且有效，也是满足用户需求的最基本的设计要求。因此，我们仅需要“仔细”地在生活中发现不同用户或不同状态的用户体验就容易产生意想不到的创新产品。

除了不同用户与不同情境下对产品的体验感受外，还可以更深入地观察用户在设备上的操作接触。如图 8－3 所示，女士分别通过机器的不同支付功能进行商品交易，利用扫码电子支付(如图 8－3a 所示)的操作过程显然更便利也更快速，这也是当下我们更容易接受的操作功能，并对这个设备更有好感。虽然使用钱币付费交易(如图 8－3b 所示)较为传统，但交易过程明显高于扫码所带来的支付感，对于某些用户是需要的。每种功能的设计都可能产生痛点或亮点，因此出现了需要多次检验用户体验的情况，新增功能或删减旧功能可能会伴随流失某些用户的情况出现，所以目标用户的选择是非常重要的。除了不同设备的功能与操作方式外，贩卖机提供的商品内容及其展示方式也深深地影响用户的体验感受。举例来说，图 8－4 展示的两台贩卖机提供不同类型的商品内容，图 8－4a 主要提供饼干零食，而图 8－4b 则提供饮品。但贩卖机的空间毕竟有限，顶多放 20～24 个商品，从市面上百样的商品中选择符合用户需要的商品，放到贩卖机内吸引用户去购买，这种选择的结果也会产生不同的体验感受。若商品内容符合用户的需要，则会让用户对设备产生依赖感，反之，用户可能对设备视而不见。例如，把饮品的贩卖机放在学校体育场旁边比较符合运动用户的需求，而把盛有饼干零食的机器放在宿舍楼里更能满足刷夜同学的需要。

a)　　　b)

图 8－3　自动贩卖机的付费方式

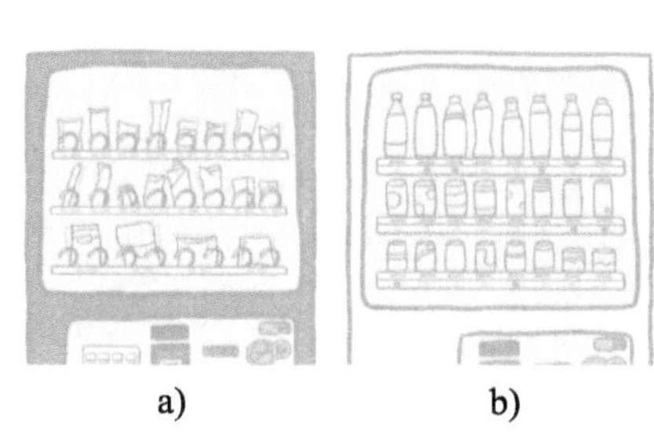

a)　　　b)

图 8－4　自动贩卖机的商品陈列

商品内容的展示方式也会让用户在挑选上产生体验，如种类排序、标签标识、大小位置等，都会影响选择体验。例如，把饮品的贩卖机放在学校教学楼，人群在查看商品列表的时候，通常根据身高最轻松的视角是最容易首先关注到的位置。男性用户的偏好饮品可以放置在较高的位置，而女性用户则可能较容易关注稍微低一层的商品，通过位置区隔商品的排序并满足更多用户的体验，因此，内容的选择与展示是影响体验的因素之一。综上所述，用户体验就是各种痛点跟亮点的感受集合，根据不同用户、不同状态、不同环境、不同功能、不同内容和不同呈现方式等情况挖掘各种用户的心理需求，将这些需求作为创新亮点以及设计目标就是用户体验设计的核心。

8.1.2 用户体验设计的核心观念

用户体验设计是基于用户体验的痛点感受研究设计开发产品的过程。美国认知心理学家唐纳德·诺曼(Donald Arthur Norman)，同时也是设计师和计算机工程师，于1995年提出用户体验设计的概念，自此以用户为中心的创新设计思维慢慢地扩展开来并演进成为用户体验设计。

1. 用户体验设计是一种管理流程

用户体验设计既不是一门技术，也不是解决工程问题的手段，它是一种通过团队合作，与用户强烈沟通交流来改善产品的管理流程。在用户体验设计中，设计师看待问题的方式能够成就一个好的作品，也可以制作一个无人问津的设计，设计者个人的欲求和经验可能与用户是冲突的。换句话说，设计师要善于运用“同理心”与用户交流并分析数据，当真正了解某个问题时，在情感上就会变成设计者自身的问题，处于这种心理状态下产生的解决方案或产品较容易获得用户的偏好。因此与用户强烈沟通的目的在于获取用户的“同理心”。好的设计会传达以下三个主要信息:“这个是什么”“对用户的帮助是什么”“用户应该做什么”。因此，设计师必须在设计的过程中，在每个环节不断地利用“同理心”模拟回答这三个问题。这里需要注意的一点是，与用户沟通交流并不是问用户“需要什么”。通常用户不会知道他们需要什么产品，只会说明目前体验的感受与困扰。设计者需要从这些感受中以专业的知识和技术找到改进的方案。在用户体验设计中并没有完美的标准操作流程，但仍具有一定的执行流程，主要流程包括事件情境的定义、用户的调研与分析、使用过程的确认、产品功能的厘清、内容服务的组织、原型设计的实践等阶段，根据实际状况再调整细项工作内容，重点在于管理过程中用户调研的分析数据以及设计团队的设计方案或原型，具体细节会在8.2节进行更详尽的说明。

2. 提升用户体验效果的金字塔

从用户认知产品的开始即对产品产生相应的期望，这个期望来自过去使用其他产品或解决方案的经验与感受，这些感受与期望将成为用户体验满意度的衡量标准，进而形成有形的利润和无形的口碑。因此设计团队的主要任务是要创造价值，利用用户的观点在用户体验设计流程中找到某些有用的信息与功能部件研制产品使其产生最大的价值，也就是达到最好的用户体验效果。如图8-5所示，在用户体验设计流程中提升用户体验效果考虑的重点包括深度挖掘用户心理需要，研制良好信息架构，提供充实内容，实现可用性，应用美学，撰写优质文案，营造惊喜设计等七个方面，以金字塔的结构呈现这七个方面的重要性，越底层代表在用户体验设计过程中越需要花费大量的时间与精力去研究与设计，是用户体验设计的工作基础与提升效能最显著的地方，也是最无法有具体呈现的工作。换句话说，底部的工作若被忽视，那可能会毁了整个产品，而这些东西往往是看不见的；不管花费多少精力在塔顶的工作可能不会为产品增添什么价值，而这些却是可见的。例如，数字阅读软件应用的页面布局和交互效果仅是呈现产品样貌与交互设计的结果，若在产品内容上没有提供足够好的信息或资源使得用户阅读需求得到满足，即使设计团队花费大量金钱邀请全球著名 UI 或交互设计师执行页面设计，或使用大量的时间在文案撰写与图标设计方面，仅有事倍功半的效果。但反过来说，若该应用有好的信息架构设计和充实的内容资源，却没有美丽的界面设计或惊喜的交互方式让用户没有好的使用感受，我们发现，多数用户仍然能接受该软件应用的服务，但由于其部分功能的用户体验差让用户难以形成依赖感，进而容易被其他产品取代。

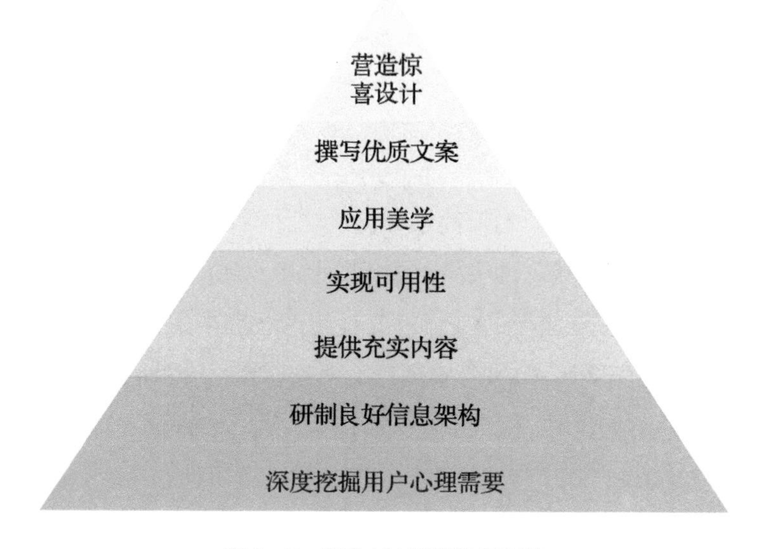

图8-5　提升 UX 效果的金字塔

3. 用户体验与可用性

“可用性”是用来评价交互设计质量的方法，主要包含效率、效用、易学性、防错性和易记性。无论是在项目完成后还是在进行中，可用性的测试都是一种很有用的工具。然而，用户体验设计不只是要达到这个产品的可用性，它还要达到良好的用户体验，体现产品或服务的价值性、趣味性、愉悦感、享受感以及满意度。换句话说，相较于其他类型的设计师而言，用户体验设计师可以不需要太具有创造力与艺术性，但必须更具有分析性，真正的工作在于解决问题，并且深入用户的心理产生美好的感受。因此可用性更偏向于已经有明确的产品或服务功能，让用户能具体有效地使用产品为主，而用户体验需要达到用户利用该产品对某些问题得到妥善解决的期望，并在往后面临相同困扰时会依赖或享受使用该产品或服务的过程。举例来说，手机是我们生活中不可或缺的电子产品，它可以解决一般人大部分生活中获取信息、日常管理和休闲娱乐的需求，同时也具有与其他人沟通的功能等。手机中大部分的软硬件功能都经过很长时间的迭代更新以及可用性测试，但并不是全部功能人人都会去使用，部分手机功能仅达到可用性而不具有用户体验的设计。换句话说，对这些人群而言，部分手机功能具有很好的可用性，但不具备帮这些人群解决问题、引起他们的兴趣或达到愉悦满意度的要求。针对老年人而言，这些手机的功效并不一定能发挥得出来，光学习如何去操作使用就可能要花费很大的精力和功夫，而且往往问题得不到很好的解决，也容易犯错，已经达不到应有的可用性，再加上在使用这些功能的过程中并不会让他们获得好的愉悦感与满意度，就可以得知这种产品其实是不符合这类用户的。

8.2 用户体验设计的流程

我们常说要做好用户体验的产品设计，但这并不容易实现，需要利用科学的方法与流程协助完成，并且在过程中需要不断地问：到底用户能否理解我们的设计？ 哪些功能是用户真正需要的？ 用户在使用的过程中是否有困扰？ 用户是否能享受该产品带来的好处？ 或者针对信息类产品而言，用户是否能容易、快速地从中获取所需要的信息？

8.2.1 开始之前

根据定义，用户的体验是用户在参与过程中痛点与亮点的感受集合，用户体验设计流程主要的工作是明确痛点与亮点并应用在我们的产品设计中。因此，我们需要先了解有哪些维度去定位痛点与亮点。

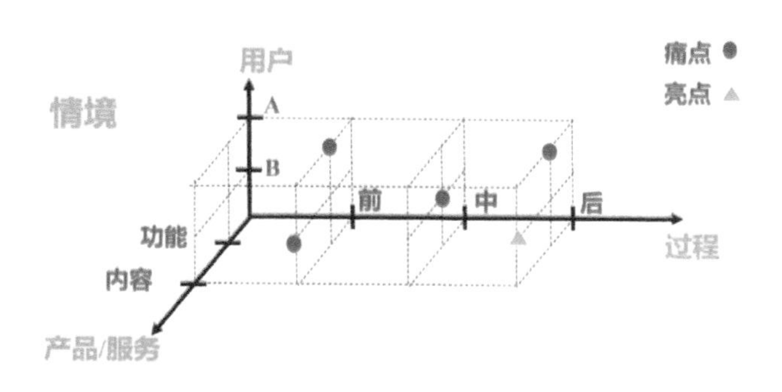

图8-6　痛点与亮点的定位

如图8-6所示，定位痛点与亮点需要通过情境、用户、过程、产品/服务的功能和内容等来定位。以自动贩卖机为例，若贩卖机放置的场所是在学校宿舍楼里，学生在学习过程中有饥饿、提神、补充营养等需要的情境；如果是在学校运动场边上，学生锻炼过后有水分补充、止渴等需要的情境。这两种不同情境下的用户人群是有区别的，自然他们在使用贩卖机的过程中感受到的痛点与需要就有所差异，因此也影响着机器需要提供的功能与内容。实际观察就可以知道，宿舍楼里的机器贩卖的大多是酸奶、牛奶、汽水、果汁、咖啡等多样的生活类饮品，并提供更多样的支付功能；而在运动场边的机器贩卖的大多是以水或运动型饮料为主的内容，且以简单轻便的支付功能为主。总结来说，痛点或亮点可以从特定事件情境下、用户参与过程中，在功能上、内容上或操作上体验产品或服务的感受挖掘并定位出来。设计团队可以利用痛点改善相对的产品或服务功能并研制产品原型。利用用户体验设计的六大步骤将我们的创意想法具体形成产品原型，定义情境、理解用户、明确过程、厘清功能、组织内容以及原型设计，将分别在本节更进一步地说明。

8.2.2　定义情境

情境是指在某个时间与地点，人、事、物彼此相互交织的因素跟关系。也就是用户在特定的时间与地点发生的事件，并且这个事件使得用户面临什么困扰，产生什么需要，使用什么方法或产品面对，甚至用户当下的心理活动等都属于情境描述的细节。在定义情境时，为了具体描绘事件的因果关系并展示用户角色及体验感受，必须通过观察法、访谈法、问卷法等对与事件情境相关的用户进行数据收集。经过数据的整理，归纳出可能发生的事件情境，有些情境仅因为用户不同就会有不同的过程感受，或有些使用了不同的解决方案形成不同的结果。为了与设计团队预想或相关的创意有紧密的联系，我们将通过以下三个步骤选出最优的情境当成用户体验设计的主要情境基础。

1. 找出所有可能的情境及其描述

利用情境描述表可以直观地呈现事件情境的来龙去脉，如图 8－7 所示，并以人物简介、背景环境、发生起因、感受困扰、解决方式以及事件结果这六个维度对事件进行描述。

		背景	起因需要	感受困扰	交互活动	
	角色	环境	事件起始	关注点	发生点	结果
情境1						
情境2						
情境3						

图 8－7　情境描述表

人物简介仅需要表达出与事件背景相关的信息，其中可能包含人口属性、职业、生活状态、习惯等，目的是让设计团队能理解可能用户群体的规模数量与特征。背景环境是事件尚未发生前的状态描述，主要包括时间、地点、环境等，目的是让设计团队能勾勒出事件可能频繁发生的环境属性。发生起因是事件发生的关键因素(产生需求、困扰、问题的原因)，主要包括活动、意外、利益关系人等，目的是让设计团队能判别事件的因果关系，甚至是外在因素的影响程度。感受困扰是用户群体面临事件的关键问题、主要的困扰理由、限制状况或心理感受，包括环境局限、心理诉求、时间效率等，目的是让设计团队能判别对目标用户的困扰程度或者影响程度。解决方式是用户群体通过何种的方式去解决或面对上述的困扰或问题，主要包括产品、交互、方案、行为等，目的是让设计团队能挖掘目标用户现有解决方案的可能数量、影响程度以及付出程度。最后，事件结果是用户历经该事件的结果，主要包括感受、后果状态、环境、时间等，目的是让设计团队能理解该事件对用户的损失代价程度、补偿程度以及满意程度。因此，设计团队通过情境描述表厘清目标用户群体的范围数量、人群特征、事件因素、解决过程和满意程度等信息，作为设计产品的依据，从中创造出产品可能的功能或内容，同时可以让其他人员(投资人、工程师、用户等)更直观地体会事件情境的感受，真正理解哪些人群在特定的环境中，发生什么事件及其影响人群的解决方案，借此让产品方案更具有说服力。

2. 对情境进行重要性评分

通过对事件情境的描述，设计团队已经知道可能的用户人群及其面临的痛点与困境，并且对事件发展的逻辑顺序也有一定的理解。然而，哪个(或者哪些)事件情境可以作为产品最主要的设计依据呢？ 可以通过图 8 - 8 的评量公式对每个情境进行重要性的度量以便挑选。

{ 代价度(1~5) + 影响度(1~5) } × 未满足度(1~5) = 重要性

图 8 - 8　情境评量公式

这里使用三个参数，代价度、影响度以及未满足度，得出重要性分数，每项参数以 5 级李克特量表(Likert Scale)方式的赋值，分数越高表示代价越高。代价度是用户对该事件的困扰心理接受程度或损失程度，这些可以是金钱、体力、心理或其他无形、有形的代价。以堵车的例子来说，某些地区的用户会有堵车的经历，经常是在用户急于工作或办事的状态下发生，会有金钱、时间、心理上的损失，且某些用户认知的代价或许已达到 5 级。影响度是指这事件所困扰或影响的人口规模以及该事件发生的频率，例如，某些地区的用户每天都会经历堵车，一天内可能发生 2 ~ 3 次，且每次堵车往往是近百辆以上，耗时至少一小时，则这事件影响度可视为 5 级了。未满足度是指该事件现已有的解决方案数量或者目前用户对现有方案结果的满意程度，可能包括效率、速度、完整度等方面的内容，对于设计团队而言，如果说未满足度越高，则该事件就越值得作为创新项目产品的设计依据。

3. 选出最具有说服力的情境

接下来通过四象限分类法划分出四个不同重要感受程度的区域，如图 8 - 9 所示，以感受度为纵轴，以重要性为横轴，由于分数是依据由下往上和由左至右排序，把所有的情境标识出来之后，落入最右上象限的事件情境是我们需要关注的。这里使用两个维度(重要性和感受度)对所有情境进行定位，其中重要性已

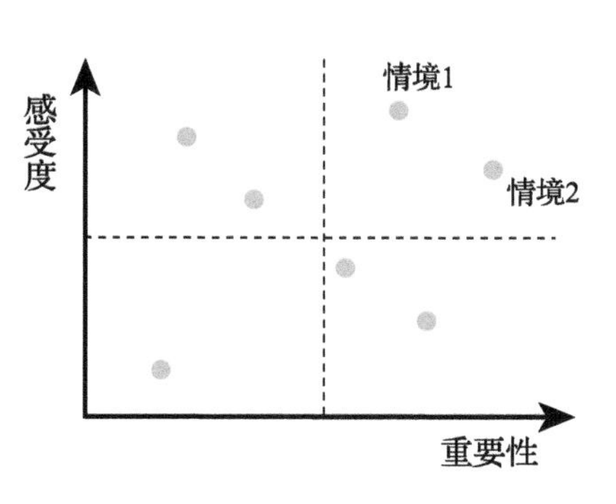

图 8 - 9　情境的四象限分类

经在步骤2中给予赋值，而感受度是指对于该事件情境的共情程度，尤其是指那些没有事件经历的人群可能有的感受。同样的，感受度仍然以使用李克特5级量表为主。以贩卖机为例，假设贩卖机的情境中有运动场、宿舍楼、教学楼以及办公楼四种场所，分别对某校学生进行问卷发放并分析，其代价度、影响度、未满足度、重要性、感受度的分值以及其重要感受的四象限图如图8－10所示，明显可以知道，若要选择在学校区域内置放贩卖机的情境，最受重视且容易感知的情境是在运动场边上。

贩卖机		代价度	影响度	未满足度	重要性	感受度
情境1	运动场	4	3	3	21	4
情境2	宿舍楼	3	3	3	18	3
情境3	教学楼	3	3	3	18	3
情境4	办公楼	2	2	2	8	3

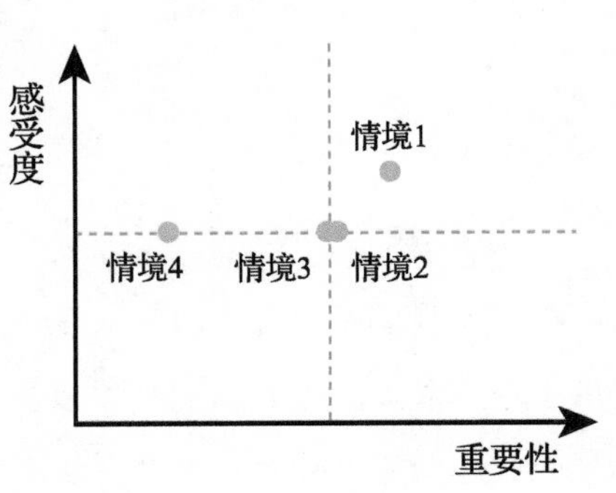

图8－10　以贩卖机为例的情境定位图

通过感受度来标识情境的目的在于判断所选出的情境是否能够拿来说服投资者或用户，因为有些与项目相关的人员并不一定都经历或体会过每一种事件情境，因此选出的情境必须要以容易感受为主，同时，这样的典型情境可以为产品的推广及销售提供帮助。

【情境图像化的工具】故事板

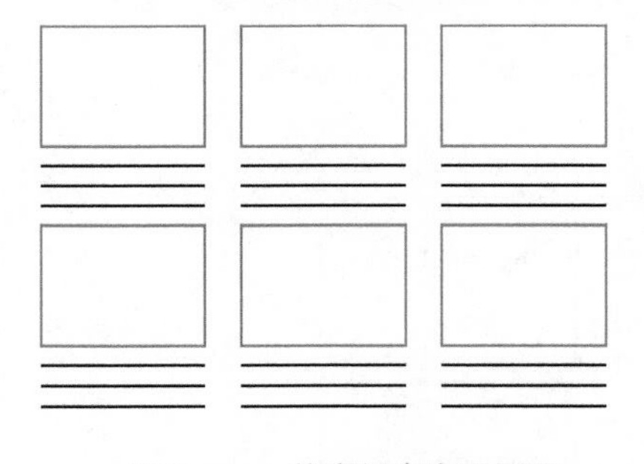

图8－11　故事板空白示例图

为了更直观地将最终选出的情境描绘出来，可以使用故事板作为图像化情境的工具。故事板是在特定脚本下以连贯的镜头方式展示一系列用户交互或活动的动作，用来突显关键事件的某个动作、关键问题或者任务。首先准备一张纸，并画出六格空白框，每个框底部保留部分空间，如图8－11所示。

我们利用步骤1的人物简介、背景环境、发生起因、感受困扰、解决方式以及事件结果等六个维度内容分别绘制在方框里。经过绘制图例后，针对每个图例去做文字描述，如图 8 - 12 所示。事件的主角名为小飞，35 岁，是位青年教师，除了上课以外，他还要经常开会，忙忙碌碌(第一格图例:人物简述)。有一天，早上开会到接近 11 点的时候，由于 13 点需要上课，并且目前会议没有马上停止的迹象(第二格图例:背景)。因此他提出一个建议，由小飞去食堂打饭，节省大家时间并形成午餐会议，会后就可以直接去上课(第三格图例:事件起始)。于是他记录下所有成员的饮食偏好后前往食堂，发现人已经很多了，因此选了一个最短的队伍为所有人购买饭菜(第四格图例:关注点)。由于回程的路上提得较重且天气炎热，小飞十分辛苦且满身大汗(第五格图例:发生过程)。最后，在会议室里，饭菜无法符合每个人的口味，甚至有些抱怨，使得在会议后期成员并没有很好的心情与效率(第六格图例:事件结果)。

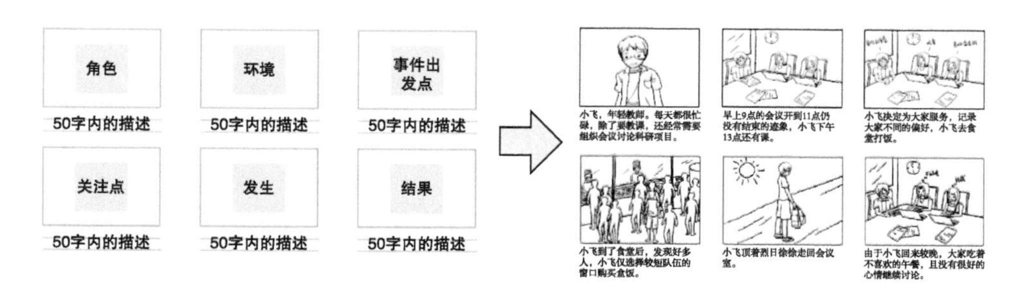

图 8 - 12　情境绘图示例

通过上述文字描述与图例，我们很容易直观地感受到主角小飞的心境、困扰以及需要。其实故事板内的图例并不需要强调美观，重点在于能表达事件过程。事实上，六个维度的内容并不一定仅用六个图例展示，可以根据事件的复杂度与设计团队关注的粒度针对某些维度进行更细节的描绘。例如，关注点这个维度，用户在事件中的操作、交互、偏好等行为或心理活动皆可使用更多的图例来描绘，主要目的是以图像方式重点描述事件过程中产品可能对用户有所帮助的功能，并使投资者、用户和设计团队等人员产生共情，以设计出更符合用户需求的产品。

8.2.3　理解用户

对于产品推广或服务应用来说，用户是最重要、复杂、难以预料的变因。用户若喜欢设计团队的产品，则团队的盈利可能是直接或间接来自这些人群，他们是团队最重要的衣食父母。用户也可以视为团队的导师，他们指出产品的缺失、优点或感受，虽然不会告诉我们需要什么产品，但会指出用过相关产品的关键问题。尽管产品做得再好，用户还是会表现出复杂的一面来挑剔产品，就如同团队的爱人一样，会持续不断地从中找出产品的痛点和缺失，使得团队的设计总是会有各种不同的上升空间。用户也如同幼儿一般难以预料，心思总是很发散，没有逻辑，有时还非常任性，偏好总是千变万化、毫无套路可言。设计团队需要不断地了解用户去改善产品，不能仅有一成不变的产品。因此，设计团队必须仔细地进行用户调研，区分用户群体，缩减各类用户带来的变因，减少产品设计的错误或推广的困难。目标用户可能有哪些人呢？ 首先通过事件情境的理解寻找可能影响产品体验的人群，经过相关人群的调研分析，找出产品的目标用户，制作典型用户特征画像。我们可以通过以下五个步骤选出典型的用户作为用户体验设计的主要参考依据。

1. 寻找人群

寻找并调研事件情境和产品属性相关的人群，该人群称为利害关系者，包括已经在使用相似产品的人群、不使用相似产品的人群、具有特殊性的人群，甚至影响产品体验的人群，例如，产品制造商或法规制定者。在堵车的事件情境里，设计团队若想要为乘客减轻堵车事件带来的感受，可能的用户人群包括儿童、青少年、成年人等，并且可以将老年人或盲人等作为特殊人群。除了可能的用户人群以外，调研产品开发和运营相关的其他人群是有必要的，从这些人群得到某些产品功能、规格、制造、发布等信息，才能使产品设计不至于仅成为原型而无法成为商品化的产品。在堵车情境里，这类人群可以有驾驶员、车管所、车厂、设备制造商以及法规制定者(政府)等，如图 8－13 所示。以驾驶员为例，如果设计团队仅从乘客的角度设计具有激烈活动行为的游戏设备，将会影响驾驶员的专注力并可能产生行车的危险或问题。因此，即使产品功能再好，由于会影响其他人员而使得用户体验大打折扣。

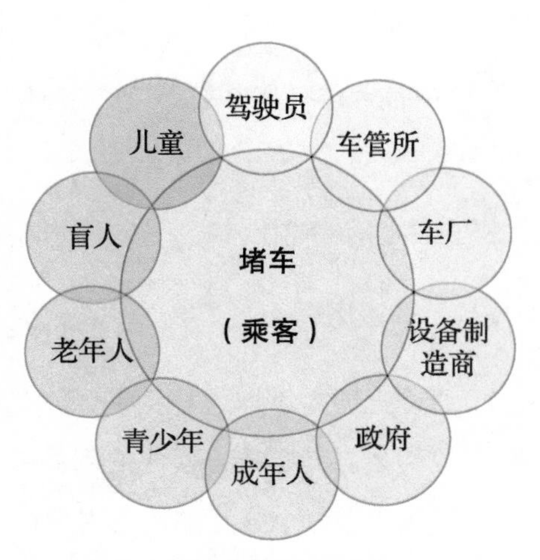

图 8－13 利害关系者示例

2. 搜集数据

确认需要调研的人群后，设计团队开始搜集人群相关的数据，通过这些数据的整理分析提供后续流程工作的支持。用户研究是常用的搜集数据的方法，如问卷、访谈、探针观察、日志分析等。数据的内容主要包含三个维度：人口属性、生活习惯、活动行为。人口属性涵盖的内容非常广泛，可以包括姓名、性别、家庭、居住地、年龄、兴趣、职业等有关个人方面的基本信息；生活习惯包括饮食习惯、假日休闲活动、喜欢的媒体、偏好信息类型等属于个人在日常生活中某些方面的偏好；活动行为则包括主责的工作内容、正在面对挑战的事物、过去的烦恼经验、处理事件的思维方式等属于个人的工作方法或处理问题的行为模式。

虽然这三类数据很容易理解，但根据以往的经验来看，在这些数据搜集过程中很容易失去焦点，因此有两点建议作为需要搜集数据的原则：第一，数据是否能在运营销售层次上支持价格定位、市场规模和推广渠道等的预估；第二，数据是否能在产品设计层次上提供功能规格、内容服务和交互界面等的依据。换句话说，在运营上这些数据让设计团队明确目标用户是谁，群体范围(年龄、地域、职业等)在哪。从收入或消费习惯得出可接受的产品价格区间，甚至是用户获取信息或购买设备的渠道。在设计上定义产品的功能、规格，所需要提供的信息内容是什么，甚至是内容的信息结构，从行为模式去发现用户界面（色彩、字体、图标等）偏好、产品的操作流程、交互方式等。以改善堵车体验的产品为例，将5~8岁住在北京海淀区的儿童作为目标群用户，则基本可以得出这类用户遇到堵车的概率高、人口数量极高、课外学习的需求高、父母经常通过移动手机获取信息、操作触控平板设备经验较多等，那么在车内的乘客区可以加装较大的平板电脑，提供简单的触屏操作功能，提供短时间片段的少量文字、大量图像和视频动画的学习内容，界面以鲜艳不伤眼的色彩为主，在学校周边设置贩售点作为销售渠道。

3. 人群划分

由于人群间的习惯行为存在不小的差异，把所有人群当成目标用户并不现实，因此在设定目标用户之前，需要将人群划分为数类以便于选取。利用步骤2 搜集到的人口属性对人群进行划分，以容易区分的属性作为划分依据，不用过于复杂，归纳整理每类人群生活习惯和活动行为的特征，并统计其数量范围。以改善堵车时乘客体验的产品为例，根据同地区人群调研的数据结果，利用年龄划分为两类人群——儿童和青少年，总结归纳这两类人群的习惯特征和行为特征见表 8 - 1，第一类人群的数量大约是 15 万人，男性比重偏高，行为多属于好动、经常玩游戏、常睡觉，并喜欢听故事和看图像类的资料。第二类人群的数量大约为12万人，男女比例相似，有上网时间长、经常玩游戏、看动画的行为，有使用手机听音乐、网上获取信息的习惯，并且以学习为主。从运营销售的角度看，该地区的儿童人口有增长的趋势，面向儿童的产品有一定的潜力，而从产品设计的角度看，若以儿童为目标用户，提供内容尽量包含有故事性和游戏化的图像动画，并且界面以简单和图标的操作设计为主。

表8-1 人群划分示例

	第一类人群(儿童)	第二类人群(青少年)
人口属性	人数:约15万人 年龄:7~12岁 男女比例:3:2	人数:约12万人 年龄:13~23岁 男女比例:1:1
行为	好动95% 经常玩游戏90% 常睡觉60%	上网时间长90% 经常玩游戏70% 看动画40%
习惯	偏爱绘本90% 爱听故事70%	使用手机听音乐70% 上网获取信息60% 学习为主60%

总的来说，划分人群的目的是尽可能地挖掘出能对产品设计与运营销售有帮助的信息，以制订产品的功能或规格，明确产品的服务内容，支持商业模式的推论为主。

4. 选择目标人群用户

目标用户的选择重点在于这是一群有商业价值的可能用户并以这群人的感受、习惯和行为作为产品设计与功能开发的参考依据。

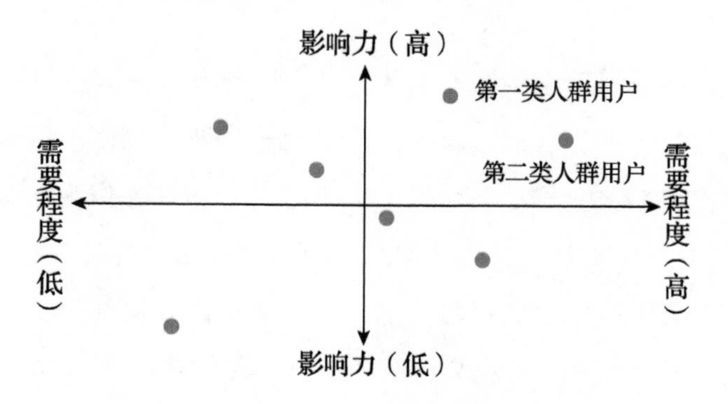

图8-14 用户的四象限分类

为了挑选出最合适的人群作为用户体验设计的目标用户，通过四象限分类法划分出四个不同的区域，如图8－14所示，以影响力为纵轴，以需要程度为横轴，仍以5级李克特量表评估并赋值每个人群用户的影响力和需要程度，标识所有的人群位置后，落入右上象限的人群用户可以作为主要关注的对象。影响力的意义在于该人群的行为或思想影响他人的程度，通常影响力越高的人群，他们使用的产品容易受到其他人的关注与学习。若设计团队以这类人群作为产品设计的目标用户，产品接受度越高将会有较好的商业辐射效果。某个人群用户需要程度可以理解某个特定事件情境对该人群产生很大的困扰，可能这个事件发生后，该人群付出的代价和受到的影响非常高。若设计团队设计的产品得到这类人群的接受，将形成强烈的依赖感和黏着度。实践中，设计团队可以挑选出大约3～4类的人群作为目标用户，因为这样能涵盖较大的销售范围，减少开发上的成本损失。

5. 制作典型用户的画像

依据先前人群划分的步骤选出的目标用户的规模可能成千上万，为了让后面的产品设计与开发能够更具体、更有目标性，就必须为目标人群制作典型用户并绘制其画像，称为用户画像（Persona），或称为用户简历、人物角色、人物志等。为什么要这么做呢？

因为我们可能没有办法逐一深入刻画每个人的画像，仅能利用该人群的共性特征模拟成一个典型代表，并详细刻画这个典型代表的用户画像。有些目标人群的属性特征可能无法仅用一位典型用户来代表，则设计团队可以形成1～2位。习惯上，一个项目的典型用户画像可能需要4～5位才能足以支撑后续设计的需要。然而用户画像可以包含的内容与用途也非常广泛，在本节的用户体验设计中，仅根据前面步骤的调研数据，通过人口属性、生活习惯、活动行为等刻画用户画像，其主要仍是以支撑产品设计和运营推广的需要为目标。图8－15为高校教授的用户画像示例。

<table>
<tr><td rowspan="2">姓名：张海霞
[类型]领导、主要用户</td><td colspan="2">[关键差异]
①购买用途：开会②购买品种：盒饭订制③有网购经验
④喜欢色、香、味俱全⑤较强消费能力⑥注重售后服务</td></tr>
<tr><td colspan="2">[人物简介]
张海霞是一名高校教授博导，以前在点评网站购买过外卖，比较喜欢，也经常网购，有一定的消费能力
指导博士生、研究生进行微纳米相关科研开发。因白天授课，经常与学生展开科研会议、进行科学实验，无暇外出用餐，于是需要网购外卖</td></tr>
<tr><td>[个人信息]
职业：教授，博导
公司：北京大学
年龄：40岁
学历：博士
收入：×××××~×××××元</td><td>[用户行为]
预计花费：100~300元
使用网购外卖的时程：1~2年
使用过的网购外卖平台：其他
网购外卖频率：一周以上
网购外卖的种类：盒饭
网购外卖的菜色：河南菜、北京菜
网购外卖的用途：会议</td><td>[用户态度和观点]
网购外卖的关注点：色、香、味、安全、健康
网购外卖的原因：方便、快速
网购外卖的满意度：不错
网购外卖担心的问题：质量、外送
饮食外卖的劣势：知名度不高、健康、质变
认为最好的外卖网站：大众点评
可能会继续网购外卖
会购买外卖的品牌：大众点评……</td></tr>
<tr><td>[手机和互联网经验]
配置：华为手机
计算机水平：熟练
上网经验：10年以上
主要使用方式：信息浏览、通信交流
每天手机上网时间：4小时以上</td><td>[用户目标]
张教授访问网站是为了：
· 购买盒饭
· 购买河南家乡菜
· 购买价格：100~300元</td><td>[系统目标]
我们想让张教授：
· 用户购买精致盒饭：河南家乡菜
· 订制盒饭
· 成为金卡会员
· 引导用户网购北京菜、湘菜等其他产品</td></tr>
</table>

图 8－15　用户画像示例

8.2.4　明确过程

一般来说，用户接触产品的过程大致可以分成使用前、使用期间和使用后三个阶段，如图 8－16 所示。

图 8－16　用户接触产品的过程

在尚未使用前，用户可能通过某种渠道听到或看到产品相关的信息，进而开始了解产品提供的价格、功能、界面及内容，并评估产品是否能协助解决个人的问题及其程度，经过深思熟虑后进入货比三家的阶段并寻找对应的渠道采购。因此，在“使用前”这个阶段主要包含了解、评估、获取三大任务。

在使用阶段的初期，用户对该产品的能力并不熟悉，可以通过培训、教程、自我摸索等方法学习产品的功能与操作。用户随后开始在面临的事件情境里使用产品，并逐一调试或适应与产品交互的行为以符合事件情境问题解决的最优状态。因此，“使用期间”主要包含学习、使用、调整三大任务。

在使用后的阶段，用户会根据使用经验记住前两个阶段每个环节的交互方式与结果，形成用户对产品功能、操作、界面和内容等各种的体验感受，并利用这些感受总结出亮点与痛点，甚至将结果感受反馈给设计团队或推荐面临相似问题的其他用户。因此，在“使用后”这个阶段主要包括记忆、反馈、推荐三大任务。

这三个产品使用阶段形成从认知产品功能到感知产品操作，再到自我行为调整，最后形成习惯依赖等一个整体的体验过程，过程中的心理变化恰好是每个阶段任务需要着重理解用户的要素，也是调研用户的关键重点。

用户经由操作产品完成许多任务最后得到整个事件困扰的解决，每个任务的时间片段都是用户与产品交互的关键接触节点，简称接触点。将接触点的发生顺序串联起来就构成用户使用产品的过程序列。设计团队利用上述用户使用产品三大阶段的思路去构建接触点的序列描述是本步骤的工作内容。

为了更清楚地描述解释后续的步骤，以校园外卖移动应用项目作为主要范例，该应用的任务是要解决 8.2.2 中高校老师小飞的事件困扰，目的是让校园里的师生通过手机上网点购餐饮，因此我们将移动应用加入情境中并重新绘制事件情境，如图 8－17 所示，整个事件描述可以改为小飞在会议室里面，因需要继续会议而采用该移动应用解决午饭的问题。

小飞，年轻教师。每天都很忙碌，除了要教课，还经常需要组织会议讨论科研项目。

早上9点的会议开到11点仍没有结束的迹象，小飞下午13点还有课。

小飞决定用手机App叫外卖，根据大家不同的喜好，小飞选择了合适的外卖。

选好之后，小飞直接用手机在线支付成功。

过了一会，外卖准时送达，小飞从外卖小哥手中接过了午餐。

大家一边吃着符合自己口味的午餐，一边继续讨论项目。

图 8－17　校园外卖移动应用设计的情境

根据产品的使用前、使用期间和使用后描绘整个事件情境的接触点序列，如图 8－18 所示，共列举出 13 个接触点，说明在特定背景下目标人群产生用餐的需要，经过讨论产生采购代表并使用手机去启动移动应用，接着开始寻找或查看菜品，过程中将偏好或备选项目放入购物车，选定后提交订单并启动支付程序，系统接收到用户订单之后，将信息传递给指定的餐厅并开始制作，然后快递员把餐品运送到指定地点并完成取餐，用餐结束后将体验意见反馈到系统里。每个接触点将代表该阶段需要完成的子任务，将每个子任务拆解成数个用户需要的帮助与信息，并且探索移动应用在过程中的交互与操作，进而形成移动应用的功能与内容。

	使用前			使用中					使用后				
接触点	1	2	3	4	5	6	7	8	9	10	11	12	13
	需要	代表	手机	搜寻	购物车	订单	付款	提交	制作	递送	取货	食用	评价

图 8－18　接触点序列示例

本案例主要描述的利害关系者包含购买用户、餐厅人员、快递送货员，他们在接触点内与系统的交互情况如图 8－19 所示，为每个接触点进行详细交互描述并进行关键分析。例如，在“需要”中归纳 2 人以上选择网上订购的情况，在“代表”中理解代表人的特质与风格，在“手机”中发现用户的系统类型与规格，在“搜寻”中挖掘检索行为与习惯，在“购物车”中理解用户使用购物车的用途，在“订单”中发现用户关注的重点，在“付款”中分析系统的效率，在“提交”中发现餐厅厨师的困扰，在“制作”中发现用户（订餐者）的需求，在“递送”中探索送货员的路径选择方式，在“取货”中归纳可能的状况，在“食用”中分析食物类型接受的因素，在“评价”中找出用户评论的真实意图。

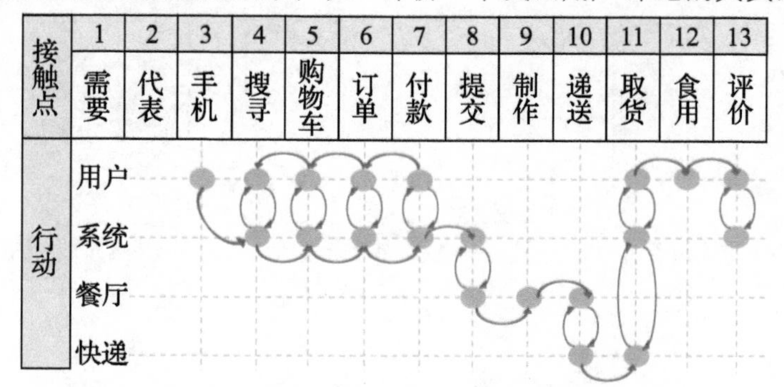

图 8－19　接触点内三类人与系统的交互示例

8.2.5 厘清功能

明确事件中用户与产品交互过程的接触点后，设计团队根据获取的数据厘清每个接触点内所需要实现的产品功能。换句话说，设计团队已理解典型用户在接触点内所要执行的任务内容及工作事项，这个步骤的主要工作是针对每项接触点制订产品功能与要求。产品功能是事件过程中协助用户工作的部件，通过部件的组合完成接触点中用户的任务，分为主要功能、辅助功能和特殊功能，主要功能是完成一个或数个任务的功能总称，而辅助功能是接触点内完成某个子任务所需要的功能，其中，如果某些产品功能是针对目标用户个性化设计的则称为特殊功能。然而，针对事件不同解决方案的产品，其主要功能基本大同小异，从用户体验的观点出发，加强辅助功能或特殊功能可以更吸引用户并产生依赖。在校园外卖移动应用设计项目中，如图8－20所示，整体服务有五个主要功能——注册登录、浏览美食、线上支付、快递收货和服务评价，针对客户端应用设计而言，本案例暂不考虑快递收货，因此仅列出四个主要功能，同时为了精简展示辅助功能，也仅以较粗粒度辅助功能作为本节案例，分别为注册登录、检索功能、加入收藏、查看评价、提交订单、支付选择、确认到货和评价反馈八个辅助功能。

接触点	1	2	3	4	5	6	7	8	9	10	11	12	13
	需要	代表	手机	搜寻	购物车	订单	付款	提交	制作	递送	取货	食用	评价
功能	注册登录			浏览美食		线上支付		快递收货				服务评价	

- 主要功能
  - 注册登录
  - 浏览美食
  - 线上支付
  - 服务评价
- 辅助功能
  - 注册登录
  - 检索功能
  - 加入收藏
  - 查看评价
  - 提交订单
  - 支付选择
  - 确认到货
  - 评价反馈

图8－20　主要功能和辅助功能的示例

【用户体验地图】

为了更明确功能的规格与设计原则，使用用户体验地图(User Experience Map)来描述功能规格的细节，如图8－21所示，主要描述每个接触点中用户的活动行为、心理感受程度、细微的痛点需求以及设计团队的改善方案。

接触点	1	2	3	4	5
活动行为					
心理感受					
痛点需求					
改善方案					

图 8－21　用户体验地图示例

以校园外卖移动应用设计的项目为例，活动行为是指用户在这个接触点中与产品相关的互动行为，与 8.2.2 定义情境的交互活动类似，但这里需要提供更细微、更具体，甚至需要描述操作产品的环节，主要用于改善产品的界面或内容的呈现。心理感受是指在该接触点下用户互动的感受程度，可利用 3 级、5 级、7 级等李克特量表评估并赋值，为了直观表示而将量表的数值以不同脸部表情图例来表示，如图 8－22所示，确认该接触点需要被优化的重要程度，再依据位置连接形成整个过程的心情起伏曲线图，这种展示能让设计团队更明白如何延续好的感受或停止更坏的感受出现。痛点需求是将接触点的活动行为给出用

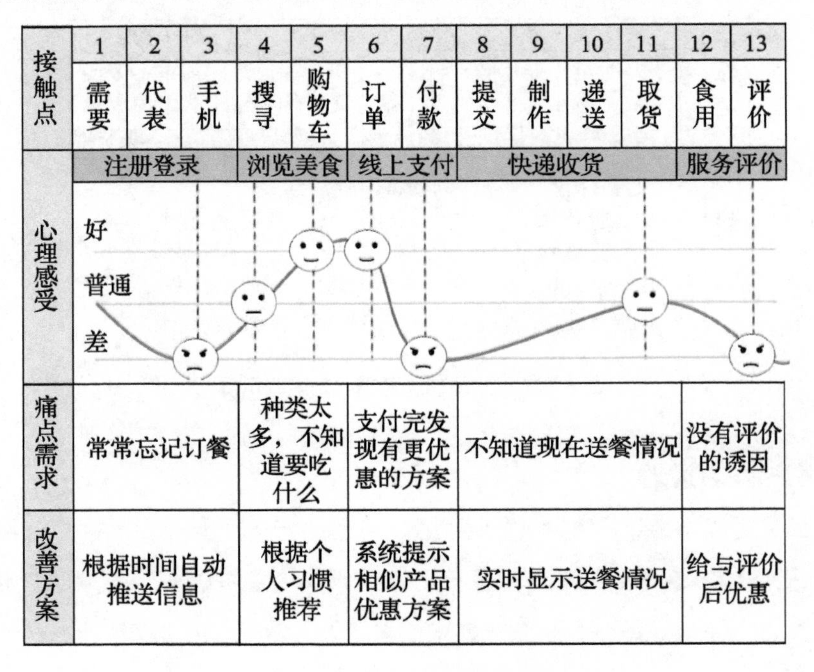

图 8－22　用户体验地图示例

户的诉求，针对产品相应的功能、界面(图像大小、页面颜色、自行字体等)、内容(分类方式、标签描述等)、交互(操作方式、反馈模式)、系统效能等细节列举问题。最后，设计团队根据接触点中的任务目标、活动行为、用户感受、痛点需求提供相应的改善方案，这也就是产品功能的规格标准。

根据用户体验地图的结果可以厘清很多产品功能的问题与细节，产品设计是一个迭代过程，实际上完成所有功能可能需要花费大量的时间与资源，这些痛点与改善方案并非是一步到位的，因此需要从商业运营和风险的角度来挑选哪些功能是现阶段需要着重执行的。

8.2.6 组织内容

由于移动装置或平板电脑等电子设备的普及，信息产品设计与开发的需求越来越多，针对信息产品而言，内容的提供是非常重要的，甚至会影响产品的生命周期，因此本节是针对信息产品设计所设置的步骤。内容是指用户通过设备或软件获取信息的数据，可以是数字、文字、图像、视频等，而这些设备或软件主要利用网络把信息传递给用户。也就是说，用户通过对内容的理解来使用产品的功能，满足个人的信息需求，如果设计团队的产品功能定义得非常好，界面做得非常美观，系统效能非常快，却没有提供足够的信息内容使得用户无法完成事件任务，那么产品的可用性就大打折扣，也就失去了用户黏性。因此，用户对内容的满足度是持久依赖产品的主要因素之一，然而要想满足各种用户内容的需求则需要提供高质量的信息内容，同时设计良好的信息架构才能组织好内容，让用户容易阅读、容易理解、容易记忆、容易寻找、容易操作，以上产品内容的五个目标，总结来说就是学、记、用。

在物理环境中，许多信息可以用自然的组织方式并提供快速的导航协助，例如，在百货商场里通过楼层和隔间将不同种类商品的专柜区隔出来，让用户容易寻找想要的商品。在信息环境中，因为缺少了物理阻隔，不同种类或用途的信息无法被用户容易区分出来。信息架构是在信息环境中结构化信息，使得信息的呈现可以更加清晰，并容易达到可用性和可寻性的标准。好的信息架构能够协助用户快速容易地找到需要的信息，并容易学习记忆产品的内容支持。

信息架构包含四个组件:组织、标签、导航、搜索。组织是指将信息根据某种属性或关系以逻辑的方式对内容项目进行分类与展示，设计团队组织内容的方式需要与用户理解产品内容的结构相似，例如，汽车交易网站常以品牌进行组织呈现，若按发动机的种类进行展示则仅对汽车专家有效用，不能符合一般大众的理解方式，因此呈现方式需要根据目标用户的特征制订，这些特征是通过对用户的理解获取的。图 8－23 所示校园外卖移动应用的内容组织是将依据情境过程的接触点作为一级类目的组织方式。

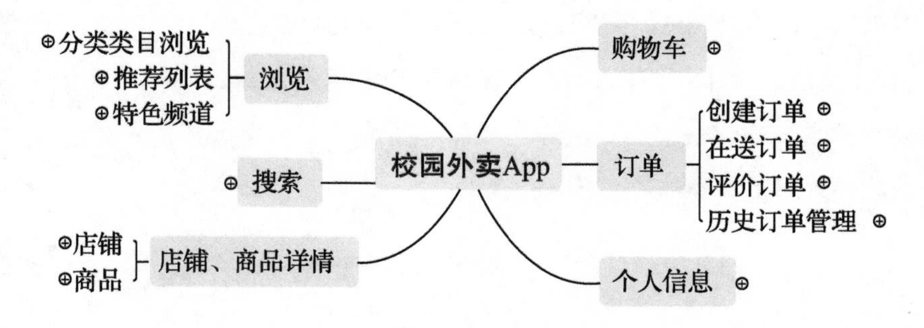

图 8－23 校园外卖移动应用的内容组织示例

标签是指对内容信息的命名方式，标签命名是依据内容组织的类别结果给予辨识和表达，可以是文字、图例、图像、数字、符号等，主要目的是与用户有效地沟通，用户在信息环境中仅能依靠标签，因为标签是理解内容的唯一标识工具。也就是说，信息产品内容的组织和导航依靠标签作为产品与用户的媒介。例如，某介绍全国高校的网站中，许多高校有许多同名缩写，如北京大学、北大、京师大学堂等；专业名称相似但实际不同的内容，如行政管理、公共事业管理、政治学与行政学等。信息设计里需要考虑标签用词是否存在歧义、矛盾、词语一致性（粒度、长度、语气）、中英文混用、自创词语、词义含糊等问题，若没有良好的设计，这些内容会造成理解偏差而使得体验效果变差。图 8－24 展示的是校园外卖移动应用内容标签的使用。

导航是指在信息环境中指引用户前往信息产品各处的路标，帮助用户尽快在脑海中建立产品理解，主要让用户知道“现在在哪、我去过哪、接下来能去哪”，减少用户迷路的可能，并增加灵活性。Web 信息产品主要通过超链接的方式实现导航，是一种任意门跳动的形态，实现不同网站间或网页间的流动，如门户网站提供不同用途或功能的网站跳转，百科网站里不同词条解释的页面跳转。导航设计围绕三个中心：内容组织、映射位置、用户交互。其中内容组织让用户知道哪些内容与目前的任务有关，映射位置让用户知道导向哪个页面或位置，交互方式让用户知道怎么操作到达需要的位置。如图 8－25 所示，校园外卖移动应用的导航依据用户任务的需求制作快速跳转目的页面的设计。

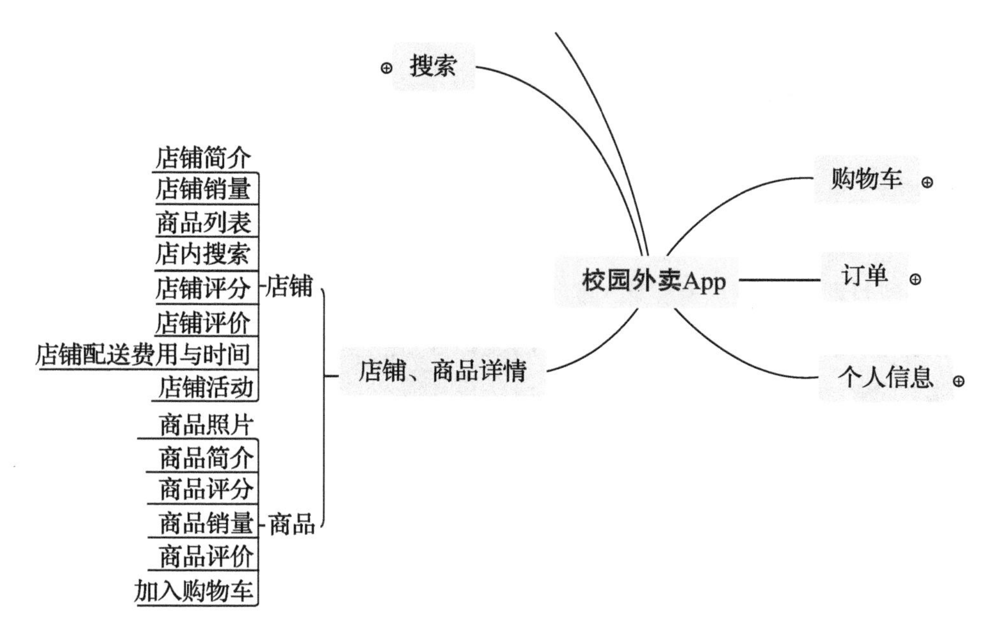

图 8－24　校园外卖移动应用的内容标签示例

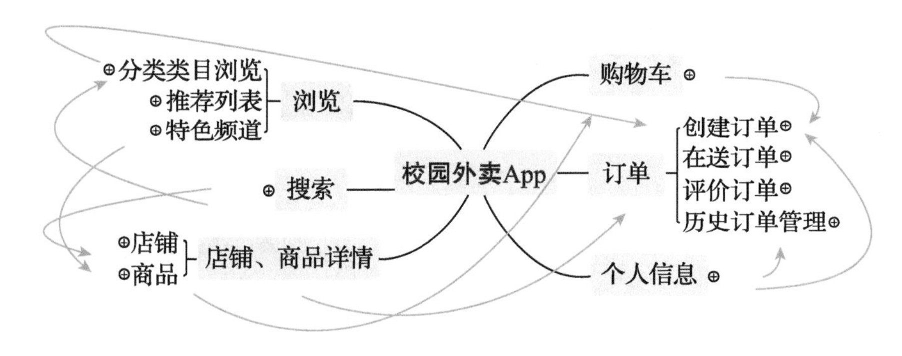

图 8－25　校园外卖移动应用的导航示例

搜索是指用户利用关键词检索找到需要的信息，在设计上偏向检索系统为主，帮助用户在海量主题中找到信息。然而，搜索功能不一定需要在所有的信息产品实现，其主要思考的因素包括，是否有足够多的内容、可能分散导航设计的目标、成本（时间、技术、费用）过高、用户是否需要等。实际上这是一个商业问题，提供搜索引擎可以直接搜到确定的商品，但可能使用户失去进一步探索的兴趣，使得其他商品受到关注的机会变少。

8.2.7　原型设计

通过以上步骤，基本用户体验设计的流程已经走完了，接着要把产品设计以用户、开发者或投资者容易接受的方式做原型展示，实现的方式可以是画的草图、用纸做的纸本原型，或通过演绎的方式呈现、用动画视频呈现、使用便宜原料制作实体或一个简易系统等，依据不同展示对象决定制作目的、原型细粒度及实现成本。原型设计的目标对象有用户、设计师、生产者。在产品开发初期，通过原型的展示或操作可以改变用户原先对产品的观点，或者更了解产品是否符合需求，或者提出更理想的问题，让设计团队能在花费大量资源成本之前得到验证，这类产品原型的细粒度不用太高；利用直观具体的视觉效果制作原型可以让开发、视觉及其他类型的设计师产生更多的灵感，甚至审视技术实现的难度、内容组织的理解性、导航的操作性等，并提供交互设计师研制产品与用户交互的依据，因此需要用较高保真的粒度来呈现产品概念；对于生产者而言，原型的展示若能表现出制造过程中所需的材质、工艺技术、流程证明及结构标准等，将可以更精细地估算成本，使得产品制造得到更好的成本控制，因此原型必须以最高保真的粒度来呈现。

如图 8 - 26 所示，依据前述步骤的设计流程，最后将校园外卖移动应用的低保真原型提供用户或界面设计师进行产品功能的验证以及界面的美化。

图 8 - 26　校园外卖移动应用的低保真原型示例

本节说明利用六个步骤进行用户体验设计达到产品设计或功能的改善，让目标用户更能接受或使用产品，整个步骤里除了找出产品整体的问题、思路、原则、方案等宏观设计，还可以深入到产品个别接触点任务的微观设计。例如，从宏观的角度去解决用户利用移动应用购买餐饮的问题，也可以仅针对该应用中刷脸付费的细项功能进行优化改善。总结来说，用户体验设计就是利用目标用户的观点、感受、偏好和能力等信息来形成产品设计及产品改善的方案，既能够大到事件情境，又能小到产品部件。

8.3　用户体验设计的建议

(1)用户体验设计需要放下个人主观想法、解决用户痛点。

用户体验在于解决用户的“痛点”，提升用户使用产品、系统或服务过程中所产生的整体感觉，在找寻痛点时，也就等于在寻找市场上还没有被满足的需求，因此在做用户研究的过程中，建议各位可以放下个人的主观意识，不断地去核对用户画像，不断地进行用户调研，多从用户的角度去思考更深层次的需求。举例来说，老年人因为视力退化，仅能够看字体较大的文字或图像，应这个痛点需求，许多手机制造企业，如诺基亚(Nokia)，就设计出许多大按键、功能简单、大屏幕的手机，与智能手机屏幕通常较小，字体也没有放大功能有很大的区别，认为可以带来一股购买热潮。但是推出之后，虽然部分解决了“字体大”的痛点需求，但是大按键跟大屏幕的手机相比外观明显不同，后来还被冠上“老人机”的称号，使用户产生一种些许被贬低的感受，由于没有顾及老年人的心理感受，导致许多移动应用的产品仅需增加变化字体就解决了老年人使用手机的痛点问题。

(2)好的用户研究远比原型完整性重要。

理解用户需求需要团队花费大量的时间和成本去观察及调研，好的用户体验设计团队会反复确认用户的定义，检查还有哪些关键数据需要搜集，人群划分及选择目标用户的正确性，都确认并做好前五个步骤之后才开始制作原型，而不是花费大量的时间去讨论原型的完整性。原因在于在企业中，目标用户都是支撑商业模式变现或是达成企业成长目标的重要因素，而原型/流程的构想多数只是当下开发团队的初始想法。假设我们要开发一款针对35岁女性族群的染发剂，这个用户的利益相关人可能包含染发剂使用本人、家人、朋友的观点，而可能要搜集的数据包括，什么情形下会使用染发剂，频率、购买通路、口碑推荐选择，35岁与50岁的女性用户行为会哪些不同，准确做出目标市场的区隔，才能够依照用户特性去设计新染发剂的功能要求、香味及包装。根据创造力行为相关的研究，头脑风暴最好的构想质量是在设计团队第三轮以后才会逐渐形成，因此原型初始的想法可能只是解决用户痛点的其中一项方案，在企业执行原型设计及制作时，需要不断地针对用户进行验证测试，团队得到用户有价值的回馈后，不断地再回头迭代优化/枢轴(Pivot)改善原型的过程操作、功能或内容，因此好的用户研究重要性会高于原型完整性。

(3)跨领域的知识与交流，让用户体验的改善建议更容易落地实行。

不断提升及优化用户体验是用户体验设计师的主要工作，企业往往都希望尽快将原型变成商业化的产品或服务，可能是设计一台电饭煲、智能音箱、平台服务、软件应用等，在企业的组织及商业化目标之下，用户体验设计师常常需要与不同专业领域的人（职务）共同合作，由于不同专业领域的人（职务）被企业赋予不同的任务目标，因此具备跨领域的知识将有助于你提出的用户改善建议更容易被采纳及落地实行。假设你们团队是个新创公司，以开发一个大型的购物网站为主要任务，团队希望让用户能够快速搜寻到他们想要的商品而将每个页面都加上检索功能，但是增加检索功能有可能会造成网站计算量暴增，以及服务器与数据库间的通信流量增加，使得程序端需要考虑搜寻效能的问题，又或者营运端需要考虑频繁存取所带来的费用，在众多因素的考虑下，提出用户最易用且快速浏览的方式解决 80% 的商品搜寻方案才是最主要的设计目标。因此好的用户体验设计师是在限制的环境下思考出最好的设计，跨领域的知识与交流讨论可以让用户体验设计师的设计更具实行性，并且仍然能够维持高度的用户黏性。

（4）内容的组织需要贴近用户的感知和认知，才能让用户易于学习、记忆、使用。

设计团队的终极目标应该是让产品给予用户一目了然、不言而喻的感受，用户在接触每个功能、每个操作或每个页面时都能知道产品提供的是什么内容，知道如何使用，并在使用后产生好的心理反馈。尤其是互联网信息产品，页面内容的呈现展示更需要尽力做到不需要用户过多或专注的思考行为，其理由很简单，用户在一个页面上仅有数秒的时间，他并不是在做阅读的工作，而是进行简单的扫描。其次，用户不是在做最优或深度的理解，而是在做足够满意可以应用当下问题的选择即可。因此内容的组织要简单满足用户的心理认知并快速解决问题，而不是要做一个最严谨、专业的展示体系，可以通过卡片分类法测试用户对特定内容的组织方式，借此作为页面设计的依据，让目标用户容易学习、记忆，甚至毫不费力地使用。例如，若要设计一个页面去展示以下饮料：可乐、苏打汽水、柠檬茶、绿茶、酸奶、牛奶、乌龙茶、矿泉水、纯净水。按常理来说，我们会分成汽水类、茶类、奶类、饮用水类等四大类；但如果这个网页的目标是让用户能从中挑选出不含糖的饮品，就需要分成含糖和不含糖两大类，让用户能在最短的时间内使用，而不是要让用户从中思考再选取。

（5）原型设计不仅需要研制清晰可理解的设计，更需要呈现出设计团队的精神。

产品原型并非仅在流程最后阶段需要有具体的呈现，在本章的六大步骤中，为了让整个团队达到一致的理解与认同，每个阶段都需要产出产品原型的展示，如故事版的情境叙述、用户简历的描述、用户体验地图来明确过程与功能、分类组织的信息架构、界面或页面的线框图，最后是产品的原型。这些原型呈现的重点不仅需要针对用户、设计者、工程师等利害关系者来呈现，从企业的观点出发，原型设计更需要呈现出设计团队的精神，在商业化的过程中能保留团队的风格和意念，在同行竞争中，能轻易区隔出企业的产品形成口碑，也是用户体验设计的表现之一。这些风格与意念不仅体现在产品中，还会表现在产品的说明文件甚至包装中。例如，移动应用产品，在每个设计阶段线框图的细粒度都不同，经过大量时间迭代与优化产生出最细致与美观的线框图，这个线框图不仅表达了功能、交互、位置大小等，更表达了不同系统的设计展示，在苹果 iOS 系统内和安卓系统内的应用界面就有截然不同的风格设计，用户对界面的感知即识别出其对应的产品。

本章总结

用户体验是用户在使用产品、系统或服务的过程中所产生的整体感受，涉及人与产品、信息、程序或系统交互过程中的所有方面。

用户体验设计既不是一门技术，也不是解决工程问题的手段，它是一种通过团队合作，与用户强烈沟通交流来改善产品的管理流程。

用户体验不只是要达到这个产品的可用性，它还要达到用户的感受是好的，用户的体验感受是良好的，体现出产品或服务的价值性、趣味性、愉悦感、享受感以及满意度。

用户体验设计流程的主要工作是明确痛点与亮点并应用在我们的产品设计中。

用户在特定的时间与地点发生的事件，并且这个事件使得该用户会面临什么困扰，产生什么需要，使用什么方法或产品面对，甚至该用户当下的心理活动等都属于情境描述的细节。

若设计团队能区分好用户群体，仔细进行用户调研，针对目标用户提供特定的产品服务，那就可以缩减用户带来的变因，减少设计的错误或产品推广的困难。

用户经由操作产品执行许多大小不同的特定任务组合完成事件情境的解决，

每个任务时间片段都是用户与产品交互的关键接触节点，简称为接触点。

根据用户体验地图的结果可以厘清很多的产品功能，但产品开发是一个迭代过程，实际上想要完成所有功能可能需要花费大量的时间与资源，因此需要通过商业运营和风险的角度来挑选哪些功能是现阶段需要着重执行的。

用户通过对内容的理解与交互来使用产品的功能，并且满足个人的信息需求，如果设计团队没有提供足够的信息内容使得用户无法完成任务，那么产品的可用性就大打折扣，也就失去了用户黏性。

把产品设计以用户或投资者容易接受的方式做原型展示，实现的方式可以是画的草图、用纸做的纸本原型，通过演绎的方式呈现，用动画视频呈现，使用便宜原料制作实体或一个简易系统等，依据不同展示对象决定制作目的、原型细粒度及实现成本。

扫码获取
本章测试题

第 9 章
创新工程的游戏化设计

谈起游戏，就想起了我们的童年时代，想起曾经的跳绳、滚铁环、捉迷藏、骑大马……满满的都是欢声笑语。其实，游戏不仅是儿童时代的美好记忆，也是促进儿童社会化的一种重要方式。随着技术的发展，从20世纪90年代开始，视频游戏迅速发展，制作精良、题材丰富的游戏吸引了大量的85后、90后玩家。例如，“使命召唤”是一款战争题材的网络游戏，画面逼真、音效震撼，玩家们组成一支支队伍不断对战、冲锋，几乎所有的男孩子都难以抵挡这类游戏的吸引。

玄幻题材的网络游戏——“仙剑奇侠传”，则吸引了大量的女性玩家，唯美的画面配上动听的游戏音乐《蝶恋》，怎能不打动每一个爱幻想、充满好奇的女生？

如今，游戏已经跨越了年龄的界限，不再是年轻人的专属。当全国上下都在忙着“偷菜”的时候，早已离开土地的爷爷、奶奶们早晨去锻炼身体前也不忘叮嘱孩子“别忘记帮我收菜啊”。当然，不一定非要是完整的游戏，有时候在生活中应用一些游戏的元素、机制、设计，也能起到意想不到的作用。例如，南京理工大学为了博得学生的好感，给新生发了一条极具创意的淘宝体短信：“亲，祝贺你哦！你被南理工录取了哦！不错的哦！211院校噢！……景色宜人，读书圣地哦！……录取通知书明天就‘发货’哦！”。很多学生收到录取通知书后，回复道：“宝贝已收到，5星好评！”

2012年，辽宁号航空母舰舰载机歼-15的起飞指令动作吸引了众多网友的目光，全国人民不论年龄、不论职业，开始“走你”。于是我们看到消防队员、医生、特警这些严肃行业的人也纷纷加入到“走你”的队伍，以趣味模仿的方式向社会传达自己的职业精神。

马云曾说，有品位、时尚的娱乐必须引导未来的趋势。事实上，从人们在电商平台发生购买行为的目的看，购物模式包括三种：一种是工具性购物，即为了满足实际的生活需要而购物；一种是社交性购物，因为与商家有社交关系，怀着一种友情支持和尝鲜的心态购物；一种可以称之为娱乐性购物，你是否在“双十一狂欢节”购买了很多其实你并不需要的商品？ 可是你享受这个购物过程，享受拆开快递包裹时的乐趣。世界变得越来越有游戏精神。

通过大量的例子可以得出结论，游戏或者说游戏精神已经渗透到了生活的方方面面。那么我们是否可以让玩游戏这件事情变得更加有意义呢？ 这就是本章的主题——“游戏化（Gamification）”，我们希望将游戏的元素、机制、理念、设计等因素应用到我们的创新项目设计中，从而让项目更具吸引力。

9.1 游戏化的概念、历史及发展

游戏化虽然是最近几年流行起来的概念，但是实际上游戏化的历史由来已久。

9.1.1 游戏化的概念及典型案例

游戏化，指的是将游戏或游戏的元素、机制等设计理念应用到非游戏情境中。例如，在商业领域中使用游戏化来促进营销推广，在健康领域使用游戏化促使人们参与锻炼。下面就先来看两个典型的案例。

【钢琴楼梯】

电梯的发明节省了人们上下楼的时间和力气，在低碳环保和健康生活理念的影响下，希望人们能够更多地以走楼梯代替乘电梯的习惯。为了提高人们走楼梯的积极性，瑞典的一个地铁站曾经别出心裁，设计了一个钢琴楼梯，楼梯的每一个台阶变成了一个钢琴琴键，走在上面可以弹出美妙的钢琴声音。有趣的钢琴楼梯吸引了很多人走楼梯，达到了在节能环保的同时促进人们运动的目的。

现在，在世界各地的很多地方都可以看到这样的钢琴楼梯。将爬楼梯和钢琴弹奏结合起来，让人们在爬楼梯时获得即时有趣的反馈，就这样一个新奇、有趣的设计，让人们心甘情愿地做了以前他们不一定想做的事情。

【微信运动】

每个人都知道锻炼身体的重要性，跑步和走路都是十分有益的有氧运动。可是，对于很多人来说，跑步和走路却是枯燥的煎熬。自从有了微信运动后，人们开始每天定时查看自己的步数排行榜，分享自己的走路步数和排名，“喜欢”走路的人多了起来。走路不再是一项枯燥的煎熬，而是一项有趣的挑战，一个有趣的和朋友 PK 的互动小游戏。

这就是游戏化的价值，将游戏的元素、机制或理念应用到一些非游戏情境中，使事情“有意义”和有趣，从而让人们愿意做他们原来不一定愿意做的事情。

9.1.2 游戏化概念的历史发展

游戏化由来已久，在不同的阶段、不同的领域，采用的名称不尽相同，但是内涵大致相似。

1. 游戏化学习（Game-based Learning）

在教育中，游戏化的应用和研究已经有上千年的历史了。孔子就讲过“知之者不如好之者，好之者不如乐之者”。著名学者杜威、皮亚杰等人也都曾论述过游戏的教育价值。随着电子游戏的快速发展，游戏化学习（或者说教育游戏）也得到了蓬勃发展。狭义的游戏化学习指的是将游戏尤其是电子游戏用到学习中。广义的游戏化学习指的是将游戏或游戏的元素、机制、理念或设计用到学习中。

下面先来看一个游戏化学习的例子。记忆大量单词是英语学习的基础，记忆单词的方法很多，但是对很多学生特别是学龄段较低的学生来讲，记忆单词无疑是一件枯燥的任务。某款单词学习产品通过卡通化的游戏设计，将记忆单词和情景化的猴子过桥联系起来，如果玩家将单词顺序排对了，猴子就能够安全地过桥，玩家通过此关；如果排错了，猴子就从桥上掉下去，玩家通关失败。孩子在记忆单词的过程中，收到即时的反馈，感受到成功的喜悦，学习的积极性大大提高。

不仅在儿童学习中，游戏化也可以应用于高等教育。例如，有一款用来学习 JavaScript 的游戏，通过融入竞争元素、采用通关方式、将编程学习过程形象化等，将 JavaScript 学习变成了一个“打怪升级”的过程，从而大大提升了学生的学习兴趣。

目前，互联网教育市场火热，其中尤以外语学习和计算机技能学习两个领域的互联网教育产品最受追捧，如果游戏化能够很好地应用其中，会对提升学生的学习兴趣，防止注意力分散十分有效。这种融入游戏化理念的学习方式符合时代发展趋势，也符合在网络中成长起来的新一代学生对有趣的工作和生活的追求，相信在未来必然有广阔的应用和发展空间。

2. 严肃游戏（Serious games）

游戏化应用于教育领域，催生了游戏化学习这一概念的发展。商业领域则使用了严肃游戏的提法。严肃游戏是指那些以教授知识技巧、提供专业训练和模拟为主要内容的游戏，一般应用在商业管理、军事训练、医学教育等领域。例如，在“模拟城市”游戏中，玩家就可以学习城市管理的知识和技巧。

哈佛商业评论中文网曾经发表了一篇研究性文章——《网络游戏：领导力的实验室》。研究由斯坦福大学和麻省理工学院的学者完成，共调查了200多位既在企业中做CEO又喜欢玩游戏的人，结果表明游戏玩得好的CEO在企业中的领导力也相对强一些。而且，文章还认为跨国企业将越来越像网络游戏，人们利用信息技术彼此联系，团队根据任务临时组成和解散。因此，网络游戏可以成为提升领导力的实验室。也许，今天那些在网络游戏中叱咤风云的孩子们，未来更有可能成为跨国企业中的商业领袖。

3. 游戏化（Gamification）

游戏化的概念最早可以追溯到1980年，埃塞克斯大学（University of Essex）的教授、多人在线游戏的先驱理查德·巴特尔（Richard Bartle）率先提出“游戏化（Gamifying）”线上系统。第一次明确使用游戏化（Gamification）是在2003年，英国的游戏开发人员尼克·佩林（Nick Pelling）开设了公司，开始为电子设备设计游戏化界面。它的原意是“把不是游戏的东西（或者工作）变成游戏”。此后，游戏化的概念也经历了不断的更替，出现了不同的定义。大约在2010年，游戏化（Gamification）被正式使用。

在发展过程中，大量的科普和研究性著作为游戏化的推广起到了重要作用。《游戏改变世界：游戏化如何让现实变得更美好》由著名未来学家、TED大会新锐演讲者简·麦戈尼格尔著，在2012年出版。作者在书中用大量事例告诉我们，游戏击中了人类幸福的核心，提供了令人愉悦的奖励、刺激性的挑战和宏大的胜利，而这些都是现实世界十分匮乏的（引自豆瓣读书）。她甚至提出，游戏化将重塑人类文明，让人们对游戏化有了新的认识。《游戏化思维》由开设了全世界第一个游戏化课程的沃顿商学院副教授凯文·韦巴赫和丹·亨特所著，系统地论述了游戏化思维，并给出了游戏化设计的工具箱以及构建游戏化系统的策略及步骤，凯文·韦巴赫开设的“游戏化（Gamification）”慕课课程也吸引了全世界的学生和商业人士。北京大学教育学院学习科学实验室尚俊杰等人在国内较早开展了大量游戏化学习相关研究课题，并率先面向全校开设了“游戏化创新思维”课程。

由于游戏化在实践中具有广阔的应用价值，并且容易和创新整合，所以目前在教育、培训、商业等领域都得到了广泛应用，相信未来会具有更加广阔的应用前景。

9.2 游戏化创新设计的应用案例

游戏化目前已经被广泛应用到了产品设计、人力资源管理、市场营销、公共关系和科学研究中。

9.2.1 企业项目管理

在软件企业，Bug（隐错）检查是一项耗时耗力且相对枯燥的工作。即使像微软这样的公司，虽然为工作人员提供了优厚的待遇，但是想要找到足够多的人力来完成 Windows 系统和 Office 的 Bug 检查，也不是一件轻松的事情。

微软推出 Windows 7 时，软件测试组负责人罗斯·史密斯（Ross Smith）利用游戏化解决了这一难题。他们开发了一个检测语言质量的游戏——“Language Quality Game”，并邀请来自世界各地的微软公司员工，利用业余时间检查 Windows 7 对话框中的 Bug。游戏设置了完整的积分奖励机制和排行榜，每发现一个 Bug 就能得到一定数量的积分，不同级别的 Bug 得到的积分数量不同，每位参与其中的员工的积分将实时显示在排行榜上。世界各地的约 4500 位员工参与了这个游戏，查看了超过 50 万个 Windows 7 的对话框，报告了 6700 多种错误，使得数百个错误被及时修复。在这个游戏中，虽然员工都是牺牲业余时间来志愿参加的，但是大多数人觉得这个过程令人愉悦，甚至让人有些上瘾。

9.2.2 人力资源管理

欧莱雅是一家著名的化妆品公司。欧莱雅的人力资源管理者去大学招聘时，往往能够受到一批时尚女生追捧，而学经济、计算机等专业的男生则对公司不太感兴趣。一般情况下，大家认为欧莱雅需要的都是懂时尚和了解化妆品的女生，一个计算机专业又对时尚毫无了解，甚至从来没有用过化妆品的男生在欧莱雅可能毫无用武之地。实际上，欧莱雅是一家大型综合性企业，它除了需要懂时尚、懂化妆品的人才外，也需要大量的经济、管理、技术人才。那么欧莱雅怎样才能更容易地招到这些专业的人才？ 如何才能打破人们的这种固定思维？

他们想了一个办法，开发了一款在线游戏——“欧莱雅在线职业之旅”（REVEAL by L'Oréal），让学生模拟参与欧莱雅内部从创意产生到产品上市的全过程，完成研发、市场营销、销售、财务、运营等五大领域的各项挑战，最后还会得到一个相应的个性化评估，从而为学生的职业选择和规划以及欧莱雅的招聘提供参考。同时，欧莱雅还在大学举行比赛活动，让学生组队参赛。游戏和比赛让更多的学生对欧莱雅有了更深入的了解，大大促进了欧莱雅的招聘工作。

美国军队在招兵方面也是创意不断，曾推出第一人称射击游戏——“美国陆军”。游戏画面非常逼真，让玩家身临其境般地走进陆军生活，感受到军队生活的乐趣。游戏吸引了大量的年轻玩家，从而提升了征兵的宣传效果。

欧莱雅和美国军队通过游戏，让玩家在潜移默化中了解了企业的内部运作流程和军队生活，从而促进了招聘和征兵工作。

谷歌也曾经用过类似游戏化的方式，找到了他们想要的人才。一天，在硅谷的地铁站附近竖起了一块广告牌，上面写着：{e 中出现的连续第一个十个数字组成的质数（First 10 - digit prime found in consecutive digits of e）}. com。很多人对这则神秘的广告内容感到好奇，懂得其中奥秘的人把“10 个数字. com”输入浏览器地址栏中，将打开一个网页，网页中有几道数学题。如果你能打开网页并同时答对网页上的题目，谷歌会告诉你，你就是他们要找的人才。

9.2.3 企业培训

跨入终身学习时代，企业培训已经成为企业管理和企业成长中不可缺少的一部分。成年人往往缺乏学习动机，所以企业培训的成本投入巨大但效果却不一定好。所以，一些企业开始通过游戏化设计激发员工的学习兴趣。

2013 年 9 月，安利公司针对新加入的营销人员推出了网络游戏培训平台——“安利人生 90 天”。这款游戏集合了数百位优秀营销人员的智慧和经验，把他们最初工作时所经历的种种境况，如困难、挫折、收获、成长，浓缩为一个个有趣的游戏关卡。

玩家在游戏世界中，会遇到形形色色的顾客，比如操着一口广东口音的老好人梁威武，长得有点像电影《功夫》里包租婆的淑芬，或者总是说冷笑话的数学老师孙亮……这些游戏人物映射了现实生活中各种典型的顾客。新加入的营销人员可以在游戏中与这些顾客交往、相处，向他们推荐安利产品，提供个性化服务；在遇到困难时，可以向导师求教，也可以与同时在线的伙伴们沟通交流，这样就能以较快的时间、较低的成本，系统地掌握安利的产品知识和直销技巧，积累从业经验，树立从业信心，有助于提升现实世界中的销售业绩。

据安利公司介绍，伴随网络游戏成长起来的80后、90后，正逐渐成为安利营销的主力军。而一个营销人员从事直销事业的最初90天，需要迅速完成从一个“直销菜鸟”到营销专才的转型，这是一段非常关键的时期。但是这些新生代不喜欢被说教，很难忍受枯燥的教材，更习惯网络游戏及多媒体娱乐，所以他们转变了培训理念，并创新培训形式，将培训内容开发成一款游戏。通过寓教于乐的网络游戏形式，让这些新人不仅可以学习知识、提升技能，也能从中了解安利的从业准则。

9.2.4 企业市场营销

多年前，我们去某小学做研究时，发现很多小学生都在玩一个麦当劳的小游戏。这个游戏短小到只有四个画面：在第一个画面中玩家可以养牛、种地，等牛长大后就会进入第二个画面；第二个画面中玩家操作机器生产汉堡；在第三个画面中，玩家可以雇佣店员卖汉堡；第四个画面是公关部、广告部、财务部等，玩家可以制定一系列营销和管理政策。游戏过程基本覆盖了从生产到销售管理的整个过程，玩得好的玩家盈利会越来越多；但是不认真思考或者没有一定管理能力的玩家很快就会遭遇财务赤字，甚至破产。

这款游戏是麦当劳设计出来准备给到店就餐的孩子们玩的，结果没想到一下子成了当年最流行的小游戏之一，甚至产生了病毒营销的效果，让孩子们从小就深刻地了解了麦当劳。还有中粮集团，当年趁着“开心农场”游戏流行的时候，开发了一个“中粮生产队”的游戏，借此推广了中粮的多种农业产品。

“麦当劳”小游戏算是一个很成功的游戏化市场营销案例，但是最成功的案例当属微信红包。曾经的除夕记忆是一家人围坐在年夜饭桌旁，一起看春节联欢晚会，如今最大的乐趣成了亲朋好友之间的抢红包活动。从2014年春节开始火爆的抢红包活动，如今俨然成为中国的春节传统之一。2015年，除夕当日的微信红包收发总量达到10.1亿次，18日20时至19日凌晨1点，春晚微信摇一摇互动总量达110亿次。2016年春节期间，微信红包的总收发次数高达321

亿次，相比 2015 年春节 6 天的 32.7 亿次增长了近 10 倍。

其实之前也有其他企业推出过在线红包，却没有引起轰动，为什么微信红包能如此成功呢？原因很多，有移动互联网的发展，人们网络支付习惯的养成，微信的用户基数大，商家的介入等多个因素。但是微信红包里有两个重要的游戏化设计：第一，红包的随机金额激发了好奇心，红包里到底是几分钱啊？人们很想知道；第二，群里抢红包激发了好胜心。人们不在乎自己抢到了几分钱，在乎我抢得比你快。大家想一想，如果改成给指定的人发指定金额的红包，你还会发吗，会抢吗？因为这两个经典的游戏化设计，传统的发红包变成了一场抢红包的小游戏。看到群里每一个人抢红包的金额，有的人因为自己的手气好而沾沾自喜，有的因为自己的手气差而在群里抱怨牢骚，其实内心因为其中的乐趣开心不已。

通过将在线红包游戏化，腾讯实现了自己的商业目的，仅 2014 年春节期间，据报道，几乎是一夜之间微信绑定了 2 亿张银行卡，而达到同样银行卡绑定数量的支付宝则足足花了 8 年时间，由此也可以看出游戏化在商业领域的巨大应用价值。

9.2.5 公共关系管理

在多数人心目中，紫禁城总有一层化不开的神秘色彩，故宫博物院也沿袭了其古典严肃的风格，使得它在网上很孤单，关注度不高。2014 年，“故宫淘宝”微信推出了一些动态图片，并配上了一些让人忍俊不禁的文字，如“我们做朋友吧”“抱歉，朕想孤单一些”“你飞向前方自由翱翔，朕却始终跟不上你的脚步”。游戏化、拟人化的图片和文字让人感到既亲切又幽默，传达出故宫可爱的一面，一下子拉近了故宫与现代人的距离，激发了更多的人对中国传统文化产生兴趣，有助于故宫博物院和大众之间形成良好的互动关系。

9.2.6 共享时代的游戏化

2016 年，满 15 周岁的维基百科已拥有 290 多种语言版本、3600 多万个词条，庞大到一个人不吃不喝不睡地连续 16 年才能读完全部内容，而且它仍在不断地更新和快速增长之中。维基百科是开启共享时代的里程碑式产品，众包模式下，一个个平凡的人共同创造着一个神话。畅销书《维基经济学——大规模协作改变一切》解读了这一现象，认为互联网技术提供的基础设施可以使得成千上万的人一起来做一件事情，产生了改变一切的力量。

众包催生了共享经济、分享经济，自然吸引了很多人的目光。人们希望借助众包完成以前很难完成的任务。可是，众包要动员成千上万的人来做一件事情，如果按劳付酬，谁能够负担得起？ 如果付不起报酬，人们为什么要参与其中呢？ 从人的需求讲，人们喜欢做这几类事情：第一类是有用，比如很多大学生为了毕业找工作努力学习；第二类是有意义，事情对自己似乎没有太大直接的用处，但是很有意义，比如去帮助别人；第三类是有趣，虽然它也没有明显的意义，也似乎对自己没有好处，但是却十分有趣，人们也乐此不疲。比如，打扑克牌，打麻将，应该说没有什么意义和用处，但是人们因为在过程中体验到乐趣而不愿停下，甚至废寝忘食。林语堂曾经写过一篇文章《论“趣”》，其中说到“天下熙熙皆为利来，天下攘攘皆为利往”，以“名利”二字，基本能包括人生的一切活动动机。但是还有一种我们知其然而不知其所以然的行为动机，叫作“趣”，如果一件事情本身有趣，大家也愿意投身其中。

到这里我们就可以想象，如果你希望用众包的方式来做一件事情，最好的办法就是将其变得很有趣。卡内基梅隆大学的路易斯·安（Luis von Ahn）教授就将游戏化和众包很好地结合在了一起。他是验证码的发明人，后来他开发了一个 ESP（Extra Sensory Perception，超感官知觉）游戏，这款游戏需要两个玩家一起玩，它会同时发给两人一张相同的照片，让两个人分别说这是什么，如果两人的回答是一致的，两个人就可以得分，然后它就给你发过来下一张图片。这个游戏很受人喜欢，尤其受情侣的喜欢，他们希望借此来判断两人是否心意相通，所以参与其中的玩家都无法自拔。

那么这个游戏有什么用呢？ 这个游戏的巨大价值在于让大家在高高兴兴玩游戏的时候，义务地、自愿地、免费地为谷歌的数百万张图片添加了精确的标签。对于谷歌的图片搜索功能来说，精确的图片标签是非常有帮助的，可是，就算是谷歌拥有大量的资本，也不可能雇大量的人来为每张图片添加标签。而通过这个小游戏，一分钱不用花，就发动了无数人以众包的方式完成了这一似乎不可能完成的任务。

路易斯·安教授继续沿袭这个思路，在努力做一件更大的事情，号称要“翻译整个互联网”。翻译一般有两种思路：一种是人工翻译，优点是精确度比较高，缺点是代价比较大，比如一些字幕翻译组实际上就是招募了一批人一起来合作翻译；第二种是利用计算机自动翻译，优点是速度快，但是就目前的实际效果来看，精确度远未达到理想水平。

路易斯·安教授就想到一个方法，每一个人在学外语的时候不是都要翻译吗？ 翻译的那些语句不都浪费了吗？ 能否把大家翻译的语句利用起来，于是他创建了多邻国（Duolingo）项目，在这个免费的语言学习平台中，计算机会把一段需要翻译成目标语言的句子作为翻译题目发给学习者，学习者翻译的结果会由至少5个人进行评价，如果有5个人判断翻译结果正确，学习者就算通关，这段话也就算翻译完了。

在这个案例中，路易斯·安教授利用众包思想，把学习者学习过程中的“过程性废料”利用起来，并巧妙地应用了游戏化设计思维，轻松地发动成千上万的人一起来完成了一件以往很难完成的事情。

游戏化和众包相结合，发挥人和计算机的优势，在解决重大科学问题方面也曾发挥过重要的贡献。蛋白质的结构测量十分复杂，华盛顿大学戴维·贝克（David Baker）基于游戏化的理念提出了一个特殊的方法，他设计了一款“叠叠乐（Foldit）”游戏，发动全世界的玩家通过玩游戏来探索蛋白质的结构。玩家在游戏的过程中竟然解决了很多问题，其中一个困扰专家10多年的病毒蛋白酶结构问题被一个玩家团队用10多天破解，该项目的成果和方法多次被发表在国际顶级期刊上，一时间引起了全世界的轰动。而文章的作者包括了几千人，因为研究者说这是玩家们一起完成的。

在测量蛋白质的结构问题上，玩家并没有比专家更专业，只不过解决这一类问题有运气的成分，来玩的人越多，解决的概率就越大。但是对于任何组织来说，很难调动几十万人来专门解决某一个问题，但是现在利用游戏化，就可以发动大量的人自愿帮助解决问题。

大规模协作时代来临，互联网为人们投身到“伟大”的事业中提供了基础设施，而游戏化则为大规模协作的参与者提供了另一种参与的“意义”——有趣。所以，在项目设计中要时刻想到这一点，善于结合游戏化和众包，并借助互联网来实现一些不可思议的创意。

9.3 游戏化的本质和内涵

游戏化的本质和内涵究竟是什么呢？ 仔细思考前面的案例，你会发现游戏化都是通过各种游戏元素的引入、机制的设计让事情变得有趣，从而激发人们的参与热情，让人们自愿去做一些原本不愿意做的事情。

可是怎样才能使事情变得更有趣呢？ 这就需要首先深入研究人们为什么喜欢游戏。

9.3.1 游戏的定义及特性

关于游戏的定义，荷兰学者胡伊青加（Huizinga）曾经给出一个比较权威的定义："游戏是一种自愿的活动或消遣，这一活动或消遣是在某一固定的时空内进行的，其规则是游戏者自愿接受的，但是又有绝对的约束力，游戏以自身为目的而又伴有一种紧张、愉快的情感以及对它'不同于日常生活'的意识。"

根据以上定义，游戏至少有以下四个特性。

1. 自愿（Voluntary）和自由（Freedom）

游戏的参与者通常是自愿参加的，而不是被强迫的。在胡伊青加看来，"一切游戏都是一种自愿的活动，遵照命令的游戏已不再是游戏，它最多是对游戏的强制性模仿……儿童和动物之所以游戏，是因为他们喜欢玩耍，在这种'喜欢'中就有着他们的自愿……对于成年人和富有责任感的人来说，游戏同样是一种他可以不予理会的功能……它绝不是一桩任务"，因此胡伊青加把游戏的自愿性当作游戏的首要条件。

此外，游戏具有自由的意识。在游戏中，人们不再为外在和社会的日常规矩和法律限制，可以尽情摆脱现实世界的限制。例如，在游戏中一个人可以扮演英雄、也可以扮演魔鬼；在现实生活中人们必须遵纪守法，而在游戏中却可以随意"杀戮"。事实上，胡伊青加认为游戏也是事实上的自由。

2. 非实利性（Disinterestedness）

游戏者并非因为有外在的奖励才会参与游戏，而是主要由内在动机驱动。其内在动机源于主体内在的需要与愿望，虽然这种愿望会受到外界因素影响，但其动力却主要来自人们对活动本身的兴趣。简言之，游戏本身就是人们参与游戏的目的，而并不是其他什么现实生活中的实际利益。

这一点也就是胡伊青加提到的无功利性（Disinterestedness）。他认为游戏是"作为一种在自身中得到满足并止于这种满足的短暂活动而插入生活的插曲"。游戏也存在有用性，但是这种有用性和现实生活中的有用性是不同的，"它是以别的方式而不是以获得生活必需品的方式来做出的"。例如，在竞争类游戏中可能会导致对物质财富的掠夺，但归根结底是为了追求胜利，满足自我肯定和受到尊敬的心理需要才进行的。

3. 佯信性（Make－Believe）

在胡伊青加看来，游戏是虚拟的，“游戏不是‘日常的’或‘真实的’生活”，游戏者不需要为游戏中的结果在现实生活中承担什么责任。但是这并不意味着游戏是不严肃的，“游戏者总是以最大的严肃来从事游戏，即带着一种入迷，并至少是暂时完全排除了那种使人困惑的‘只是’意识”，他们对游戏中的活动和结果都是非常严肃认真的。例如，玩象棋的人常常为了游戏中的一步棋而争执得不可开交，而不会因为它是虚拟的而随便对待。

对于这样的特性，胡伊青加用“假装性”来表述，用以反映游戏者对于自身活动所持的明知虚拟而又信以为真的态度。不过，也有学者提出，“假装性”或“虚拟性”并不能很好地表述这种特性，而应该用“佯信性”才能更好地表述这种“明知虚拟而又信以为真”的特性。

可能正是这种“虚拟性”和“真实性”的混合使游戏充满了无穷的魅力。就好比做梦，当人们做了一个美梦的时候，人们宁愿相信这是真的，以便享受美梦的愉悦；但是当人们做了一个噩梦的时候，人们会努力说服自己这一切都是一场梦而已。

4. 规则性（Rule）

前面讲到游戏具有自由的特点，在游戏中人们可以尽情摆脱现实世界的限制。但是这并不意味着游戏中没有规则，恰恰相反，一切游戏都是有规则的，只不过是特别为游戏制定的特定规则。例如，在一些网络游戏中，尽管游戏者可以“杀戮”，但是必须在一定的环境下并具备一定的条件才可以。

胡伊青加认为，游戏的规则应该具有绝对权威性，不允许有丝毫的怀疑。因为一旦规则遭到破坏，整个游戏世界便会坍塌。事实上，生活中也常常可以看到这样的例子，几个人打扑克，如果其中一个人不按规则出牌，这个游戏也就无法进行下去了，只能以散场结束。

当然，强调规则并不意味着以牺牲游戏者的自由为代价，否则游戏在某种程度上就不再是游戏了，正确的做法应该是在规则和自由之间保持适当平衡。

9.3.2 游戏的动机理论

著名心理学家马斯洛（Maslow）曾经提出“人类的动机需要层次理论”。他将人类需要分为类似金字塔般的等级，从下到上依次为生理方面的需要，安全或保护的需要，爱、感情、归属的需要，尊重、价值或自尊的需要，自我实现的需要。此后又多次补充完善，增加了“认知的需要，美的需要”。他认为人的需要可以按照先后顺序排成一个阶梯，人只有在满足低层次的需要后才会产生高层次的需要。该理论发表以后，在人本心理学方面起到了重要的影响作用，有学者试图用该理论来阐述人们玩网络游戏的动机，如图 9－1 所示。

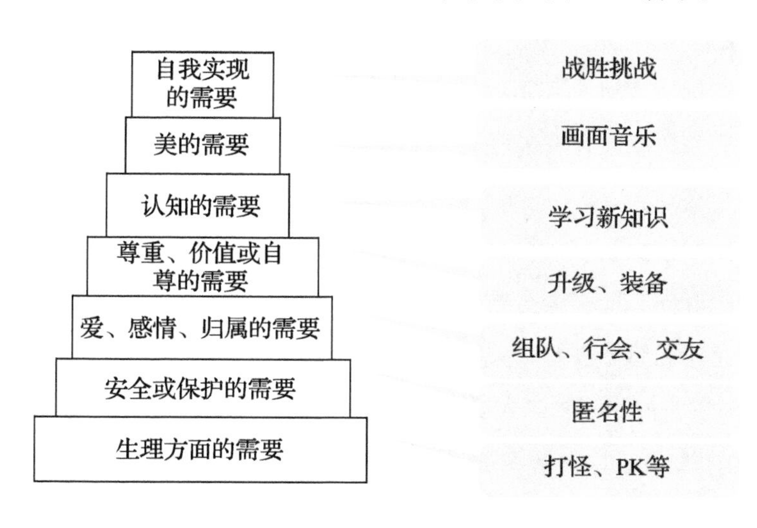

图 9－1　网络游戏动机与马斯洛需要层次理论模型

游戏中的打杀、聊天、组队、练功、升级等活动，分别满足了玩家在不同层次上的需要。游戏中的攻击行为，相当程度上满足了玩家的生理需要。由于网络的匿名性，玩家在进行各种活动时满足了安全需要。在游戏中，玩家通过互相帮助、组队打怪、师徒练级等活动，满足了爱与归属的需要。玩家通过不断学习，练习技术，得到很高的分数，或者达到很高的级别，受到其他玩家的赞赏和肯定，满足了自尊的需要。玩家不断地向更高难度的游戏挑战，通过游戏实现梦想、开拓潜能，在虚拟游戏中满足自我实现的需要。通过在游戏中学习新的知识，满足了认识和理解的需要。在游戏中，玩家可以改变自己的外形，使人物更加生动活泼，游戏内容更富情趣，从而满足了审美的需要。

同时，虽然玩家在网络游戏中的需要可以在马斯洛需要层次理论中找到对应和满足，但不一定是按照次序排成阶梯关系，需要层级的关系是呈现不连续发展的，玩家们在不同的视窗中得到不同层次的需要满足。例如，玩家在一个窗口中和敌人 PK，在另一个窗口中和别人聊天。

游戏设计师理查德（Richard）也曾结合人的“需要”和游戏特性来解释玩家为什么如此喜欢游戏，他认为正是以下的需要决定了人们喜欢游戏：

（1）玩家需要挑战。人们希望面对挑战并战胜挑战，他认为这是单机游戏成长的重要原因。

（2）玩家需要交流。游戏的根源及其吸引力的重要部分是它的社会性，人们玩游戏的根本原因是与家人和朋友进行交流，这是人们更喜欢多人游戏的原因。

（3）玩家需要独处的经历。人们虽然交流，但是人们有时候也因为种种原因希望寻找独自享受的机会。不过，这一点和看书、看电影等娱乐形式不一样，因为此时人们和电脑还存在着交流，游戏可以模拟人的反应，而人们又可以随时开始和停止游戏。

（4）玩家需要炫耀的权利。玩家玩游戏也是为了获得尊重，当在游戏中战胜挑战并胜利的时候，玩家也会产生很强的自我满足感，他们会认为自己能够做得很好，这让他们感觉良好。

（5）玩家需要情感体验。玩家在玩游戏的时候也在寻求情感体验，如面对冲突时的兴奋和紧张、老是完不成任务的失望、成功后的喜悦。特别有意思的是，玩家想要的是游戏带来的感觉，这感觉不必是积极的或幸福的，失败也是一种特殊的感觉。

（6）玩家需要幻想。事实上，很多人都想要进入一个比现实世界更为精彩的虚幻世界中，而一个设计良好的游戏，使玩家能够真正有机会过上幻想中的生活。而且，这个虚拟生活是排除了枯燥细节的“纯洁生活”，他们在其中可以扮演英雄或魔鬼、可以改变历史……而且，这一切不用在现实社会中付出任何代价。

比如一些资深游戏玩家告诉我们（摘自新浪网站）：

于是时常孤独的我开始在另一个世界中寻找自己的朋友。

这一切的一切都让我感到欣慰，我发现游戏中的我不再那么孤独，有很多人关注我的存在。

我们俩人一起打怪，一起在东海湾拾药捡钱，就像两个充耳不闻窗外事的小男孩。天真、童趣萦绕在我们左右，好像我们的童年就被珍藏在东海湾似的。

当我准备删掉我石器上的任务的时候，我流下了许多年都没有流过的眼泪，我彻底地绝望了，不是因为石器，而是因为我最要好的朋友。

班上4/5都是男生，并且很大部分都是玩家，能有共同的话题则令我稍感快乐。

每天是对着计算机屏幕陶醉于砍杀之中，接受人们的顶礼膜拜。

近年来，米哈里·契克森米哈（Mihaly Csikszentmihalyi）提出的“心流（Flow）”理论也被广泛应用在了网络和网络游戏的研究中。所谓“心流”，是一种当一个人完全沉浸在一项活动中时所产生的心理状态，指参与者被其所从事的活动深深吸引进去，意识被集中在一个非常狭窄的范围内，所有不相关的知觉和思想都被过滤掉，并且丧失了自觉，只对具体的目标和明确的反馈有感觉，几乎被环境所控制。一般来说，“心流”能够给人带来快乐，并使人希望持续进行该活动。

那么什么时候才能产生“心流”呢？ 研究者认为，在目标明确，具有立即回馈，并且挑战与能力相当的情况下，人的注意力会开始凝聚，逐渐进入心无旁骛的状态，就产生了“心流”。米哈里·契克森米哈还认为，在传统活动中，爱好、运动和看电视等主动式休闲活动比较容易产生“心流”。

在“心流”理论中，技巧（Skill）和挑战（Challenge）是两个非常重要的因素。当挑战远远高于技巧水平（例如，游戏者无论如何努力都不能完成某件任务）时，游戏者就会开始变得焦虑；当挑战远远低于游戏者的技巧水平时，游戏者就会觉得枯燥和单调，进而对游戏产生厌倦情绪；只有当两者平衡的时候，才能进入真正的“心流”状态。

因此，游戏化设计要注意保持技巧和挑战的平衡，让参与者在不知不觉间完成平时不可能完成的任务，并进一步肯定自我，从而促使参与者学习更新的技巧。

由于技巧性和挑战性都非常强，所以非常容易让游戏者产生“心流”现象。鲍曼（Bowman）曾经利用“心流”理论研究电子游戏。他认为电子游戏充满了日益增多的挑战和技巧，它有具体的目标，即时和明确的反馈资讯，并消除了一切不相关的资讯，这一切有助于产生“心流”。

当玩家完全涉入游戏活动时，很容易丧失自我意识，在付出全部的心思时，其他的思想会完全被忽略。游戏带给玩家成就感、满足感，并且产生一种充满乐趣的心理状态，这也就是为何玩家们很容易因游戏上瘾而废寝忘食的原因。

比如一些玩家写的话（摘自新浪网站）：

有时候奶奶叫我吃饭我都没听到。

和游戏好像已经合二为一了。

让我们来看一个规则简单但是却比较流行的游戏——连连看。玩家在这个游戏中，目标明确，即时反馈，游戏过程中消除了一切不相关的资讯。

马龙（Malone）等人于20世纪80年代做了一项对比研究，将游戏中的故事背景、反馈等作为变量设置对照，以发现使游戏变得有趣的因素。基于此项研究，马龙提出了著名的内在动机理论（Intrinsic Motivation），该理论将内在动机分为个人动机（Individual Motivations）和集体动机（Interpersonal Motivations）两类。个人动机包括挑战（Challenge）、好奇（Curiosity）、控制（Control）和幻想（Fantasy），集体动机包括合作（Cooperation）、竞争（Competition）和尊重（Recognition）。正是因为这几个因素使得人们被游戏深深吸引。

1. 挑战

挑战，指的是游戏中存在恰当难度的目标和任务，如过关或升级等，能够激发游戏者的好胜心，促使游戏者去克服困难和解决问题，战胜对手并赢得胜利。比如有玩家这样写道：

我在这个世界里自由地冒险，不断向着更高的目标前进。

甚至常常憋尿憋得慌了还在想打死这个怪再去，打死这个，想着还要再打一个，打死第二个想着再打死第三个……实在不行了才去“释放内存”。

“趣味滚动球” 是一个看似简单但却极富挑战性的游戏， 需要玩家将一个球从最高处沿着一个复杂且两边没有遮挡的轨道滚动到最低处的一个洞里。看到这个游戏， 你是否很想把这个小球滚进去呢？ 其实网上有很多这样的小游戏， 游戏还用 “据说只有智力超常的人才能过关……” 的宣传来激发人们的好胜心， 吸引人们来尝试一下。

2. 好奇

好奇， 指的是应该根据游戏者当前的能力水平提供适当程度的复杂性和矛盾性， 使学习者感到好奇。好奇又分为感官好奇 （Sensory Curiosity） 和认知好奇 （Cognitive Curiosity） 两类。感官好奇可以通过音乐和图像来增强； 而认知好奇， 可以通过提供似是而非、 不完整的观点或者简化的观点等来给玩家造成认知困境的方式来实现。

人生来就是好奇的， 婴儿睁开眼睛， 就开始探索这个神奇的世界， 刚学会说话， 就开始问妈妈这是为什么， 那是为什么。聪明的导演和作家都特别善于利用这一点， 利用人们对于故事发展情节的好奇心制造悬念， 深深抓住观众的心理。例如， 不少电影为了激发人的好奇心， 给结尾设计一个不确定的结果——最后举起的枪到底响了没有，主角到底死了没有，男女主角到底在一起了没有……

我们来看游戏玩家说的话：

初入游戏的浩淼大海，我对眼前的一切感到新奇和不可思议。

第一个月，我对游戏充满了无尽的好奇，虽然有十多年的游戏经验，但在网游这方面，我还一无所知。

为了知道后面的剧情，我没日没夜地练习，努力加快速度。

“人怎么少了一个”是一款简单的网页游戏。在游戏画面中，最开始是13个人，按下游戏开始按钮后，图片内容不改变，只是将图中上方两个区域互换一下位置后，游戏画面中就成了12个人。那一个人到底哪儿去了呢？几乎每个人看到这幅图片，都特别好奇，想研究一下人究竟去哪里了。这就是好奇的魅力。

3. 控制

控制，指的是游戏中可以让玩家感觉能够决策和选择游戏中的活动。每个人都想控制人、财、物，人在做任何事情时，都希望有一种掌控感。例如，你在键盘上按下一个按键，半天没有反应，你是否想把电脑砸掉？

大家来看一个典型案例——俄罗斯方块，这是苏联电脑工程师阿列克谢·帕基特诺夫于1984年发明的，自发明至今，一直都特别流行。当然，俄罗斯方块的流行有很多种原因，比如简单的规则、复杂的变化，满足人的补全心理等，但不可否认的是，当你摆放那些小方块的时候，会产生一种控制了它的感觉，不同形状的积木在你的指挥下，往左移动，往右移动，转圈，快速落下。

不过，人们在喜欢控制的同时，也有被控制的心理需求。还是以俄罗斯方块为例，当你以为你控制了它的时候，你没有想过其实它也控制了你呢？当你打开俄罗斯方块的时候，你已经顾不上去思考这个游戏到底好玩不好玩，而是忙着去操纵这些小块，是否有一种被控制了的感觉呢？

4. 幻想

幻想，可以让游戏者想象自己扮演另外的角色等，这也是当前魔幻类网络游戏、第一人称战争题材游戏独领风骚的主要原因。要增强幻想性，在设计时就要注意游戏者情感方面的需求，在呈现材料时要适当使用比喻和类推。

人们都喜欢幻想，喜欢做白日梦，在游戏中可以更加真实地体验一种在现实中无法体验的状态、角色等。比如有玩家这样说：

每次都坐在计算机前暴怒、大笑、凝神，幻想着自己在虚拟世界里的成功。

在一个虚构的世界里，我们可能是大侠客，也可能是偷车贼。一种宣泄，一种刺激，一种从未有过的虚拟人生的经历和感受。

例如，“魔兽世界”为什么如此成功，很重要的一个原因是它满足了玩家的幻想欲望，你可以在其中成为你期望的英雄。

随着虚拟现实技术的发展，未来或许不仅可以幻想，而且可以近似真实地体验另外一种人生。

5. 合作

合作，指的是游戏者彼此联合完成全部或某项任务，和他人的合作将有助于增强游戏者的内在动机。例如，两个人一起打怪，正酣战中你突然跟队友说我不玩了，会是怎样的后果？再比如，4个人一起打牌，其中的一个人说有事要离开，你会是怎样的感受？

6. 竞争

与合作类似，游戏者彼此之间的竞争也有助于增强内在动机。要想促进竞争的产生，可以创设一个环境，让玩家彼此之间针对资源或荣誉等展开比赛。

竞争是激发动机的最重要因素之一，也是常见的游戏元素之一。只要将人员分成小组，不管比赛什么，人们的动机都会很强。例如，对两个小朋友说，请帮我将教室桌子上的书拿过来，他们可能不会情愿去做，但你要是说，看谁能第一个将教室桌子上的书拿过来，小朋友的积极性就会大大提高。

不过，也要特别注意竞争的负面作用。竞争可能会打击人们的积极性，甚至影响其他事情。一个学校把一个班的学生拉到野外搞夏令营。学生到达目的地之后，被随机分成两个队，一个狼队、一个鹰队，之后两队开始比赛。没想到随着时间的推移，竞争不断升级，最后两队的同学几乎成了敌人，这就是过度强调竞争的负面作用。过度竞争往往让人们忘记最根本的目的，单纯为了获得胜利而竞争。

7. 尊重

尊重，指的是玩家的成就得到其他人的赞赏和认可，这也将大大增强玩家的内在动机。每一个存在于组织中的人， 都希望得到大家的赞赏和认可，即便是组织中最边缘的人。不少游戏玩家， 就是因为在现实生活中得不到赞赏和认可， 才投入到游戏的虚拟世界中寻求这种自我满足感。增强尊重动机的方法很多， 例如， 将游戏者的成就展示给其他人， 设计一些角色、 勋章、 等级、 排行榜等。

游戏化来源于游戏的发展， 理解玩家参与游戏的内在动机是游戏化设计思维的基础， 只有能够满足人们的内在动机的游戏化设计， 才能够让人们既乐在其中又受益匪浅。

9.4 游戏化设计策略及注意事项

前面已经分析了部分游戏化典型案例， 并且深入分析了究竟是什么让人们愿意参与游戏。本节概要讲述究竟如何去应用游戏化， 如何去设计自己的游戏化系统。

9.4.1 游戏化设计模式与策略

游戏化是一个复杂的系统工程，同时具有艺术性和科学性的特点。游戏化的科学性体现在，游戏化设计具有一般性的、比较通用的特点；其艺术性表现在，游戏化设计具有很强的个性化特点，很多精心设计的游戏化系统不一定能达到预定目标。参考其他学者的提议，参考游戏化在教育等领域的应用方法，我们提出一个比较通用的游戏化创新设计模式，如图9－2所示，包括确定商业目标、对象分析、内容分析、确定游戏化策略、应用效果评价。

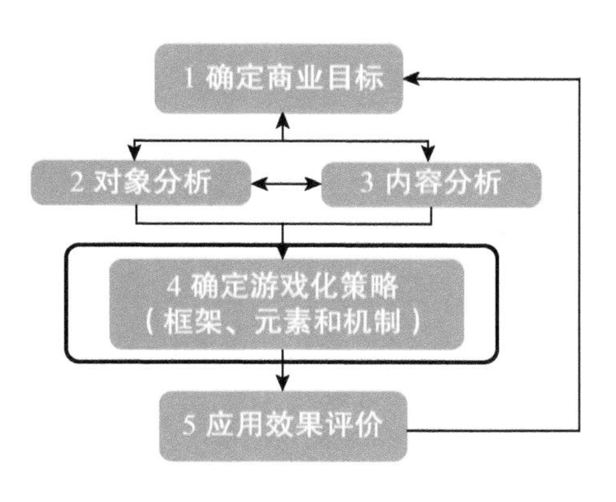

图 9－2　游戏化设计模式图

首先，需要确定任务目标。游戏化是为了达成某一个特定的任务目标，游戏化本身不是目标而是手段。例如，游戏化是为了提高员工的工作积极性，还是为了吸引更多的顾客？ 其次，要进行对象分析，明确游戏化设计是面向什么样的目标人群。然后，需要对游戏化的内容进行分析。游戏化的目标是让原本缺乏乐趣的事物变得有趣。所以，需要对游戏化的内容进行分析，分析内容的特点，找到进行游戏化的关键点。再者，综合以上分析结果，确定你的游戏化策略。最后，在应用游戏化的过程中需要不断评估修改，调整游戏化的策略。

1. 确定商业目标

确定商业目标是指游戏化系统要针对明确的商业目标，例如，提高客户忠诚度，建立品牌忠诚度，提升员工的工作效率，改善大众公共关系……

正确的做法应该是，第一步列出所有目标，第二步对所有目标进行排序，第三步将其中实际上属于机制而不属于目标的“目标”删除，比如使用徽章、点数等可以删除，之后明确最终目标。

明确目标的重要意义在于，能够让游戏化的结果有可衡量的依据，避免叫好不叫座。例如，有的网站通过游戏化的方式确实吸引到了许多玩家，但是这些玩家并没有转化成真正的“客户”（付费用户）。

如前面讲过的一些分析：

钢琴楼梯的目标就是要吸引人们走楼梯。

微软的语言质量检查游戏是为了让员工更愉快投入到 Bug 检查的工作。

“欧莱雅在线职业之旅”的目标就是让人们了解欧莱雅。

美国陆军游戏的目标就是吸引人们加入陆军。

ESP 图片游戏的目标就是给图片添加精确的标签。

叠叠乐游戏的目标就是让大众来帮忙解决科学问题。

玩家的游戏目标是赢，游戏化设计者的目标是希望通过游戏化手段，吸引玩家参与进来以达到一定的目标。

2. 对象分析

确定目标以后，需要分析游戏化设计的对象。在教学设计中，学习者特征分析十分重要；在产品设计中，用户分析十分重要；游戏化设计也是如此。游戏化系统究竟是针对内部员工还是外部用户？ 对象的年龄、性别和行为特征，以及员工的需求是什么样的？ 我们期望游戏化的对象做什么？ 是购买、注册、浏览还是点评？

因为人们玩游戏的深层内在动机不同，所以在游戏中的行为肯定有不同，所谓萝卜白菜各有所爱，有的玩家爱打怪，有的玩家爱聊天，有的玩家只是随便消遣打发下时间。根据玩家的游戏目的，巴特尔（Bartle）在 20 世纪 90 年代根据对 MUD（文字版多用户空间）游戏的研究，提出了玩家进行游戏的四种典型因素。①获得成就（Achievement within game context），玩家特别希望在游戏中获得成就，如获得宝物，提升等级等。②探索游戏（Exploration of the game），玩家尝试在虚拟世界中寻找一切他们所能找到的东西。例如，在虚拟世界中四处走动，希望探索虚拟世界的边际。③交往玩家（Socialising with others），玩家使用游戏中的通信工具，和其他玩家进行交往。④强迫他人（Imposition upon others），玩家使用游戏中的工具去影响其他人或物体，甚至使别人感到痛苦。巴特尔根据这四种要素把玩家分成了成就型、探索型、社交型和杀手型玩家。成就型玩家重在获得成就，所以会将点数、升级等作为他们的主要目标。探索型玩家重在探索游戏世界，他们对游戏充满兴趣，希望找到那些隐藏在游戏中的东西。社交型玩家重在和其他玩家交流，他们喜欢和玩家打交道，把游戏作为社交互动的一种渠道。杀手型玩家重在攻击其他玩家或者和其他玩家 PK，希望对别的玩家产生影响，将自己的壮丽人生价值建立在他人的身上。

除了明确人们的游戏目的，还有一个非常重要的工作，就是分析玩家的各种行为。例如，购买、推荐、发帖、评论、投票、分享、合作、竞争、登录、验证、更新……然后要将玩家的各种行为和目标进行匹配，鼓励那些对终极目标有直接或间接作用的行为，同时需阻止一些不受欢迎的行为，比如恶意作弊。此外，在分析人们的行为时，还需要区分惯性行为和有价值行为，比如在微信中简单地“赞”和“评论”；要注意区分简单行为和高级行为，比如在 BBS 中简单地“顶”和撰写高质量的文章。

3. 内容分析

确定了目标，分析了游戏化的对象，接着就需要进行内容分析。例如，如果是准备进行游戏化产品设计，就要考虑一下要游戏化的具体场景是什么，有哪些关键点要素，事物本身是否适合游戏化。

一般来说，适合采用游戏化的内容包括产品、服务、广告、营销、社交、教育、培训等。不适合采用游戏化的内容包括国家主权、民族感情、灾难事件、渎职事件、恶性事件等。

4. 确定游戏化策略

综合以上分析，接下来就可以确定游戏化策略了，具体包括游戏化框架、游戏化元素和游戏化机制。克里斯·达根等人提出了一套游戏化框架，其中根据面向对象和游戏化形式两个维度进行分类，见表9－1。

表9－1　克里斯·达根的游戏化框架

	个人	社区	竞争
面向客户(用户)	社交忠诚	社区专家	竞争金字塔
面向员工	温和引导	公司合作者	公司挑战

面向客户（用户）的框架包括以下三类。

(1)社交忠诚。这种框架针对在非社交环境下面向客户的体验，如传统的电商体验。该框架的焦点在于奖励，主要希望留住客户。

(2)社区专家。这种框架针对面向客户的体验，依赖用户生成的内容与贡献的质量。该框架的焦点在于声誉。例如，一些众包网站，主要是希望留住高质量的客户，让他们为社区做贡献。

(3)竞争金字塔。试图激励竞争性行为，该框架的焦点在于地位和得分。例如，一些考试与测验网站等，让客户在这里竞争。

面向员工的框架分为以下三类。

(1)温和引导。这种框架全程为员工提供引导，重在保证完工与合规。例如，一些计件的、收银的普通工作。

(2)公司合作者。这种框架用于提升内部社区中的员工、开发者与合作伙伴的贡献度。例如，IBM这样的企业，如何激励员工把智慧贡献出来。

(3)公司挑战。这种框架意在激励员工与团队接受挑战，以鼓励高价值行为。例如，让员工组成团队进行挑战比赛。

前面提到的“美国陆军”案例采用的系统属于面向客户的竞争金字塔框架，游戏设计的目标是吸引年轻人参军。吸引年轻人参军的方法有很多种，例如，播放电影、张贴广告，或者请英雄去做演讲等。但是考虑到年轻人的特点，他们最终确定了设计一款美国陆军游戏，吸引年轻人。

下面我们来了解一下游戏化元素和机制。游戏元素是指各类游戏的基本构成要素，如画面、角色、音乐、道具等。根据游戏元素的定义，游戏化元素指的是游戏化设计中用到的各种基本构成要素，如点数、徽章、排行榜等（具体元素讲解见下一节）。

游戏机制指的是各要素之间的结构关系和运行方式。游戏化机制指的就是各游戏化要素之间的结构关系和运行方式，如奖惩机制、反馈机制、竞争机制等（具体机制讲解见下一节）。

大家可能会继续想到游戏化设计方法和工具等，那么这些概念究竟是什么关系呢？或许我们可以用图 9－3 来说明彼此的关系。简单地说，我们可以利用随机数等各种方法和工具实现游戏化元素和游戏化机制，然后激发参与者的挑战、好奇等动机，最终引发我们期望的行为。

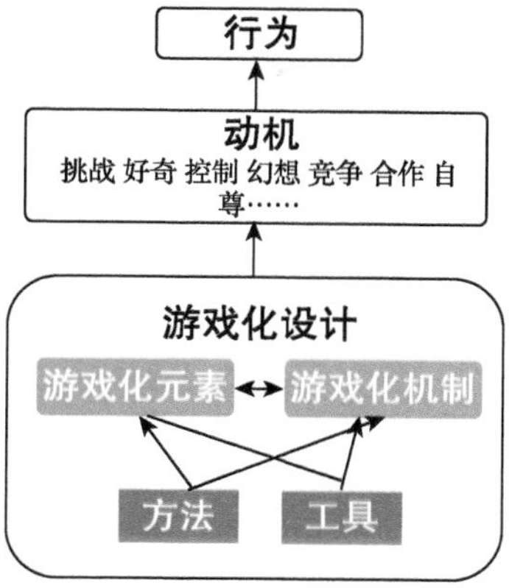

图 9－3　游戏化各概念之间的关系

5. 应用效果评价

设计好游戏化策略以后，接下来就可以正式部署应用游戏化设计了，例如，在市场营销中应用游戏化促销设计。

游戏设计公司会不断地分析玩家，例如，玩家在第几关离开了游戏，在哪个级别离开了游戏。游戏化设计同样需要进行应用结果分析，并且要善于利用大数据。要了解是否实现了目标，如用户的参与量、参与度、保持率、转化率等的变化情况。分析的目的是为了及时调整游戏化设计策略。

9.4.2　游戏化元素和机制

从以上讲述可以看出，对于游戏化设计，其中最重要的就是游戏化元素和游戏化机制的设计，所以本节来专门讲解一下。

1. 游戏化元素

凯文·韦巴赫研究了 100 多个游戏化案例后得出结论，大部分游戏化系统都使用了 3 个相同的元素：点数、徽章和排行榜。其中，点数是用来激励玩家完成某些任务的积分等；徽章是玩家完成任务时获得的一种视觉化的奖励，用以表明玩家在游戏化进程中取得的进步；排行榜用来显示玩家的成就。不过它实际上是一把双刃剑，既可以激励玩家，也存在削弱玩家士气的可能性。

游戏和玩的区别在于，游戏有明确的目标。目标是否达成，需要点数、徽章或排行榜等类似的东西来标志游戏的输赢。不过点数、徽章和排行榜也并不神秘，在其他领域也经常使用。例如，在学校教学中，教师经常会给同学发个小红花、奖状，或者颁布一下成绩排行榜，这些都是游戏化元素的体现。在前面提到的 Windows 语言质量检查游戏中，只要员工能发现问题或者解决问题，就可以得到积分，所有参与员工的积分数量汇总到一个排行榜。在游戏化元素的激励下，员工非常想胜出，于是十分积极地参与到 Bug 的检查工作中。

游戏化元素除了点数、徽章、排行榜以外，经常用到的元素还包括等级、宝箱（好奇、未知）、意外（随机、彩蛋）、故事、角色、社交、任务、头像、道具、倒计时等。在这些元素中，“好奇”非常重要，前面提到的钢琴楼梯、微信红包等都用了“好奇”元素，人们很想知道踩一下这个楼梯会弹出什么声音，很想知道拆开红包后到底是多少钱，现在特别流行的“盲盒”实际上也使用了该元素。

2. 游戏化机制

游戏化机制是保证各种游戏化要素正常运行的基础，常见的游戏化机制包括奖惩机制、反馈机制、叙事机制、成就机制、竞争机制、合作机制、收集机制、交易机制、约束机制等。

在各种机制中，奖励机制特别重要。由于人们在日常生活中正在获得各种各样的奖励，因此无创意的奖励已经很难打动用户，将游戏和现实奖励结合起来是可以吸引人们的方式之一。例如，2015 年 5 月 1 日，凡是去岳阳楼旅游的人，如果能现场背出《岳阳楼记》，就可以免门票。这个游戏以现实的门票作为奖励，足够创新也足够有趣，甚至吸引了很多人现场排队拿书拼命背。当然，当天有多少人能背出来并不重要，重要的是全中国的媒体都在报道这件事情，都在给岳阳楼免费做广告。

再如收集机制。或许是人类在进化的几百万年间主要靠打猎、收集的原因，人们天生就喜欢收集物品，比如我们小时候收集玻璃球、彩纸等。依靠这个机制，有人曾经做成过一件不可思议的事情。1992 年是哥伦布发现美洲 500 周年，美国人摩格先生借此策划了“拥有一片美国”的活动。就是把美国的一个农场的土地，分为若干份小块土地卖给拥有人，每块土地有 50 平方英寸，大小相当于一双脚的占地面积。50 平方英寸，象征着拥有美国 50 个州，每个州 1 平方英寸的土地，购买者拥有农场上的一些权利，重要的是永久拥有法律上承认的象征性的美国土地。有传言说拥有者在移民、签证等方面，可拥有相应的优先权，但是并未得到确认。就这样一个创意，居然在全球销售得很好，摩格先生也获得了巨大的经济效益，真让人不可思议。

3. 其他设计技巧、方法和工具

前面讲过，游戏化的内涵就是希望通过游戏化设计来激发人们的参与动机，这里我们再回顾一下。人参与活动的内部动机包括个体动机和集体动机两类。个体动机列举如下。

挑战：目标明确，难度恰当，逐步升级。

好奇：想方法激发人们的好奇心。

控制：要让人们感觉能控制整个活动。

幻想：要激发人们的幻想，提供体验幻想的空间。

集体动机列举如下。

竞争：分成小组进行竞争。

合作：组成团队，合理分配任务。

自尊：提供展示成就的合理、自然的方式。

除此之外，还有如下一些设计技巧（或者可以说是方法和工具）。

随机：利用随机数，出现一些不确定的情况。游戏设计师都知道，游戏之所以对玩家有巨大的诱惑，重要的因素之一是不确定性。

选择：尽可能让人们进入两难的选择。人们虽然在选择中痛苦，但是也在选择中快乐，沉湎于选择难以自拔。

运气：适当添加一些运气成分。

平衡：游戏整体上是平衡的。你不能让一个人进去以后每次倒霉的都是他，时间长了他不干了。游戏中的灾难元素降临到某一个玩家身上一次可以，但是每次都降临到同一个玩家身上，估计玩家就会愤然离开游戏了。

公平：游戏总体必须公平，奖惩要透明。玩家在游戏中可以失败，但要让玩家清楚失败的原因。俄罗斯方块到最后一定是失败的，每一次以失败告终。人们不怕失败，但是要有解释。

互动：增强人与人的互动、人与机器的互动，如果场景允许，要兼顾线上互动和线下互动。游戏为什么好玩，为什么比电影、电视更好玩，主要原因之一是互动性更强。

恰当使用以上设计，或许可以使游戏化设计能更加有趣，更加吸引人。

9.4.3 游戏化设计的注意事项

在应用游戏化的过程中，要注意以下事项。

（1）要努力赋予游戏化更伟大的意义。意义是我们置身比个人更宏大的事业所产生的感觉。为生活增加意义的最佳途径就是把自己的日常行动与一件超出自身的事情联系起来，事情越大，意义越大，效果会越好。

例如，在北京大学120周年校庆时，北京大学学生社团魔方协会用无数个魔方拼出了一个北大校徽，这样就使得小小的魔方具有了比较重要的意义。

我们认为，游戏化设计也可以用三层境界来表示：第一层是有趣，让人觉得这个活动很有意思；第二层是有用，能够产生实际价值；第三层是有意义，能够引人深思，产生比较重要的意义。

（2）游戏化是为了让人更幸福。游戏化的初衷是激发人们开展活动的兴趣。游戏化的过程也要尽量让人觉得幸福，而不是紧张、焦虑和痛苦。

不要让游戏化成为剥削的工具。从长远来看，游戏化最终是要让工作变得更愉悦，而不是更加紧张。

（3）尽量激发内在动机。游戏化设计要尽量激发内在动机，不要过分关注积分、等级等外在的奖惩机制，防止过分竞争和过分关注外部奖励对内部动机产生挤出效应。例如，盛大网络曾经在内部实行游戏化管理，但是后来发现员工之间过度竞争，导致内部的合作受到影响，并且大家的关注点从业务的提升转移到了积分奖励、排名上，游戏化的结果适得其反。

（4）不能违背法律法规和社会道德。不是所有的事物都可以游戏化。在一些国家主权、人民感情等重大事件上尤其不能随便应用游戏化。

（5）不要让人“游戏”你的游戏。在进行游戏化设计时，一定不能留下Bug，以免让人游戏你的游戏。

本章总结

在本章中，我们首先讲述了游戏化设计的概念、历史与发展，并介绍了钢琴楼梯等若干典型案例，然后概要讲述了游戏化设计的一般模式及策略，尤其是游戏化框架、元素和机制。希望大家能够将部分元素和机制应用到自己的创新项目设计中，增强用户体验，收到事半功倍的效果。

需要指出的是，因为篇幅限制，本章无法介绍游戏化的每一个细节，如果大家有兴趣，可以展开阅读更多的专门书籍。

扫码获取
本章测试题

第 10 章

创新产品设计与快速原型制作

10.1 创新产品的研发流程

创新的活动有很多种，而各种创新活动有着不同的目标、不同的难度、不同的受众和影响力。

- 科学研究中的创新。目的是为了获得新知，为人类的科学世界开拓新的视野，获得新的理论。
- 工程研究中的创新。目的是为了把人类的知识转化成生产力，获得新的方法、工艺、流程。
- 产品研发中的创新。目的是为了获得新的产品，满足消费者的需求或成为其他生产者的工具，同时生产者获得利润。
- 管理研究中的创新。目的是为了得出管理、组织、经营、服务上的新手段，获得更高的效率。
- 艺术创作中的创新。目的是为了产生佳作，使人类在美学上获得新的感受体验。

产品创新，直接面对最广大的受众，深入大众的生活，直接影响人们的生活质量、社会文明及其先进的程度。不同产品的研发（比如一把的新样式的扫帚，或是一款新型手机），难度上可能大相径庭，需要的人力、物力、经费也可能会相差成千上万倍，但大部分产品的研发的时间都在几个星期到几十个月之间，而且研发过程也有着相似的流程，如图 10 - 1 所示。

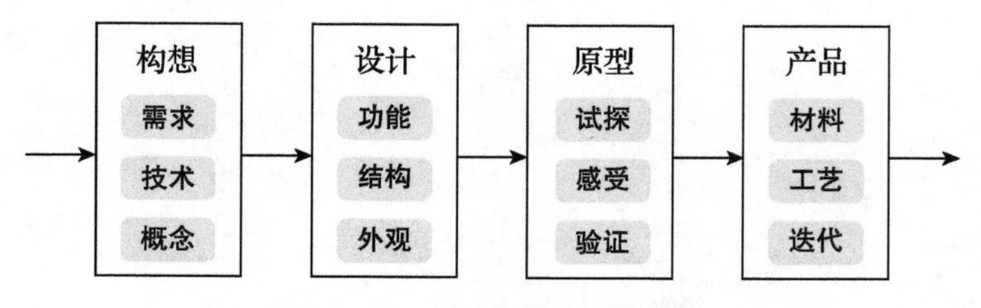

图 10 - 1　创新产品的研发流程

大致说来，创新产品的研发流程就是这样四个阶段。

（1）**构想阶段**。新产品的诞生，需要在对市场需求、技术可能性有较好把握的基础上，酝酿出新产品的概念，对产品的潜在用途、效能有初步的研判，确认其具备创新性、实用价值和可行性。这一过程中往往包含大量的调研、市场调查、讨论、头脑风暴等集体创作行动。

（2）**设计阶段**。在完成产品构想之后，需要筹备足够的设计资源（人力、物力和经费），对创新产品的功能、结构、外观进行设计。这一过程中可能包含纸面的、CAD（计算机辅助设计）的设计和分析，甚至有数学、仿真工具的使用。某一方面的设计，也经常会经历从草图到框图再到完整设计图的过程。

（3）**原型制作阶段**。在创新产品初步具备设计雏形之后，就需要进行原型（Prototype）的制作。所谓的原型，不同的场景下可能称为样机、草稿、雏形、试制品等，其实质就是在正式生产之前，对创新产品的某种形式的模仿。目的是对未来的正式产品有一个早期的评估：这个创新产品给人的感觉到底是否足够好？ 功能是否能符合早先的设想？ 性能是否能满足实际的需要？ 当然，如果答案是否定的话，则需要进行重新的设计和原型的制作。

（4）**生产阶段**。往往在经过多个版本的原型验证之后，创新产品就越来越成熟，接近可以上市的样子。当所有关键的问题被解决掉之后，创新产品就进入了生产期。在这一阶段，会仔细考虑使用的材料、加工的工艺，以便能获得足够好的质地、耐用性、经济合理性，并符合该产品所在门类的产品规范。如果产品的市场反应良好，则还会进一步考虑新版本产品的改善，这就是所谓的迭代。

在这里需要强调的是，**虽然这是创新产品研发的四个阶段，看起来也有大致的先后顺序，但在实际的研发过程中，是需要不断走回头路的**。如果市场调研不理想，就需要重新构想概念；如果设计过程遇到瓶颈，就需要返回来对新产品的技术成熟度进行反思和订正，再酝酿新的解决办法；如果原型证实早先的设想中有较大的疏漏或纰漏，那么回到第一阶段进行重新思考，是最自然的结果；如果产品上市遭到冷遇，就需要根据市场反馈进行重新的设计，甚至是产品理念的重新整理。

另一方面，有很多时候，**这四个阶段也会部分重叠**。比如设计过程中有许多的不确定性，需要先通过制作部分简易的样机、模块进行验证，然后根据结果再进行后续的设计……

总之，新产品的研发是一件很不容易做的事；而做出一款真正受欢迎的产品，是非常难的事；至于做出一个突破性的产品，成为市面上已有产品的更新换代产品，那是很罕见的事。任何一个创新者，都不应该低估其困难程度。

10.2 产品设计

所谓的产品设计（PD，Product Designing），在当前工业化的世界里，基本上和工业设计（ID，Industrial Designing）有相同的意思。产品设计涉及多个学科的交叉领域，学起来其实比较难。目前工业设计专业的学生，需要花几年的时间进行相关课程和实践的学习，而课程横跨艺术学、工业美术到机械工程等领域，殊为不易。对于并非此专业的门外汉来说，学习完整的学科是没有必要的，甚至学习完整的一两门课程都是需要付出很大的代价的。但至少，应该要了解，什么是好的设计。

图 10-2　工业设计三要素

对于“好的设计”，一般说来，要求在所谓的“工业设计三要素”这三个方面，都有上佳的表现。如图10－2所示，工业设计三要素具体是指，所设计的产品应该是合理的、创新的、美观的。相对于本书前文所说的创新的三要素（新颖性/有价值性/可行性）而言，把有价值性和可行性都归并到了“合理”里，而专门单独强调了“美观”这个要素——如果产品不够美观，那么自然是残缺的设计。工业设计的三要素是相辅相成的，实际的设计过程中，从开始设计的第一天起，就是不断拿这三要素原则来审视作品：在这三个方面是否够格。

对于准备设计产品的团队来说，自然需要判断“自己所设计的新产品在三要素方面的表现是否足够好”。为此，创新团队需要在这方面有足够的鉴赏力——有了较高水平的鉴赏力，就能有这样一些好处：产品有较大可能获得用户的青睐；团队在讨论中比较容易建立共识；如果设计团队是请外部团队或公司来做的话，团队之间的沟通也将有很好的效率。

那么，如果不去学习工业设计的课程，又该如何去提升鉴赏力呢？ 常言道，熟读唐诗三百首，不会作诗也会吟。用更粗俗的话说，就是“即使吃不了猪肉，多看看猪跑，也能对猪多一分了解”。那么，应该去哪里看看“别人家的产品”的设计呢？ 如图 10 - 3 所示。

图 10 - 3　可供参考的产品设计网络资源

（1）学生赛事。首先可以去看看一些学生创业比赛的官网。这些官网上往往会陈列一些往年获奖作品的介绍——至少会有获得最高奖项的作品介绍，甚至有多个不同等级奖项的作品。虽然这些作品可能相对比较稚嫩、不够成熟，甚至不够靠谱，但从这些作品中能够比较容易地了解学生团队一般能达到什么高度——而且这也可以作为一个参照系，让人更加能理解产品之间的差异。

（2）业界潮流。互联网上有许多媒体（含自媒体）在不断跟进技术和产品的进步。对于日常的消费电子产品而言，这类媒体网站比较多，而且更新频率也相对较高。每当市场上出现新的产品，如果又有较高的设计质量，往往会很快吸引这些媒体的关注、评测、报告、推介，甚至拆解和分析。在互联网兴起之前，产品广告的投放大多是各种平面媒体和电视广告，只有很小的篇幅进行产品的展示。相对而言，互联网时代的产品推介，可以详细很多——除了少量重量级产品有资格开产品发布会之外，大量新产品都是通过各种网络媒体进行宣传的，可以通过丰富的文字、图片、动画、视频进行介绍。因此这也是对设计有兴趣的人们可以学习的一个资源宝库。

（3）精致电商。电商在当代社会已经是司空见惯——即使不能完全取代传统销售行业，也已经成为主流的销售渠道。虽然部分电商的商品介绍、用户回馈并不是比较完整——比如主打价格战的一些电商——但另一些经营时间已经比较长、规模比较大、信用体系比较成熟的电商网站，其产品介绍和用户回馈已经比较可信，也经常会仔细给出产品与同类产品可对比的详细参数，以及适宜的亮点展示。这些对于新产品的设计者、研发者而言，也有不错的参考价值。

（4）**众筹网站**。众筹（Crowd-funding）是相对比较新颖的产品研发销售模式——在产品尚未完成研发和生产之前，通过对构想、方案、技术细节进行丰富详尽的描述，以期获得网民们的资金支持，从而完成最终的研发和生产。关于众筹的详细流程和特点将在下文中详述，而在这里仅强调：与普通电商平台上的产品介绍相比，众筹产品的介绍信息往往要更加丰富、详尽——毕竟需要在尚无实际产品的时候取信于公众。因此在这种情形下，仔细观察众筹发起者的设计理念、技术细节、研发过程，众筹发起者和支持者之间的互动，能让其他新产品的研发者获得非常多的借鉴和启迪。

（5）**设计专题网站**。互联网上自然不缺乏比较专业的产品设计资源，其中比较有利于学习的，是一些设计者扎堆聚集的网站，比如一些大型图片共享网站中，以“产品设计”为标签而聚合的各种构想图、初步草图，以及完成度较高的设计图，可以说琳琅满目，如图 10 -4 所示。虽然其中不少是半成品，甚至经不起合理性分析，但对于学习者来说，这反而是很有利的——甚至对于每个设计，都可以采用辩证的手段，从正面和反面进行推敲，从而汲取经验和教训。

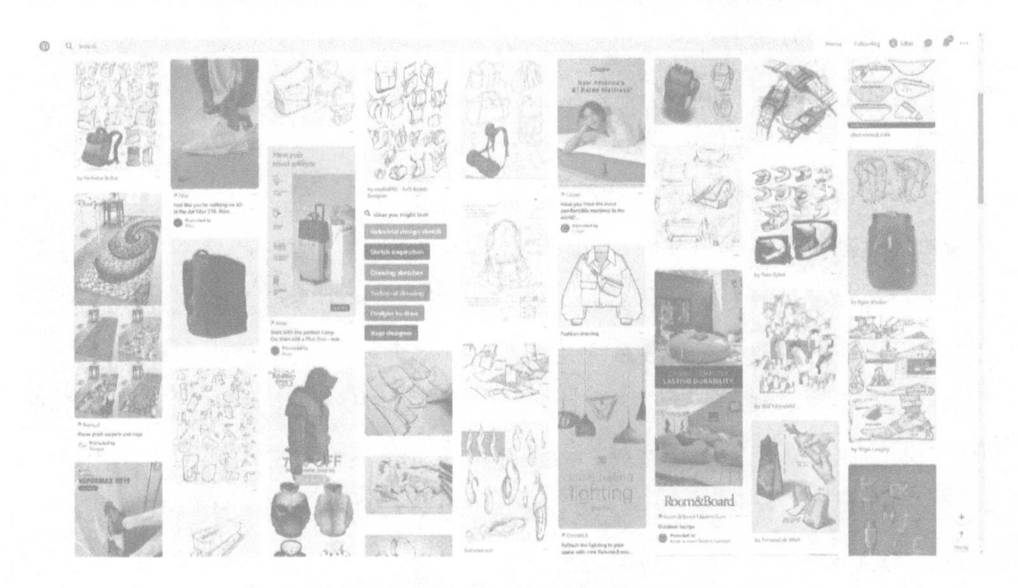

图 10 -4　大型图片网站中的“产品设计”相关的资源

（6）**产品设计大奖**：在产品设计行业，每年都有很多的赛事。消费者需要有人对海量的产品进行筛选；新产品希望有权威的认证来提升身价；赛事组织方可以通过组织赛事进行盈利。从宏观的角度来说，这些赛事增强了产品的优胜劣汰，使得较优秀的产品能尽快进入大众的视线，获得更多的关注和利润。

图 10-5　工业设计领域四大赛事

需要指出的是，即便是图 10-5 中所列出的全球最受推崇的四大工业设计大赛（德国的 Red Dot 和 iF 奖，美国的 IDEA，日本的 Good Design），每年颁发的奖项数量都相当多（以便获得更多的报名费手续费），获奖产品也是有些良莠不齐。不过，四大赛事为了自身的权威性，也都会给“优中选优”的真正优秀作品以大奖，譬如 reddot 的 Best of the best，IF 和 IDEA 的金奖，Good Design 的 Best 100。总之，产品设计大奖的获奖作品，基本都可以作为学习者临摹、参考、竞争的对象。

在网络上如此多的设计学习资源中，众筹网站是值得专门说明的——一方面其资料内容有更大的参考价值，另一方面这也是新产品的研发者以最低的风险到市场上进行摸爬滚打的重要形式。

众筹的流程如图 10-6 所示。

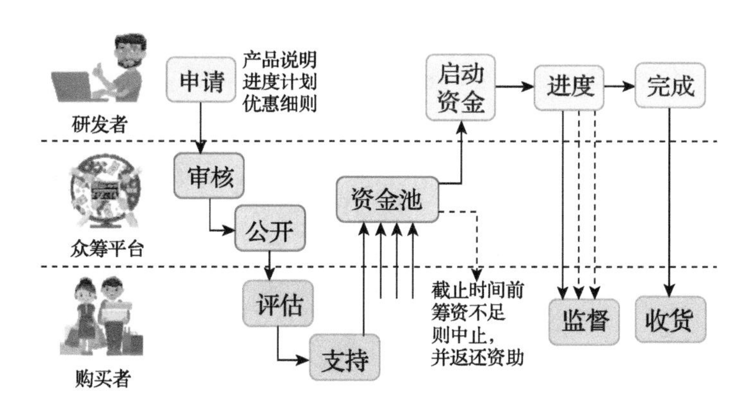

图 10-6　典型众筹流程

(1) 在产品研发者有了比较完整的产品构想（一般还经过了基础的验证性试验，甚至已经制作出了原型）之后，在后续研发和生产正式产品之前，编写出详细的产品说明（原理、结构、功能、用法、价格、研制时间表等）。

(2) 将上述这些资料（含相关的图纸等），与众筹计划书一起提交给众筹网站平台进行审核。所谓的众筹计划书，至少包括众筹金额目标（与订购数量）、截止时间、预期发货时间等信息。众筹平台进行相对简单的评估审核后（主要是确认项目的真实性，而不必花许多时间和精力来评估可行性与风险），就可以将众筹项目公开。

(3)众筹产品的潜在购买者浏览众筹项目的信息之后，根据商品的描述（此时还没有实物）以及可能的发货时间，确定自己的购买意愿。如果表示“支持”，则预付相应款项给众筹平台，进入资金池。

(4)如果到了众筹活动预期的截止时间，众筹项目并不能获得所设定的众筹金额目标，则意味着潜在的顾客群体并不看好这个项目（从商品功能、品质、可行性、风险等角度），于是众筹流产，整个项目中止，资金池中的钱款退还给原本的用户。

(5)如果在众筹活动预期的截止时间之前，众筹项目达到了所设定的众筹金额目标，则意味着潜在的顾客群体看好这个项目，于是众筹成功。资金池中的钱款一次或分批地提供给众筹发起者，供后者进行研发和生产。

(6)众筹发起者不断进行后续的工作，并向支持者发布研发、生产进度信息，直至最终发货，从而完成整个众筹项目的流程。一般众筹平台还会与众筹发起者之间有更多的协议、约定、合同，以确保众筹的可信度。

由此可以看出，众筹是一种非常适合创新项目的形式，对于创新产品的研发中的最大也是最难解决的问题——风险，经由众筹的流程，让所有最对创新产品感兴趣的购买者来分担，而不是由创业者独自承担，也不是迫使创业者去寻找风险投资者（Venture Capital，俗称 VC）来承担——VC 一般会要求创业者出让较多的盈利期望，以平衡其风险投入。通过这种手段，创业者能够集中精力去研发产品，并有较大的勇气去启动产品的研发。

另一方面，创新产品到底是否凝聚了足够的创新要素（合理、创新和美观），这本身是比较难判断的，在传统的创业流程中，只能由创业者和风投者的少数人去判断，并通过难以非常明确的市场调查来获取购买者的想法。而通过众筹的流程，把大量的用户直接拉入评判者的席位，并让他们用实际购买资金作为意向投票，可以获得相对最广泛、最可靠的产品价值判断。

而在这里也要特别强调的，就是众筹这种 “尚未见到产品就试图取得消费者信任”的做法，产品研发者为了取信于众，其给出的原理和理念、数据资料、设计图纸甚至研发流程、挫折和相应对策，都是研发者所能提供的极致。

而且为了最好的第一印象，研发者往往会找专业设计师来制作最美观的产品介绍、美工动画，这些都是非常好的学习资料。成功的众筹产品能提供正面的经验，而失败的众筹产品也能提供反面的教训，而且用户的支持量是所有人都可以见到的数值指标（虽然存在作伪的空间），对于创新的新手而言，可以说几乎是最全面的教材了。

10.3　原型的必要性和常见形式

原型的形式、原型的制作方法，其实并无一定的规则，很多时候是因地制宜地使用最方便的材料和手段进行制作，所以可能会非常简陋、非常原始。当然，如果条件允许，可能会多次进行原型的制作——一般说来，每次制作都会修改已发现的部分问题，越来越接近最终产品的样子。例如，图 10 -7 是乐高公司所设计的警察和宇航员积木，从早期原型到后来正式产品的演化过程。

图 10 -7　乐高小人的原型进化

图 10 -8 是 Oculus 团队研发 VR 手机支架的各阶段原型的过程，直至最后与三星公司合作制作的正式产品。从这一系列图中，可以看出产品原型在研发过程中是可能产生不小的变化的，而且因为有不少试错的过程，因此在尝试新方案的时候还有可能会走回头路。

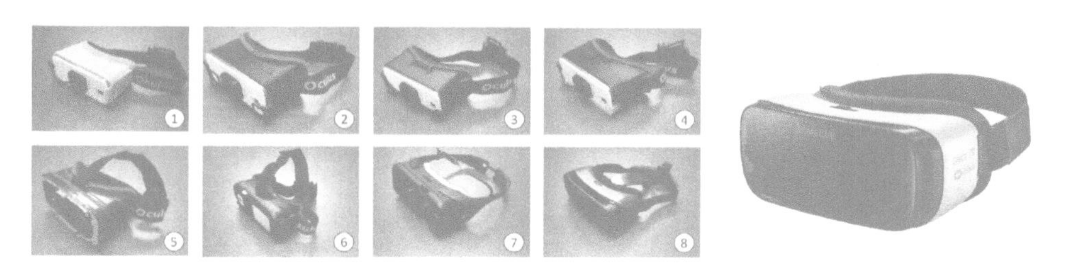

图 10 -8　Oculus VR 手机支架的各阶段原型

那么，到底为什么在研发新产品时需要制作原型呢？ 无非是为了使最终的正式产品能尽可能早地上市，而上市的正式产品的缺陷尽可能少。因为在现实情况中，“创新的构想经过一次研发，就能直接制作，成功造出完整的产品而直接上市”，这种案例非常罕见。在绝大多数研发过程中，会有各种各样的问题：在研发过程中发现虽然有缺陷，但还有弥补、替代、换方法、重新设计等手段，修正了产品中的问题，使正式的产品能真正面世和面市，其实只占了相对较少的比例；在研发的过程之中发现初始构想存在致命缺陷，从而不得不中止和放弃项目的情形，是非常普遍的；而研发过程中发现了新的问题，又一时找不出有效的对策，以至于创新项目最后不了了之，这种情形反倒占据了很大的部分。

因此，成熟的研发团队很少寄希望于“一次研发生产就完美成功”，而是为了总体上“尽快明确初始构想中的不确定因素”“尽快制作出最终产品”，于是采取这样的策略：一方面在战略上做好多轮次研发的准备，另一方面在战术上每轮次都尽可能高效快速地完成，立即获得经验和教训，以便在下一轮次中得以改善解决。这样通过快速地制作一个或一系列半成品，为最终产品的成熟奠定基础的策略，就是所谓的“快速原型（Rapid Prototyping）”的工程思路。

在制作原型时，可以有很多不同的方式和形式，它们各自用于高效地解决不同阶段的问题。如果把相对较常见的原型的形式罗列一下，可以得到图10－9。

图 10－9　研发过程中各种形式的原型

在图 10－9 中，大箭头所覆盖的部分，都可以称作原型的形式。深色方块中所说的形式，其位置如果越是接近右侧，则相对越是成熟，越接近最终的正式产品。

(1)仿真模型。在计算机中软件中模拟产品的原型，可以是前一阶段设计的直接结果。

(2)纸质模型。用纸制成的原型——可以使用纸张、纸板拼接而成。纸自身廉价，而且随处可以获得，纸板表面本身可以绘图，纸片可以用刀剪快速加工，相互之间可以层叠……这些是纸质原型很流行的主要原因。在目前这个年代，用纸板模型来制作手机应用（APP）的原型（如图 10－10 所示），这也是很常见的做法。

图 10－10　纸质模型

(3)线框模型。这个主要是设计应用程序时，用非常简单的线条和方块来表示各个区域的内容、结构、功能，暂时不去理会视觉效果上的美观等。

(4)外形样机和实物模型。这两个概念基本相仿，都是要做出和最终产品外观上几乎一样的原型。对于一些功能上已经比较成熟的产品，如果“创新”的成分有很大一部分是外形或外部观感的话，可以忽略内部的功能结构，而采用任何材料（石膏、雪弗板、木材、蜡、橡皮泥、软土软陶）来进行原型的制作。

(5)概念验证样机（POC，Proof of Concept）。是原型中一个重要的阶段目标，就是把创新构想提出时的重要功能都实现了（或看起来都实现了），让原型样机能够执行预期的功能，和使用者进行一定的互动，从而提前体验产品在此后最终完成的情况下，使用起来的感受。

(6)最小可行方案（MVP，Minimum Viable Product）。是原型中另一个重要的阶段目标，其含义是指将产品研发中可能遇到的技术难点，全部集中在一个原型上来完成，而其余问题（譬如外观、尺寸、细节结构等）完全（暂时）不理会。当 MVP 做出来并获得验证之后，就意味着产品的研发过程中已经不再有技术壁垒，而只需要进行较小的微调、较简单部分的设计构造了。

(7)**缩尺样机和低参样机。**这两种原型都是未来正式产品的简化版，而功能已经基本完成。前者主要是指尺寸上的缩小版（如果正式产品比较大）或放大版（如果正式产品是小而紧凑的），而后者主要是指性能指标上比正式版弱（但提高到后者并不存在技术难点）。

(8)**性能样机。**在技术上已经完工，能够验证所有的性能指标（当然，所有的功能都已经实现了，才能验证各功能的性能）。

(9)**1：1样机。**也叫全尺寸样机，基本就是未来正式产品的模样了，内部的结构和功能也都完全实现了。虽然不一定在这个阶段完全处理好了表面的材料、颜色，但也有的产品是在这个阶段完成了产品表面的所有加工处理工序。

(10)**试产型号。**已经非常接近正式产品，但在具体工艺的方面可能有些差别。因为对于产品的耐用性、市场反响还没有把握，或者为了初期的口碑，虽然试产型号听起来不如正式产品成熟，但有时会放弃在试产型号上盈利，或为了有利于营销，所以有时在试产型号上可能会采用成本略高的手段（刻意地加厚加料，部分配件具有超过必需的指标性能，使用适合小批量生产的加工工艺），而暂时不采用那些大批量生产时，要求一次性投入的工艺（比如模具的开模、专门研发的ASIC芯片等）。

而在早期的正式产品上市之后，还可以继续迭代改进。当然，如果更新迭代后的产品才真正成熟并热卖的话，那么把原定的小批量正式产品当作试制、试生产、试销售性质的原型，亦无不可。

综上可以看出，原型确实可以有很多不同的形式，其成熟度也千差万别。在不同的创新产品研发项目中，具体选择哪一种或哪几种，自然需要根据产品的具体情况（人员数量、技术掌握程度、资金丰裕程度、适宜进入市场的窗口期等），制订相应的策略和规划——毕竟没有哪种形式的原型是必不可少的，也没有哪种形式的原型是毫无价值的。

那么，在产品研发过程中，是不是可以完全不制作原型呢？ 虽然这种情况比较罕见，但也是不无可能的。例如，新产品其实只是老产品的升级，而升级的部分并没有任何技术难点；或者，产品团队一共就有两个人，一个人负责去找投资和销售渠道，一个人负责产品的外观设计，而其余事情都外包给了一个做同类产品多年、经验非常丰富的公司等情形。

10.4 传统加工制造工艺

第二次工业革命至今，已经有一百五十多年了。利用逐渐现代化的各种机器，人们拥有了众多的加工生产技术。如果再包含一些更原始的手工制造工艺的话，创新产品研发者的“武器库”就更为丰富了。图 10－11 罗列了一些常见的传统加工制造工艺，并分了三个类别。

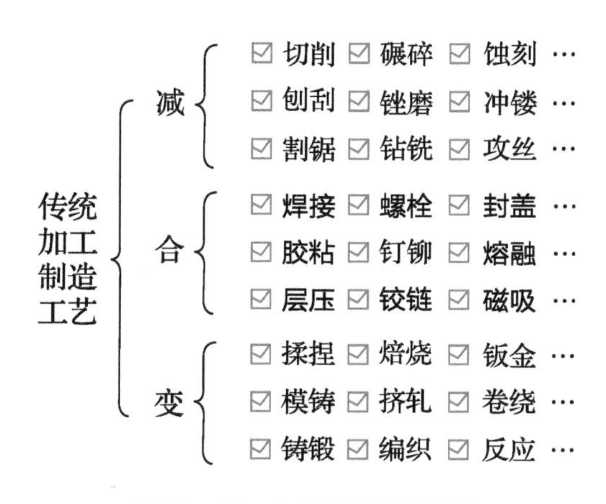

图 10－11　传统加工制造工艺

(1) 减材制造。这类加工手段一般需要有较大的原料粗坯（比如木方、铁块、铝板、铜锭……），然后用各种工具将不需要的部分从粗坯上逐步去除。就像把一块巨大的花岗岩雕刻出石像一样，随着加工过程的逐步进行，粗坯也慢慢显露出要制作的样子，并经过逐步精致化的加工，渐渐逼近需要制作的样子。

减材制造工艺中，有些工艺虽然看起来有很大的差别，但具有相同的实质——钻、铣、刨看起来差别很大，但其实都是通过刀具对材料进行刮削。只不过钻和铣使用的钻头和铣刀是高速旋转的小刃口，刨刀是直线运动而具有较宽的刃口。

减材制造的一个大问题就是需要预先准备较大的粗坯——因为加工的过程就是对粗坯不断地做减法，所以加工完成的成品总是比粗坯小。如果粗坯不够大，那只能把目标划分成多个部分来分别制作，最后再进行组装合成。

(2) 组合拼接。这类加工是把需要制造的产品分为多个部分，在分别制作完成之后，再用永久性或可拆卸的方式，组装合成起来。之所以要拆分为多个部分，可能的原因包括：①不同部分适合采用不同的材料；②完整的成品在技术上难以一次加工成型；③分成多个部件之后，都可以采用简单的手段来加工，以至于分别加工各个部件并组装起来，所需要的人力、物力成本反而比一次性加工要少得多；④没有那么大的粗坯进行减材制造；⑤产品有巨大的空腔，减材制造太浪费且费时费力，而用多个板面部件进行组装则快速有效，且往往不需要再做表面的加工；⑥产品需要多个制造者进行合作（为了并行加工，或者因为分别需要不同的加工技术等），等等。

组合拼装是目前多数产品的加工制造方式，因为工业大生产的边际成本效应，使得“各个部件加工商专心、大批量地制作特定的部件，而最后再高效地组装起来”，这种合作方式可以达到最高的生产效率、质量，以及相对较低的生产成本。随着消费电子等产品的复杂化，超大规模的组装也需要复杂而合理的部件库存管理、物流配置。例如，手机这种常见的商品，光是按较大的模块来分，就包括主板、屏幕、后盖、中框、充电器、电池、实体按键、扬声器、前摄像头模组、主摄像头模组、听筒模组、话筒、主处理器、基带与通信芯片模组、电源控制模组、各类传感器、排线和柔性电缆、内存、存储卡插座模组等，与其相关的产业链相当庞大。

显然，在研发创新产品的早期阶段就设计和制作非常复杂、组装难度高的原型样机，一般说来并不合理。因为这样做既增加了制作成本，也推高了失败率，还大幅度增加了制作时间。

（3）**变形变性。**这类加工方式，总体上是采用相对柔软的材料进行塑形，也有的工艺是将平素刚硬的材料变软后（比如泡水、高温软化，或者熔化液化）进行加工。这种加工方式和上文所述的减材制造工艺有些相似之处，都是制造单一材质的产品（或部件）；而两类加工技术的主要差别，就是变形变性类的加工方式并不需要预备大于成品的粗坯，而且在加工过程中产生的废渣、下脚料也相对少很多。

即便人们已经拥有了相当多的加工技术手段，也仍然在孜孜不倦地进行革新，改进传统的加工方式，发掘新的加工手段。这可以从图 10 – 12 中窥见一斑。

人们期望加工制造工艺能日益进步：

（1）**更高的精度。**以便能够制造更精细的配件，能够具有更小的误差，在组装后更严丝合缝，浑然一体。

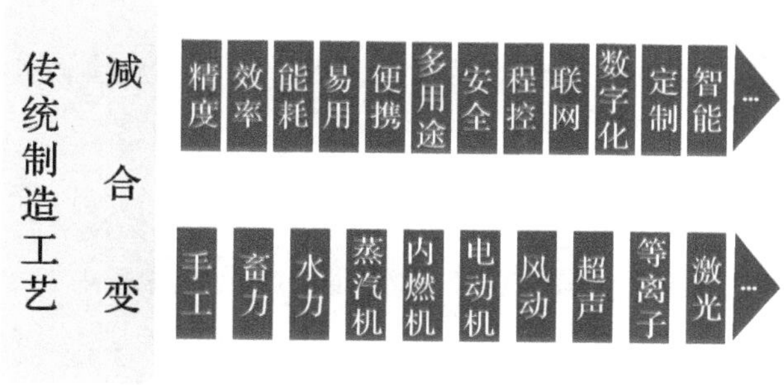

传统制造工艺 减合变

精度 → 效率 → 能耗 → 易用 → 便携 → 多用途 → 安全 → 程控 → 联网 → 数字化 → 定制 → 智能 → …

手工 → 畜力 → 水力 → 蒸汽机 → 内燃机 → 电动机 → 风动 → 超声 → 等离子 → 激光 → …

图 10－12　传统加工制造工艺的演进

（2）**更高的效率**。能够在相同时间里制作更多产品；在加工时产生更低的损耗。

（3）**更低的能耗**。毕竟能耗也是成本中的一部分，而且，在未来追求环保的氛围下有更强的竞争力。

（4）**更易于使用**。这意味着减少培训的时间，以及降低因为错误操作而产生废品的概率。在大幅提升易用性的情况下，甚至可以减少专职的技工岗位，这些也会降低成本。

（5）**更加便携**。便携带来的优势是间接的。加工设备具备便携性，意味着多个加工生产场所可以分时共享一套加工设备；也意味着不必因循“产品需要在生产工厂中加工”的惯例，而是在某些场景下达到“产品在需要的场所中现场制作”的能力。

（6）**多用途性**。如果多种加工任务并不是连续运转的，而大多数是“偶一为之”，那么如果能够使用同一套加工设备来完成多种不同的作业任务，就能大大降低设备成本、所占用的空间，提升设备的便携性（因为不需要携带多套加工工具了）。

（7）**更高的安全性**。高功率的大中型设备，因为有较高的钻速和线速度、更高的电动机功率，在发生事故时带来的危害也是很可怕的——毕竟人的肌肤、骨骼相对于加工设备来说太脆弱了，而眼睛之类的器官就是更脆弱而需要保护的。此外废气、废尘对人也有一定的破坏力，而有毒物质更甚。改进设备的一个方向就是希望操作者能免于穿戴护目镜、防尘口罩、防护服、防静电腕带……

（8）**程序控制**。程序控制意味着引入工控计算机来代替操作者完成大量简单、重复、枯燥、冗长的操作，既能节省人力降低成本，同时，也避免了人为的操作错误——毕竟，制作精良的程控系统，比较容易达到上万小时的无差错时间，而这样的指标对于人工操作而言，是高得可怕的。

(9)**联网化。**在互联网已经普及的现代，加工设备的联网，意味着可以无人值守，远程操控。甚至可以想象在未来建设一处无人加工中心：设备几乎不需要人工进行维护（当然也会有异常和故障报警），而所有的材料入口、产品出口都安装自动收货和发货装置，依靠物流来完成投递。

(10)**数字化。**最基础意义上的数字化，出现在程序控制之前，因为只有数字化的才能进行程控。而未来高阶的数字化加工设备，除了工序流程、参数指标是数字化的之外，还会建立完整的加工自动日志、加工产品的影像资料、产品的健康性和寿命跟踪等，实现全面的质量保障与跟踪。

(11)**定制化。**随着生产力的进步，这个时代已经进入了产品大量过剩的阶段。生产者一方面会在品质上下功夫，另一方面会朝“个性化”“定制化”努力。而后者本身讲究小批量、特殊化，这是和“工业化大生产才能降低产品成本”的道理背道而驰的。虽然人们愿意为个性化支付稍多一些的价格，但如何能把成本控制在合理的范围内，也是加工技术需要研究的课题。

(12)**智能化。**进入21世纪，智能化就是一个到处都回避不了的话题，在产品加工领域亦然。传统的计算机辅助设计（CAD）和计算机辅助制造（CAM）仍然在不断进步，而人工智能（AI）又开始树立了另一个远远的目标，鼓励人们对加工设备进行进一步的改进——在未来，就不再是由人来发布制作指令，而是由人发布产品需求，人工智能（AI）自动完成设计和生产的一条龙。

加工技术演进的另一条线索，是**“把科学转化为生产力”**的具体体现。一开始人们从驱动加工工具的能源着手，提供原始的驱动力，从人力进化到畜力、水力和风力等；蒸汽机吹响了工业革命的号角之后，生产力突飞猛进；内燃机的发明主要是给人类换了一双新腿，但在生产加工领域，电动机的引入才让人类跨入工业2.0时代；接下来的风动机械拓展了工具的传动方式；超声的广泛运用带来了不少新意——超声波的焊接机、清洗机已经是许多工厂的标配；等离子焊接机和切割机等使这种物质的第四形态能很便利地造福人类。给加工业带来惊喜的技术进步，是最近二三十年激光技术的突飞猛进，相当一部分领域都出现了用激光升级改造设备的现象。

图 10 - 13　一些机械方式的表面处理工艺

以表面处理为例，因为激光加工技术的引入，一下子带来了巨大的飞跃。图 10 - 13 罗列了一些传统的机械式表面处理工艺。可以在各种材料表面形成不同特征、不同平整度的花纹纹理，以提升美观度、产生特定的触感，其中越靠近左侧的，加工出的纹理深度越大，花纹的颗粒也越大；越靠近右侧的则越精细、平滑。

而基于激光的表面处理，经由计算机的控制，利用振镜的反射，可以使激光束超快速而精准地偏转和移动，在各种材料的表面进行烧灼：例如，可以把竹木表面烧灼碳化；可以把金属表面刻蚀出较深的沟槽和花纹；可以把双色板（涂了彩色漆层的金属板之类）表面的漆层快速烧除气化。

相对于机械加工而言，激光表面处理的整个过程有以下优点。

（1）噪声很小。主要是加工工件表面被烧灼而气化的声音，以及激光器的冷却风扇的风声，比起传统机械加工形成的尖锐噪声要小很多。

（2）相对安全。不会出现像机械加工那样断刃、断刀抛出伤人，或因身体误接触快速旋转的刀具而受伤等。如果采用较大孔径的透镜，把截面积很大的激光束汇聚到空间一点进行烧灼，那么即使把手不小心放在激光通路上，也不会出现什么事故。

（3）刻蚀雕刻精度极高。可以轻易达到激光打印的图像质量，已经趋于肉眼能分辨的极限。有一些传统的机械加工也能达到这样的精度，但加工速度极慢。

（4）加工速度和效率很高。这一点取决于激光功率。如果采用大功率的激光和高速振镜，完成一个碗口大的平面的扫描刻蚀，大致是数秒到数十秒。传统加工时走刀的速度与之不可同日而语。

（5）几乎免维护。不需要像机械加工那样频繁进行换刀、清理废渣、补充润滑油等。

（6）甚至可以进行内雕。在透明材料的表面以下，利用汇聚透镜聚集激光能量于一点，实现微爆炸，构成微小空腔。计算机控制的成千上万的微小空腔，就可以制作出两维甚至三维的图案。

(7)利用调制过的激光，以特定速度刻制出极高精度而有空间频率的细致条纹，甚至可以在单一材质（如金属板）的表面，利用光学干涉的效果制作出彩色打标的效果。

在加工技术演进的过程中，值得特别阐述的是“多用途”或“多功能”性的提升。很典型的两个日常的例子就是如图10－14、图10－15所示的手电钻和角磨机。

手电钻可以简单快速地更换不同的配件，可以当作电动螺丝来拧螺丝，当作小电锯来锯薄板和细棍，当作电磨来打磨小部件的表面，当作电钻来钻大大小小的孔，当作除锈机去除材料表面的锈迹和污迹，当作雕刻机进行首饰工艺品的雕琢，甚至当作搅拌机来搅拌胶水和涂料等。

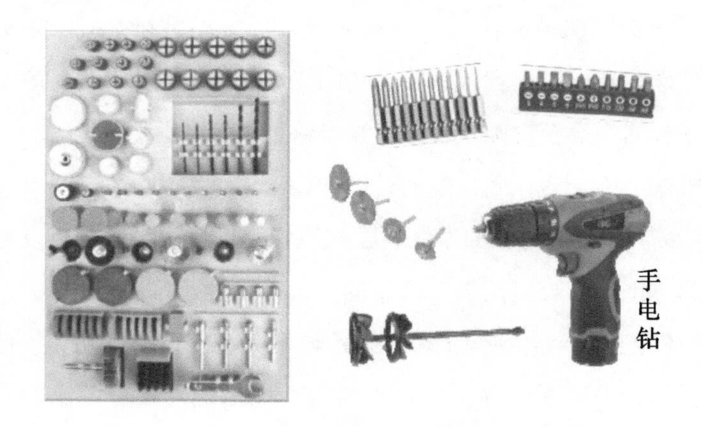

图10－14 可使用多种配件的多功能手电钻

而另一个兼职很多的工具是角磨机，通过更换不同的盘片，可以用来锯木材，锯石材，锯钢筋，磨光材料，除锈，甚至可以给各种材料抛光。

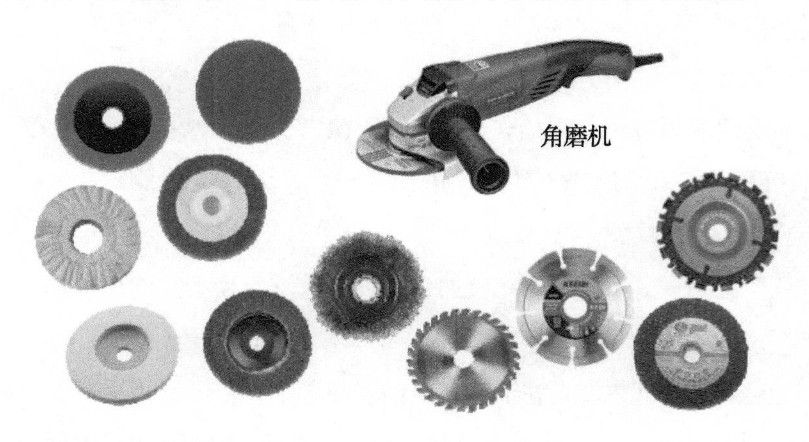

图10－15 角磨机及其常用盘片

而一个成熟的产品设计师，需要对材料、与材料相匹配的加工方式都比较熟悉，并熟练掌握它们的加工特征。产品往往可以用多种工艺去制作，到底选择哪种，需要考虑和权衡：不同的加工方式会有不同的品质、不同的加工效率和生产周期、不同的成本的规模效应（有的加工方式，制作单个产品和制造10000个，有近似相同的平均价格；而有的方式，制造10000个和制造1个有几乎相同的总价格——比如集成电路情形）。

10.5 增材制造/3D打印

增材制造是最近十几年开始崛起的加工技术，而其中最为人所熟知的，就是3D打印技术，甚至很多人认为这两个概念基本相同。所谓的增材制造，是指这样的加工技术：待加工制作的产品，在开始加工初始时空空如也；随着加工过程的进行，一点一点地堆积、凝聚成形，体积从小到大，高度从矮变高；新增加的材料，都会和已经制作好的部分紧密、牢固地连接起来，使最终的成品有一定的强度。

根据增材制造加工技术的上述定义，目前主流的增材制造技术往往还有下面一些特点——不过这些特点并不是本质的，也许将来会有所变化。

- 制作材料本身的形状形态，和将要加工的产品的形状形态几乎无关——材料本身可能是可流动的液态、非常精细的粉末、绕在卷轴上的细丝……
- 一般首先要把立体模型分解成层，加工过程是逐层进行的。
- 加工过程相对较慢，尤其是逐层的加工还需要逐线扫描完成的话。

经过二十年左右的发展，从图10-16可以看出，很多种类的材料已经被用于增材制造/3D打印——从强度相对较低的蜡、纸、石膏，到强度极高的钛、钴铬合金，种类相当丰富。不过其中有几种材料值得注意。

(1)目前业界使用最多的是ABS和PLA这两种普通塑料，一方面是因为他们相对容易加工（只需要200℃左右即可熔化），另一方面也因为成本低廉（每千克100元左右的价格），本身具有鲜艳的各种彩色，而且加工过程污染较小，加工成本品具有中等的强度。

(2)工业级的3D打印，用得最多的是光敏树脂，因为其有更好的加工精度（0.1mm级别），以及更好的成品强度——光敏树脂的强度，使其在几十年来都用于补牙等用途。只是光敏树脂的价格相对 ABS 和 PLA 要高出不少，大约是每千克 600～2000 元。

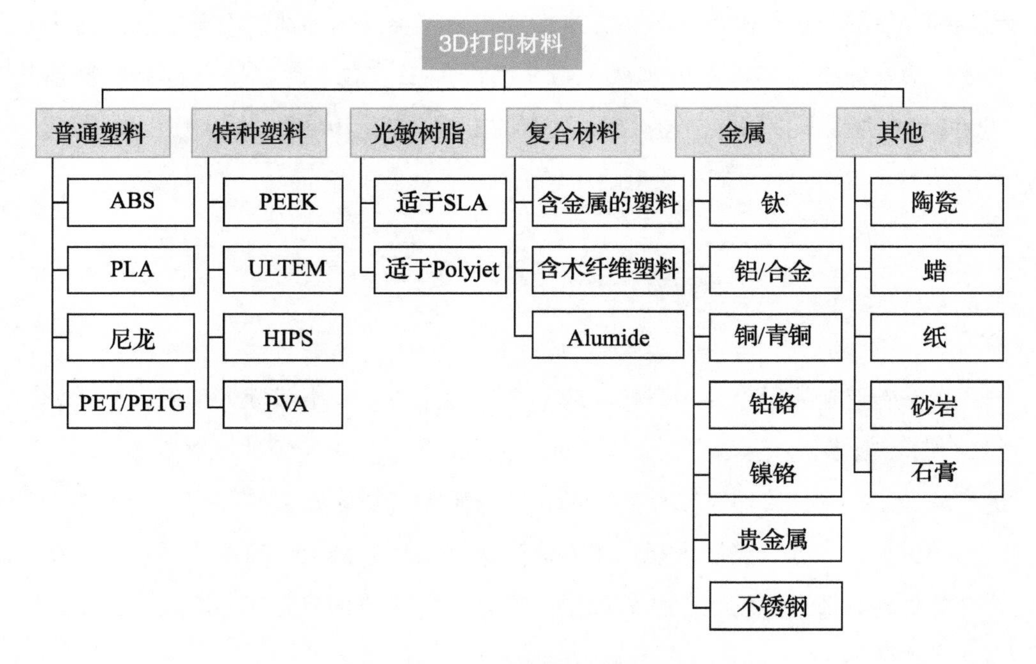

图 10－16　目前的 3D 打印材料

（3）使用 PET/PETG 等材料来加工，成品能达到食品安全级别，可用于盛放食物和饮料。

（4）特种塑料 PEEK、ULTEM 等具有非常高的强度，耐极度温度变化，耐化学腐蚀，可承受 X 射线等，甚至可以用于航天部件的制作。

（5）特种塑料 HIPS 可以溶于柠檬烯，PVA 甚至溶于水，这些材料可以用于制作 3D 打印对象的临时部分，以便使 3D 打印结构更加精致准确，而自身又能在加工完成后，用溶液快速洗去。

（6）钛金属之类，本身难以进行锻造、切割，3D 打印几乎是最佳的加工方式。

（7）钴铬、镍铬合金之类，具有极高的物理性能，甚至可以用于制作飞机的黑匣子、火箭发动机的部件。

10.5.1　3D 打印的工艺种类

最近二十年是 3D 打印如火如荼发展的阶段，不断有新的制造技术被发明出来。其中目前已经耳熟能详的几个类别如下所述。

1. 熔融沉积成型（Fused Deposition Modeling，FDM）

这是普及度最高、最廉价的3D打印技术。以图10-17所示结构为例，塑料熔丝（最典型的是ABS或PLA塑料）从线轴中抽出，进入热喷头后被加热融化成热浆，热喷头后方的推挤装置，可以在计算机的控制下，将融化的塑料从热喷头挤出。二维滑块可以在水平面内运动，升降平台可以在竖直方向运动，因此热喷头可以三维运动，在所需要的位置挤出特定数量的塑料热浆。

具体的打印流程，一般是先将升降平台提升到最高处，由二维滑块控制热喷头在水平面内运动，绘制出第一层的图样，并凝结在升降平台上；然后升降平台下降少许（比如0.2mm）；然后绘制第二层图样，与前面的第一层图样融结在一起；接着升降平台再下降少许后绘制第三次……直至整个工件制作完成。

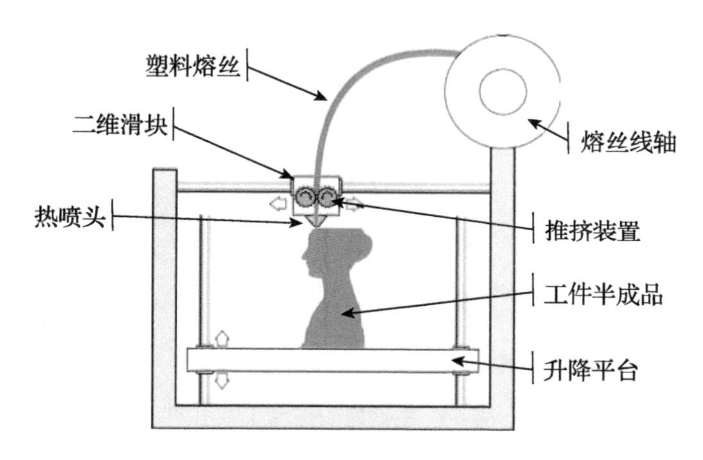

图10-17　FDM型3D打印机示意图

FDM型3D打印机有非常多不同的结构。有的采用热喷头只能一维运动，而升降平台自身还能完成另一个方向的水平移动；还有的根本没有滑块，而是靠三条机械臂来承载热喷头……另外，为了使第一层图样能牢固地黏附在平台上，有的FDM打印设备中的升降平台是可以自身加热的，而有的则采用特殊的贴纸表面（比如特氟龙胶带等）。

2.光固化立体成型（Stereo lithography Apparatus，SLA）

这是使用最广泛的工业级3D打印方案。以图10-18的示例结构来说，容器桶中盛放了足够数量的光敏树脂。桶中还有一个钢网平台能随升降器的控制竖直移动。来自顶部的激光，经光路引导向二维激光振镜后，在振镜的可控偏转下，激光点可以落在容器桶内光敏树脂表面的任何位置。

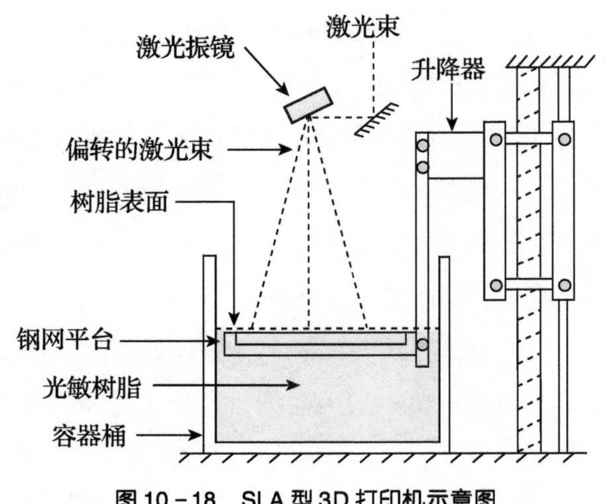

图 10－18　SLA 型 3D 打印机示意图

具体制作过程是：首先钢网平台升至树脂表面下方 0.1mm 处，通过激光照射树脂表面，使这一薄层的光敏树脂瞬间固化，形成所需要的图样；然后升降器使钢网平台下降 0.1mm，等待树脂表面重新形成后，振镜扫描激光，绘制第二层的图样，并和第一层的图样自然固化在一起。然后继续降低钢网平台，打印第三层……直至打印结束时，工件是完全沉没在光敏树脂里的，只需要升起钢网平台即可取下打印工件。

因为光敏树脂固化后的高强度，以及激光加工时的高精度，SLA 型的 3D 打印也是非常普及。比较美中不足的一点，就是只能使用单色的光敏树脂（一般是白色的），而且打印完毕之后，还需要用酒精等溶剂对打印件进行清洗——光敏树脂非常黏稠，不溶于水，附着在皮肤表面会有很难受的感觉。

3. 选择性激光烧结（Selective Laser Sintering，SLS）

这类技术和 SLA 型 3D 打印过程很相似，但也有本质的区别。

(1)使用材料是精细粉末状的塑料或金属。

(2)需要高功率的激光源。当照射到粉末表面时，将使材料粉末直接液化；当激光离开时，熔化的材料和早先的半成品工件的顶部凝结在一起。

(3)SLA 技术一般使用刮板来保持液面的平整，因为光敏树脂固化时体积变化并不大。而 SLA 烧结材料时，粉末凝固成工件时往往会有总体积的变化，因此在打印时还需要铺粉器不断补充粉末，并同时刮平粉末表面。

4. 聚合物喷射技术（Polyjet）

Polyjet 和 SLA 的相似之处是使用了光敏树脂，使用逐层光固化的技术来完成3D打印。不过，不是采用容器桶来盛放所需的所有光敏树脂，而是通过上方的喷头（像淋浴一样）喷出光敏树脂，然后通过强光或激光的照射使其固化。由于这种特点，因此可以采用多个喷头加速打印的过程，而每个喷头还可以使用不同颜色的光敏树脂。因此Polyjet型技术可以打印出色泽非常鲜艳的作品。

5. 连续液面生长（Continuous Liquid Interface Production，CLIP）

这是近年来的明星技术之一，其目的是为了解决3D打印速度过慢的问题。和SLA相似的地方是使用光敏树脂、逐层固化的原理，但采用投影成像的方式，一次性使一层图样快速固化，然后引入特殊的工艺手段来快速恢复树脂表面，并散走树脂固化时产生的热量，就可以连续快速地进行3D打印。比起SLA等工艺，加工速度可以提高一个数量级。而相对的不足是精度，以及不太适合打印实心的结构（因为快速恢复和维持树脂表面比较困难）。

需要说明的是，上述不同的3D打印技术显然适合不同的材料。如SLA、Polyjet和CLIP都只能使用光敏树脂，FDM主要适用于塑料（含特种塑料和基于塑料的复合材料），而SLS只适用于各种微粉末。

上面所罗列的是比较主流的一些技术，还有更多的技术相对比较小众，如分层实体造型（Laminated Object Manufacturing，LOM）等。3D打印技术仍然在不断进步，我们可以期盼在不远的将来看到更多、指标更高的3D打印新技术。

10.5.2 3D打印用于快速原型制作

考虑到3D打印相对于传统加工技术的巨大差异，将其用于快速原型制作，有许多不言而喻的优势。

(1) CAD→CAM的一条龙流程，不需要对加工设备进行手工操作，可以让没有受过很好的金工实习训练的制作者，也能制作出精湛的作品。

(2) 增材制造的特点，不需要在制作之前预备特殊的坯料，在设计完作品之后就可以立即制作。

(3) 3D打印的方式，可以直接制作出相对复杂的三维结构，可以大大减少部件的数量，降低组装的难度，许多情况下可以把几十个需要用螺钉、螺母来组装的小部件，一次性打印成形。

(4) 3D打印的材料成本、制作成本都不高，尤其是制作低强度的外观模型时。而低廉的制作成本对于原型制作有进一步的便利：因为便宜，可以同时打印多种不同的方案，以便于权衡、对比；因为便宜，所以不需要在设计“极端”

进行非常耗费人工的差错检查、完整性测试，而直接可以3D打印之后来判断是否有问题。

(5)3D打印设备较小且污染很小（气味、噪声、光），有利于布置在研究室、普通工作间，甚至是家里的桌上。于是在确定制作原型时，可以立即开始加工。而不用担心废屑、防火、动力电配置等。

由于这些便利之处，甚至国外很多时候都认为3D打印和快速原型制作（RPM）是近义词。

那么对于创新产品的制作者而言，为了制作3D打印，需要做些什么具体的操作呢？ 大致如图10－19所示。

虽然图中有五个步骤，但其实对于制作者而言，并没有这么复杂。

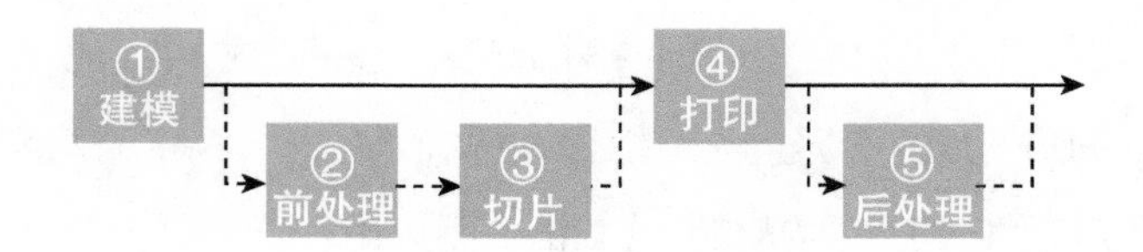

图10－19　3D打印典型流程

(1)建模（Modeling）。制作者必须要亲力亲为的只有这个步骤。在这个步骤中，制作者需要使用CAD软件绘制出待打印的3D模型。虽然在真正的产品研发中，这个3D模型从头至尾都是设计者自己绘制的，但在初学阶段，也还是可以从网络上大量的3D模型库中下载一些文件进行学习、修改。

(2)前处理(Pre-processing)。这个步骤一般并不需要设计者亲力亲为，而是由CAD软件来代劳的。不同的3D打印技术，前处理不太相同。对于最普及的FDM型来说，包含下列三个小步骤。

1)镂空（Hollow）。或者称为填充（Infill），就是要确定模型的内部到底填充到多满。在减材制造中，制作镂空非常困难、非常费力费时，而且会降低产品强度；而在3D打印中则完全相反，镂空可以节约打印材料，节省打印时间，使产品更轻巧。此外，完全填满的结构对于3D打印并不一定是最牢固的，因为FDM打印的塑料在固化时，会产生微小的形变（如ABS塑料在固化时体积收缩为熔化时的99%），从而在实心的打印结构中产生巨大的内应力，以至于自我崩坏。FDM最常使用的填充度是20%～50%。与此相关的另外一个概念是壁厚——为了外壳的精致感，一般3D打印的外壁都是填满的，而不做镂空。

2)支撑（Support）。由于3D打印采用了逐层制作的方式，因此对于产品中“悬空”的部分（如空心房屋模型的天花板、带有底座的桥梁模型的桥身等），用 FDM 技术来制作是不现实的——从热喷头挤出的熔化的塑料，是难以直接在空中凝固的。虽然 SLA、SLS 等技术有可能制作悬空部分，但也会丧失一些精度。因此对于悬空的部分（包括悬梁、天花板、水平方向突出的结构），都会用 CAD 软件自动添加自底向上的支撑结构。值得思考的是，3D 打印比较竖直而稍有倾斜的结构时，并不需要支撑——因为每一层图样略微超出其下方层面的图样时，熔丝是可以凝结在一起的。因此所谓的支撑并不是实心的结构。

3）底筏（Raft）。制作底筏的目的主要是为了降低 3D 打印的故障——故障包括：打印件没能固定在底板上，打印件和底板结合太牢（以至于难以取下），喷头的二维运动平面并不是和底板完全平行（以至于打印的底层出现一边太薄、一边却悬空，导致变形）。所谓的底筏，就是在打印产品的底下额外打印的 1～2 层图样——使用空心网状（以便打印后取下）的样子，采用较慢喷头移动速度而较大熔丝挤出速度（以便挤出较多的材料，确保和底板的结合），以超过模型的尺寸（一般外沿比模型突出 0.5～1cm，以便能更好地附着）。

需要说明的是，镂空、支撑和底筏这类前处理，许多 3D 打印机控制程序都是自动来完成的，不需要操作或仅需要简单设定参数（如镂空比例、支撑形状、底筏大小等）。

（3）切片（Slicing）。目前的 3D 打印技术都是逐层完成的，而除了 CLIP 之外的绝大多数打印技术，在每一层内都是逐线扫描完成的。因此把 3D 模型（以及前处理后产生的镂空、支撑、底筏）结构转化为层、进而转化为线的过程，显然是必要的，这就是切片。目前的 3D 打印控制程序都能自动完成这个步骤，用户不需干预或少量干预（如设定打印喷头的移动速度、镂空部分的材料挤出速度、外壁的材料挤出速度等）。

（4）打印（Printing）。真正的打印，反而不需要制作者的参与。甚至商业化比较成熟的 3D 打印机，开始走向“傻瓜型”——用户只需要提交模型文件，然后按下打印键，系统就会自动采用合适的前处理、切片参数，然后进行打印。

（5）后处理（Post Processing）。大多数 3D 打印的玩家，在模型打印出来之后并没有结束制作过程，还需要拆除支撑和底筏。如果是 SLA 方式的打印，还需要清洗沾满光敏树脂的打印件表面。对于有心的制作者，还可以对打印件表面进行打磨、染彩色（用丙烯颜料之类）等操作，以提升表面的美观程度。

综上可以看出，3D 打印其实很简单——这也是在原型制作过程中，只有设计师，而不需要 3D 打印机操作技工的原因。也同样是这个原因，对于自己并没有准备 3D 打印机，或者自己拥有的 3D 打印机只能粗陋地打印普通塑料而项目需要高品质、好材料的原型时，也可以采用图 10－20 所示的代工制作方式。

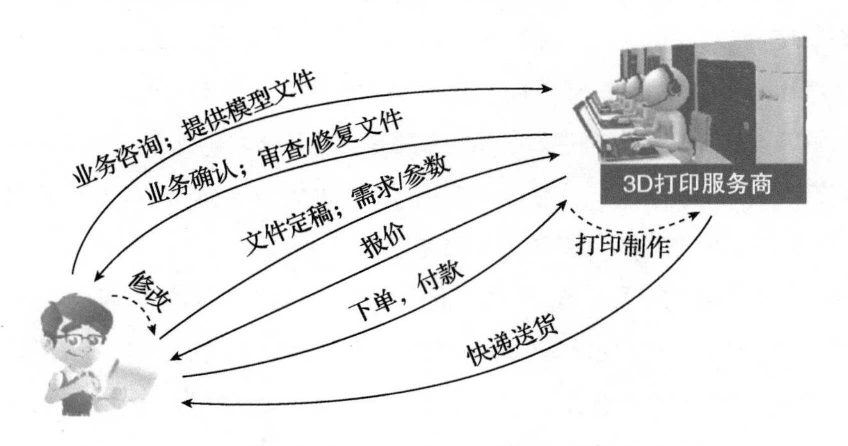

图 10－20　三维打印的网络服务流程

从图中可以看出，制作者和 3D 打印服务商之间，只需要简要的沟通，就能确认打印的制作目标、具体参数、制作数量、制作周期和价格。这个流程和中国目前如火如荼的快递物流相结合，在 3D 打印服务商较多，竞争较激烈的情形下，原型的制作者也可以更进一步地“偷工减料”。但这个做法是单纯的成本上的考虑（购买 3D 打印机、找地方和空间来安放它）而已，因为前面论述过——摆放在设计者桌边的 3D 打印机才是最有益于原型制作的。

不管是交付给 3D 打印机，还是交付给 3D 打印服务商，3D 模型都是存放在模型文件中的。目前几乎全世界的 3D 打印机都支持 STL 格式的文件，它的内部结构如图 10－21 所示。

文件头	三角数	法向	顶点1	顶点2	顶点3	属性	法向	顶点1	顶点2
80 byte	1 Long int	3 double	3 double	3 double	3 double	1 short	3 double	3 double	3 double

图 10－21　STL 文件内部格式（二进制形式）

简单地说，STL 文件其实就是一个“立体空间中多个三角形的集合”——文件头中简要介绍文件的一些相关信息后，描述了有一共多少三角形，然后逐个列出三角形——每个三角形包含三个顶点（每个顶点需要立体空间中的三个浮点数来描述）、一个法线方向（矢量也需要三个浮点数来描述）、一个自己的简单属性信息。看似不起眼的 STL 格式能一直用到今天，也是很出人意料的——因为这种方式有其便利之处，也带来了很多问题——难以确认模型的完整性（立体图形不封闭、顶点或边线不重合、有交叉面、法线方向错误）；需要专用软件才能看出大体的模型样式；难以描述丰富彩色的打印对象等。在不远的未来，很可能会有别的文件格式来取代 STL。

10.5.3 3D 建模

那么如何用获得原型制作的 3D 模型呢？ 总体上的做法包括以下几种。

(1)如果需要制作的原型，它具备常见的外形结构（其卖点是自身的功能而不是外形结构），那么，如果能直接在网络模型库中，可以说是省时省力的。

(2)如果需要制作的原型，它具备和其他实物相近的外表，那么可以考虑 3D 扫描的方式（网上可以买得到这样的装置），将其录入计算机，然后进行适当的编辑修整和改造。

(3)绝大多数情形，需要创新产品的制作者自己用 CAD 软件来绘制。

3D CAD 软件的使用教程并不是本文覆盖的内容，在此只做一些简要的说明。首先，可供选择的软件很多（如图 10－22 所示）——因为“3D 建模”是个很大的领域，这些软件也各有所长——有的擅长 3D 建筑建模，有的专用于人物建模，有的适合做工程部件，有的适合制作动画/电影，有的功能强大而难学，有的适合新手。

3D-Coat	Autodesk Softimage	Hexagon	RaySupreme	Topsolid	Makers Empire 3D	Zmodeler
3DVIA Shape	AutoQ3D	Houdini	Realsoft 3D	Vectorworks	SelfCad	OpenSCAD
AC3D	BricsCAD	IRONCAD	Remo 3D	ViaCAD	Sketchup	Quake Army Knife
Alibre Design	Bryce	MASSIVE	RFEM	Mathematica	Anim8or	DeleD 3D Editor
Amapi	Carrara	Metasequoia	Rhinoceros 3D	ZBrush	Tinker CAD	K-3D
Anarkik3D Design	CATIA	Milkshape 3D	Scia Engineer	ZWCAD	DAZ Studio	AutoQ3D Community
Animation:Master	Cheetah3D	Modo	Shade 3D		Figuro.io	FreeCAD
ArchiCAD	Cinema 4D	Moi3D	Siio		Flux	Open CASCADE
ARCHLine.XP	CityEngine	NX	Solid Edge		LAI 4D	BRL-CAD
AutoCAD	Electric Image Animation System	Onshape	Solid Thinking		MikuMikuDance	Seamless3d
3ds Max	Exa Corporation	PlastiSketch	Solid Works		Roblox Studio	Bforartists
Autodesk Inventor	Form-Z	Poser	SpaceClaim	Wings 3D	Sculptris	Blender
Maya	fragMOTION	PowerAnimator	Strata 3D	3D Slash	Sweet Home 3D	Paint 3D(Win10)
Autodesk Mudbox	Geomodeller3D	Pro/ENGINEER	Swift 3D	Clara.io	TrueSpace	Equinox 3D
Autodesk Revit	HDR Light Studio	Promine	Tekla Structures	DesignSpark Mechanical	Vectary	LightWave 3D

图 10－22 常见 3D 建模软件

图 10－22 中，左侧部分是收费软件，而右侧部分是免费软件（或部分版本免费），颜色较深的是用户比较多的软件。这么多软件，如何选择呢？ 一般说来，收费软件相对“专业”一些，有较强的功能，较好的教学文档和客户服务支持。不过对于新手而言，用简单一些的免费软件，在创新产品并不很复杂的时候，一般就够用了；如果产品真的很复杂，需要强大的专业软件，那就可以考虑是购买高级的专业软件来用（挺贵的），还是交给专业制图人士来完成。

在免费的 3D 建模软件里，FreeCAD 是入门级的，目前还有少量隐错（Bug）；Blender 非常强大，能覆盖从简单物品建模到渲染、动画、电影、游戏等全系列的任务，但是界面复杂得可以吓死新手；倒是 TinkderCAD 这样的在线网页版 CAD 软件（不需要安装在本地计算机上）比较适合新手，图 10－23 是其主界面。

这个软件提供给设计者的功能，主要有以下几种。

(1) 从多个库中选择立体元件（如球、立方体、圆柱、圆锥、手绘柱体）并放置到工作平面上。

(2) 修改立体元件的属性：大小、位置、旋转角度、倒角大小。

(3) 将多个立体元件合成（Group）起来构成一个元件（图形逻辑上的并集），或把合成元件重新分开。

(4) 可以将元件设为“空心（Hollow）”，这样当它和其他元件组合时，形成图形逻辑运算的差集。灵活地使用此功能，也可以构造出“交集”等运算。

(5) 当然，允许将制作结果以多种格式（含 STL）下载到本地计算机，或者反过来从本地上载到服务器。

(6) 一些辅助工具：可以灵活调整视图（视角、缩放、旋转）；可以将多个元件排列对齐和镜像翻转；可以用量尺测量元件尺寸；将图形临时隐藏或恢复显示（以便于编辑相互遮挡的图形元件）；可以指定临时工作面（从库中拖拽出来的元件默认放置在临时工作面上）；至于图形元件的颜色，只是为了美观鲜艳和便于编辑——毕竟在 STL 文件中并不包含颜色信息。

(7) 本身作为在线网页版 CAD，还非常便于 3D 模型的相互分享、合作绘图。

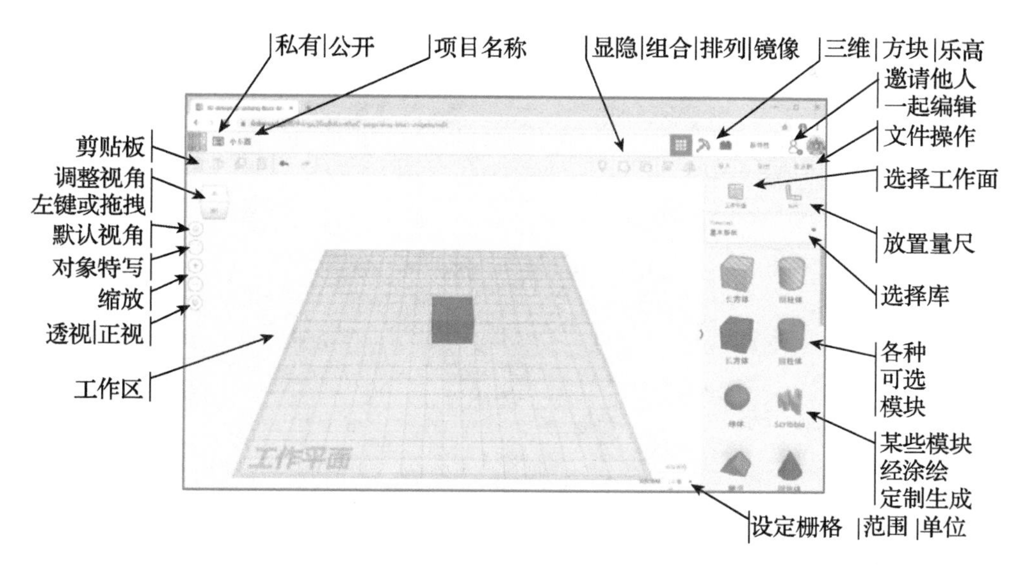

图 10-23　基于网页的 3D 建模软件 TinkerCAD 界面说明

本章总结

现代加工技术的进步，尤其是增材制造（3D 打印）技术的出现，使得人们可以用比较廉价的方式，快速地制作出一些相对比较精致的原型，在创新过程中起到促进作用：将想象物固定下来；使团队内部和团队之间的交流更加具体化；使创新者可以较好地展示自己的想法，以获得较好或更好的支持——吸引新成员的加盟，吸引 VC 的投资，在众筹时有更大的成功概率。

虽然产品设计确实不是件容易的事情——毕竟又需要创新能力，又需要技术基础，也需要市场人心的把握，还需要屡战屡败、屡败屡战的勇气。但是，努力来尝试这桩事、这项事业的人，有谁是因为这件事情简单才来做得呢？

扫码获取
本章测试题

第 11 章

品牌与市场营销

11.1 营销的本质

不管是实体经济、互联网经济还是移动互联网经济，整个商业的外在交易结构及方式一直都在变，传统的商业巨头，如联想、华为、海尔等，他们在过去数十年中积累的商业经验的价值正在下降，面临着亟须转型的困境。这从另一个角度也说明，快速发展变化的时代正不断地创造着越来越多的机会。

11.1.1 营销的本质在于洞察人性

营销的本质就是洞察人性。不管是在移动互联网时代，还是未来的物联网时代，只要把握了这一点，我们都能非常清晰地应对。

大部分企业在决定开始一个项目前，除了自身去进行必不可少的市场调研之外，还会花费不同数额的费用委托第三方来进行，之后就是从所谓的数据中找出一堆论证自己想法的理由。

但乔布斯从来不做市场调研，那他又是如何使苹果手机风靡全球的呢？在他看来，人性是越来越懒的，按照这一想法，他设计的苹果手机正面就只有一个按键（Home 键），而这一个按键几乎可以操控整个手机，很受大家欢迎。于是，手机的革命就出现了。

小米公司的创始人雷军的成功，也可以归结为他抓住了人性的另一个特征——“贪便宜”，这体现在产品的定价上。他准备进入手机市场的时候发现，苹果的定价在 5000 元档，三星在 3000 元档，也就意味着中高两档的市场基本已经被瓜分，2000 元以下的市场，除了比较劣质的低价产品之外，基本处于一个空白地带；所有人都迫切地想要去体验这种高科技产品，但是毕竟不是所有人都愿意去花费 5000 元、3000 元，1000 元的产品也同样存在着巨大的市场。凭借这个市场策略，小米手机在国内和国际市场上逐渐占据了重要地位。

所以说，营销的成功与否取决于对人性的洞察是否准确，人性洞察错了的营销就是场灾难。

当你洞察了人性之后，交易能否达成则取决于消费者的认知。面对营销，消费者只是选择相信和不相信，选择接受和不接受。要达成一项交易，一定是呈现的东西对于消费者来说是有价值的，是符合其价值观体系的。例如，面膜是很多女生都喜欢用的护肤产品，那么消费者是愿意买 5 元一片、10 元一片，还是 20 元一片的面膜呢？ 这就涉及消费者的决策，这种决策一定是建立在消费者自身所建立的认知与价值观的基础上的，如果消费者认为这片面膜值 10 元钱，就会说服自己支付购买。

进一步地说，当我们要做营销的时候，我们想营销给谁，营销给哪一个群体，一定要去研究这个群体的文化。因为，这个群体所有的行为和价值决策一定是基于文化的。价值体系决定了商业认知与行为。文化会影响与决定一个人的认知，以及价值观与行为。

此外，需要强调的一点是，并非洞察了人性就等于营销成功，其中隐含了一个重要的前提条件——好的产品。没有好的产品为支撑的营销都只是空中楼阁，好产品是供给侧营销的关键。国家在提倡供给侧改革，供给侧改革的前置条件是中低端产品已经基本达到满足，并且有些领域出现了不同程度的过剩。供给侧改革是要把中高档的消费需求从国际拉回到国内。而所有这一切的前置条件是一定要先做好一个产品，即做好营销先要把产品做好。

11.1.2　价格的表现取决于价值认同

所有的认知最终在消费者脑海里面呈现的是价格与价值。当这种价值出现在交易环节的时候，就体现为价格。最终交易能不能达成，取决于我们对价值和价格的认知。这个认知首先是基于信息，然后就演变成营销。

所谓的营销其实就是一个信息和渠道，我们看今天的各种交易模式，其实都是时代变化了之后自然演变的一种关于信息渠道的补充。在没有互联网的历史阶段，我们的交易基本都是围绕小区或者说商圈来达成。但今天，我们除了可以看到周围的一些实体信息外，还可以通过虚拟的世界（互联网）时刻看到各种信息，此刻基于互联网为载体的商业自然就会变成另外一条消费交易渠道。

然而不管消费交易渠道怎么变，消费市场的结构基本不变。笔者认为，至少 10 年以内中国消费市场的结构比例不会变，即高端消费群体、终端消费群体及低端消费群体所占的消费市场的比例为2:3:5。具体来看，高端消费群体占了20%的消费市场，但是实际上却赚了80%的利润；中低端消费群体虽然占了80%的消费市场，但利润却只有20%。所以当我们决策要做项目的时候，要想清楚我们想针对哪一个环节，做50%的市场是追求量，追求量就要放弃利润。如果追求利润，那么就要在量上牺牲多一点，这就是当前的交易方式与结构。

不管是线下交易还是线上交易，也不管是国际交易还是国内交易，交易的形成一定是基于信息不对称。信息越不对称，价值与价格的差距就越大。信息越对称，价值与价格的差距就越小。

互联网把中间的商业价值信息都打通了之后，价值与价格的差距是不是就变得非常小？其实这只是一个丰满的理想，我们看到的是"假象"。例如，电子商务，我们只看到了呈现给消费者的那一端，看到的似乎是商家直接对接了用户，但是我们不知道商家在对接用户的过程中，在平台上形成了多少环节。如果我们不了解这个过程的复杂程度，不了解这些复杂过程所累加的成本。那么，在营销的决策过程中，我们会有一个常规思维——价格太贵会影响销售。

事实上，从营销的角度来看，价格并不是关键。因为从人性角度来看，不管定什么价格，如果没有相对应的支撑理由，对于消费者而言其实都是贵的。为什么？因为，大部分的消费者喜欢占便宜。为什么喜欢占便宜？因为我们要通过占便宜的过程来证明和实现存在的自我价值。例如，夏天的路边有很多卖西瓜的人，西瓜卖一块钱是贵还是便宜？我们如果仔细观察，一定会有人说"9毛钱、8毛钱卖不卖，要是卖的话我就买两个"。为什么？难道他真的是希望省一两毛钱吗？为了达成自己的价格目的不惜以数量对赌来完成。这是因为大部分人平时在社会生活里面都缺乏一点自我成就感，这个时候我们就要寻找自我存在的价值。于是我们去观察，就会发现越是在低端的市场，讨价还价的可能性就越大，越是到高端的市场，讨价还价的可能性就越小。这跟我们消费人群的内在自我价值的自信程度有关系的。这是价格弹性背后的动因。了解了这些以后就知道怎么设计价格，怎么解决这个问题。

11.1.3 营销是为了创造差异化

很多人说今天的产品销售不出去是因为产品的同质化。请问在今天的商场里面，或者今天的消费市场上有不同质化的东西吗。如果你说你做了这个全世界最好产品，除非你已经想好了别人模仿的时候你怎么应对，否则可能一个星期以后，就会出来价格比你更便宜的产品。所以说，这和同质化有什么关系呢？ 营销就是为了让相同的东西卖出不同的价格。

以洗发水为例，海飞丝、飘柔、潘婷、沙宣其实都是宝洁的，而且很有可能是在一条流水线上生产的。然而不管我们用哪一种洗发水，我们会觉得他们之间存在着区别。我们甚至会坚信不同的洗发水能够带来不同的效果：海飞丝可以去屑，飘柔可以柔顺，沙宣可以补营养。为什么会产生这样的认知？ 因为广告是这样告诉我们的，这就营销世界里面要解决的问题——同质化的东西卖出差异化，即一定要有强有力的卖点。

11.2 营销的三个关键词

上文所说的“强有力的卖点”是产品销售过程中的两大核心概念之一，另一个核心概念则是“营销概念”。如果没有一个强有力的营销概念，就算我们一直跟别人说我们的产品技术多么好，哪怕是全世界领先都没有用的，我们很难打动消费者。如果我们能使相同的东西产生差异化，差异化之后能进一步将这个东西价值化，那么营销就成功了。营销有三个非常重要的关键词：品牌、广告、传播。

11.2.1 品牌塑造原则

品牌，就是一种社会身份、社会定位、社会地位、社会形象，品牌要解决的一个问题就是如何创造差异。能够创造出极大的差异，品牌就是成功的。当我们选择要创建品牌的时候，就要清楚这一定是个持续过程。当我们想清楚了品牌策略之后，接下来要做的就是坚持。

我们所有的投入，最后都会在市场上传递，进入消费者的内心和大脑，并沉淀为品牌资产。那么当品牌形成了之后，就解决了“相同的东西卖出不同的价格”这个问题。皮质差不了多少，功能都一样的两个包，一个是以千为单位，一个是以万为单位，除了价格差距非常大之外，有很大区别吗？ 如果从成本上来说，卖几千块钱的成本可能比卖上万块钱包还要贵。但是站在品牌的角度就不是按照成本定价了，从营销的角度也不会是这样的逻辑。当消费者觉得这个就是值上万块钱，他们就愿意为获得它而付出。

因为上万块钱的包可以让人拿出去“秀”，这就是它的价值。我们在选择创业项目或者产品的时候，一定要清楚产品属性，因为产品属性决定着我们是否能够获取高定价。

文化是品牌的生命力，要创建一个品牌一定要找到一种文化，文化越强，这个品牌的生命力与价值就越强。LV（LOUIS VUITTON）为什么能够被大家接受，然后一下子就红起来？ 除了它的历史很悠久以外，其中爆发点就在于泰坦尼克号的爱情故事。“泰坦尼克号”海难发生后的一百多年，人们从海底打捞出一个LV硬质皮箱，经过百年海水的侵蚀，箱子受到压力已经变形走样；而箱子内部竟然没有渗进半滴海水，里面的物品也基本没有受到损坏。这个故事的真假其实不重要，这就是背后隐藏着文化的强力作用。

文化是一种价值体系，一个强大品牌的背后一定有一种非常强大的文化来支撑。

营销世界里面没有对错。我们每天喝豆浆，喝豆奶，是一定会比每天喝可乐健康一点吧，但是男女朋友去约会的时候，通常会购买什么？ 如果买一瓶豆奶给约会的女朋友喝，可能第二次约她就很困难了，她觉得你这个人是不是价值体系有点什么问题。如果我们买可乐呢，就可能会觉得是正常世界的人……

为什么我们明知道豆奶要健康一点，却不能接受它，明知道可乐属于垃圾食品，却获得了很大的价值认同？ 是因为可乐传递的是一种文化，我们在消费一种生活文化。豆奶和消费者目前还无法建立那么强的情感联系。

我们要做一个文化载体，要做一个文化品牌的时候，千万不要逆文化而行。再强大的实力都没有办法改变，如果不遵守这个原则的话，所建立的品牌，很快就会倒闭。例如，山西的一家企业想打造一个牛奶品牌，品牌塑造自己是来自海洋科技以体现差异化，之后就开始大手笔地“轰炸”广告。结果，打了几个月广告之后企业就直接破产了。

问题在哪里？ 山西的一个品牌，消费者就会产生消费联想，第一联想是什么？ 黑色的煤。但牛奶是白色的，消费者怎么都没有办法说服自己，将认知里的“黑白”颠倒。然后是海洋科技，能马上联想到海洋的城市有青岛、大连、海南等，而消费者很难对山西与海洋科技产生认知关联。

在营销的世界里，很多时候会偏离产品本身发展，有时候产品好不一定就能卖得好，产品不好不一定卖得不好。从消费者的内心、价值认同上没有办法产生共鸣，企业就很难做好，所以还是那句话，营销的世界里没有真相。

品牌等于价值。品牌的构成有两大因素，一个叫理性，一个叫感性，是由左右脑共同形成营销和品牌的价值。销售的达成是左右脑相互论证的结果，所有销售最后真正能够达成，不是这个导购员的嘴巴有多厉害，不是这个导购员的洗脑功力有多强，而是消费者在整个交易决策过程里面自己所做的决定。左脑和右脑相互之间论证说服，最后达成一个平衡，然后就形成了购买决策。

11.2.2 广告塑造原则

在整个销售过程中，广告对促成消费决策的左右脑加速讨论成立结果（如图 11－1 所示）具有非常重要的作用，广告既能影响左脑又能影响右脑。

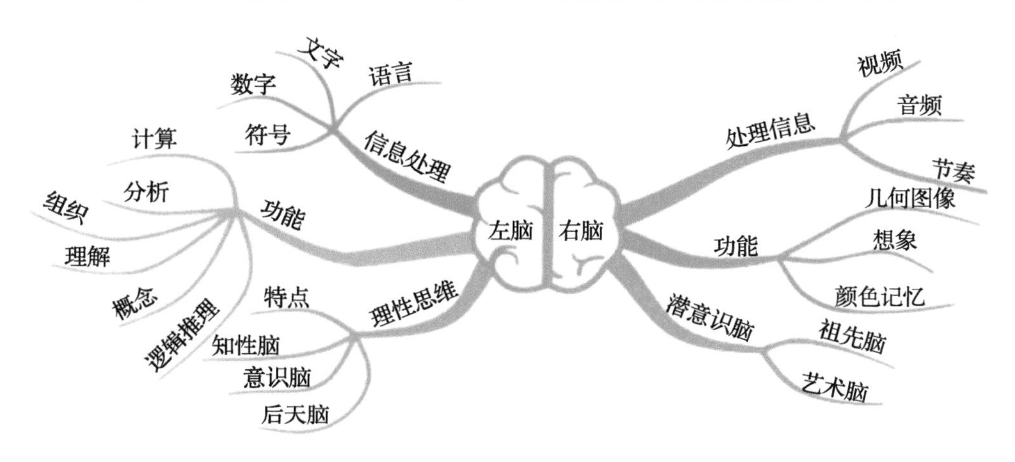

图 11－1　左右脑的特性

广告是一种非理性的理性认知。我们受广告的影响通常是非理性的，但是它进入大脑形成交易的时候就变成了一种理性的认知，让我们理性地认知了它，并认同它的价值所以为它付钱。

1. 广告要直接

今天的时代是一个信息过剩的时代，社会节奏非常快，时间变得稀缺。在时间非常宝贵的年代，我们就喜欢直截了当。说话直截了当地说，广告也要直截了当地表达。例如，“今年过节不送礼，送礼就送脑白金”。有记者采访脑白金的创始人史玉柱时问道：“你是否知道脑白金的广告被评为年度十大最恶俗广告，有没想过高雅一次？”史玉柱说他曾经拍过一个非常高雅的广告，然后在一个地方投放，结果销量不升反降；而重新放了原来的广告，销量马上回升。于是他去做市场调研，有人来买脑白金的时候，他就问那年轻人：“请问你想买什么礼品？”那人说不知道，没想好。再问他：“那你会不会购买脑白金？”那人说不可能。结果，等出来结账的时候发现他还是买了脑白金。继续问他：“为什么你又买了脑白金呢？”他回答说：“我转了一圈，转来转去发现，我妈只知道脑白金，其他的都不知道，所以还是买这个。”

(1)文字要直接。你是谁，或者你想干吗，直截了当地讲。农夫山泉的广告词就很直接，“我们不生产水，我们只是大自然的搬运工”。有些人就是喜欢喝天然水，所以告诉这个群体，我们不是自来水净化出来的，放心喝吧，就这么简单。“怕上火，喝王老吉”，当我们去买王老吉的时候，通常会反过来找理由说服自己。今天去吃火锅要喝什么？ 可能会上火，所以要喝王老吉；那今天去吃烤羊肉串应该要喝什么？ 当然还是喝王老吉啊。为什么我们会这样去决定呢？ 很简单，因为我们被它影响，它的广告深入到我们脑海里面并影响了我们的决策。营销的世界没有真相，只有相信与不相信。你相信他，能够去火，哪怕是喝王老吉上火了，也不会认为是王老吉上火。

(2)图像要直接。耐克的广告整个画面就非常直接，卖什么就放什么，因为大家的时间都非常宝贵。如果一个运动鞋的广告，非得找一个人穿着一套深色的西服，此时这个广告想要传递的信息就变得复杂。对于广告的受众群体而言，很难直接明白到底是卖衣服还是卖鞋子。而耐克的广告则把运动鞋放大，摆一个像人在那里跑步的姿势。告诉我们，穿耐克鞋跑步能唤醒双脚的潜能，让我们变得很强大。就这么简单，消费者一看就知道。苹果公司的广告画面也是直截了当，“Apple Watch”边上直接放上一只要销售的手表。

(3)数字要直接。例如，“92 平方米住 3 房，花园洋房一步到位”的房地产广告。这个广告所传递的信息非常清楚，受众群体一看就知道广告的目的。如果我有购买 100 平方米以下房子的需求，那这个广告对我就能直接产生效果。

2. 广告认识的误区

在实际的商业实施过程中，我们对于广告的认识通常会有以下四大误区。

(1)是不是钱越多越好？

广告并不是钱越多越好，重点是应该清楚我们需要在什么时段投放什么样的广告，否则就算花了钱也很难收获效果。例如，一个电视台的黄金时段在放天龙八部，而看天龙八部的人群通常是男性。那么在精彩的时刻插一段 10 秒钟的女性产品的广告。请问，这个广告会不会有效果？ 答案显而易见。

(2)是不是明星代言就好？

对于广告代言，由于明星有不同的属性，要根据产品或品牌的特性来选择相匹配的明星。如果一位女明星带给大家的是一种比较妩媚的感觉，这样一种气质的女性适合代言什么产品？ 有一家做电器的企业找了这位女星来代言，电器产品给人感觉是一定要安全，理性特别强，从这个产品本身属性而言是非常严肃的，消费者会感觉这个广告不严肃，由于选择的代言明星属性不匹配，可信度就直接下降。同样是家用产品，这位明星的这种特质代言起居的服装等产品会比较成功，能让人产生信任的感觉。

(3)是不是广告越响对销售有帮助？

例如，某企业在电视台投放了几十秒的画面广告，整个画面的呈现都是围绕着墙壁的开关，但在最后广告结尾的时候告诉消费者，这个品牌是一个建筑水电系统集成商，这种广告会带来什么效果呢？ 会让消费者对于这个品牌产生错位的记忆，广告画面的整个过程都是如何塑造墙壁开关，消费者自然就会被引导认为这个广告是在讲述一个开关品牌，但整个广告结束的时候总结了一句话，其实我不是传递开关，而是想告诉大家我是一个建筑水电系统集成商，这就叫广告信息错位。

(4)是不是促销力度越大越好？

我们的日常生活充斥着各种各样的促销打折信息。那么问题来了，是不是促销力度越大越好？ 到处都是促销，我们开车或者骑车到任何的商场、超市，只要是车子上能塞宣传单的地方都会被各种促销打折的宣传单塞满。尽管我们每天都会面对各种促销的传单，但真正能促进和转换成购买决定的并不多。可以说，促销在今天来说已经泛滥了，泛滥的时候我们再用这种营销手段就很容易失效。其实消费者真正要的不是便宜，而是一种“占到便宜”的感觉，最好是让他以智慧方式“占到便宜”。

11.2.3 广告传播原则

广告传播的原则是使它所传播的对象产生兴趣，并对它建立信任。当然，广告的最高境界是广而告知到一个程度，让受众觉得这并不是广告；而是消费者通过自身的能力和水平，在一些渠道上获得与发现了这样一个资讯，然后做了这样一个决定。

每一个消费决策，其背后都是我们心智认知的一种表现。我们能够使消费者建立、界定认知的主要因素就是，人的自负傲慢、人的局限、人的无知、人的懒惰。因为自负傲慢，我们会认为我们所建立的价值体系和价值观是对的，别人讲的东西跟我们的价值观存在冲突的时候，我们通常会不太舒服。

而个体认知之间的差异正体现出了我们的局限，我们不是真理的本体，也不是正义的化身，我们只不过是在这个世界里面不断地追求认知真理，在求知的道路上，希望通过学习让自己能够在人生道路上不断地论证，能够知道真理和真相。但是由于我们的认知非常有限，我们会对我们已经产生与建立的认知，顽固到一个不愿意去改变它的程度，比如有人坚信运动品牌里耐克就是最好的，不论安踏和李宁的广告说自己有多好，他都不愿意去相信。

还有人的偏执和懒惰，虽然有时候人会很谦虚，但本质是很懒惰的。我们都有惰性，惰性到一个层次，就出现了很多人不太愿意去接受新鲜事物。以学习为例，大部分的群体通常都是在一种压力环境下，促使自己必须要这样去学，于是迫于无奈就去学了。学习的过程同时也是价值观形成的过程，一旦形成之后就很难去改变，而我们对事物的认知也是如此。

11.3 品牌定位与市场细分

对任何一个领域，任何一个品类我们大脑里面能记住的通常只有 3 个品牌，在决策消费过程中会首选记忆中的第一品牌。举个例子，我要去购买运动服，首先想到什么？ 首先以最快速度跳出来的一定是 3 个，再想一下可能有 5 个。当说到汽车的时候会想到什么？ 说到矿泉水会想到什么？ 通常我们直接反应出来的品牌只有 3 个。

决策的时候，在支付能力允许的情况下，一定是直接选择第一个反应出来的那个品牌。这也说明了我们大脑记忆的局限性。因此在建立品牌的时候，千万不要做第二和第三，因为消费者只有在觉得第一选择太贵，消费能力不支持的时候，才会记起第二和第三。如果是在退而求其次的思维模式下选择了第二或第三，消费者通常会变得很挑剔，因为他觉得内心没有真正消费它的原动力，而是被迫与无奈下的选择。当我们了解了这样一种消费决策的心理特征之后，做品牌最好的方法是开创一个品类，然后把它定义成第一与唯一。

定位是一种思维认知，营销世界里面的所有东西都是来自于认知，比如百度，在大家的认知中它是一个搜索引擎，我们有搜索需求的时候就会用百度，这就是我们的认知。比如淘宝，我们认为淘宝是一个巨大的全国性的集市。关于唯品会，我们会想到这是一个清仓处理的产品集中地，但是唯品会这个名字改得巧，尽管是做尾货，做清仓处理的货，但不能让消费者产生廉价的感觉，尾货和“唯货”是可以相互转换的，都是属于“稀缺性”产品。当这样转换之后，大家上唯品会购物就不会觉得没面子，而是因为要寻找具有“稀缺性”的独特产品而上唯品会。但当当网至少没有理解消费者的面子问题，直接用了尾品汇这个名词，给人一种很廉价的感觉，品牌很难做起来，成功的概率非常小。

无印良品什么产品都做，给我们什么感觉？ 在我们思维认知里面是什么？是一个简单到什么都没有的简约风格，无印良品塑造的是一种风格品牌。关于苹果，我们想到什么？ 是其产品的使用体验很好，同时很贵，所以当我们去买苹果产品的时候，我们会觉得产品挺好用，要想拥有就一定要准备足够的钱。关于爱马仕，我们想到什么？ 是奢侈品。于是它不管做鞋子做衣服还是做皮带，都很贵、很奢侈。

维珍的品牌属性是什么？ 是非常张扬的个性，当维珍航空到中国来开拓市场的时候，它提供的 VIP 服务是，工作人员开一辆哈雷摩托到酒店门口，为 VIP 客户提供接机服务，让消费者坐着摩托车坐到机场，感受不一样的个性服务。

华为的品牌属性是什么？ 华为让我们认知为，其是一家在 IT 领域拥有一定科技含量的优质技术，及原创核心技术的高科技企业，所以华为不管做企业业务还是做消费者业务，我们都会相信并认为它是具有一定技术含量的，这就是认知。当我们所创建的品牌能够有效地建立品牌认知，就可以基于认知去做消费群体的扩散。

11.3.1 产品定位与市场细分

掌握了产品定位和产品切割的方法，在今天这个变革的时代中，只要我们想创业，总能在各个领域中找到机会，关键在于我们怎么样去思考市场。以细分市场的策略胜出为例，德国有一个人想卖工具产品，整个德国的商店里面卖的工具都是右手使用的工具，各种品牌非常多，市场非常饱和，于是这个人针对这样一种市场现象分析工具市场还存在哪些差异化的机会。经过调研发现，在德国有 11% 左右的左撇子，而这些左撇子人群使用右手工具显然是不方便的，当然希望能够买到符合左撇子使用习惯的工具。于是这个人就做了一家左撇子工具公司，很简单、直截了当，他只做 11% 的市场，但他的产品价格比其他企业的产品贵 10%~15%，结果销量非常好。这就是细分市场的魅力。

在这个制造过剩、产品技术高度同质化的时代，品牌和设计往往能够创造奇迹，跟产品同质化并没有必然的关系，营销的世界里没有真相，只有消费者认知。产品不等于品牌，但是任何品牌都一定要有产品来支撑，产品是躯体，品牌是灵魂。我们要不断思考怎样才能通过品牌和设计形成差异化，从而建立消费认知。

以饮用水市场为例，如果已经有娃哈哈了，常规思维的人创业的时候会怎么想？ 通常是到娃哈哈那里调研一番，娃哈哈的饮用水是怎么装的，然后我也回去照着购置相应的设备，再招聘一批营销人员，然后通过定价比娃哈哈便宜一点来获取市场。照着娃哈哈做，总能分一点市场。然而，市场是很残酷的，模仿得再优秀也只是个第二。事实上，饮用水市场有很多细分市场。你有纯净水，我就做矿泉水；你有矿泉水，我就做矿物质水；你有矿物质水，我就做维生素水；你有维生素水，我就做高档矿泉水；你有高档矿泉水，我就做加钙水……细分市场的机会非常多，实在不行，还可以策划出抗衰老水。

再看感冒药市场的细分。在感康之前，感冒药一天要吃 3 次。感康出来说，24 小时只要吃两片，12 小时吃一片，结果它就占据了市场。然后康泰克说，难道让人家夜里起来吃药吗？ 吃药也太麻烦了。我的药效也是 12 个小时，既然感康用数字说，我就用文字说——长效感冒药。万一忘记吃药，消费者觉得过了 12 个小时没吃，药效会差一点，但是康泰克说没事，我的药 13 个小时也可以坚持。

12 个小时的、长效感冒药都被做了，接下来去策划感冒药要怎么做？ 白加黑告诉我们，“白天吃白片，晚上吃黑片”。如果我们白天吃黑片晚上吃白片，其实除了想睡的等级有点轻微影响之外，效果其实差不了多少。但是为什么我们还坚定地分得很清楚，还标记起来，白天一定吃白片，晚上一定吃黑片，这就是营销的世界。于是三九感冒药说自己是“中西结合”的感冒药，如果吃西药无效就吃三九感冒药，如果吃中药无效也吃三九感冒药。接下来还有一元感冒药，所有 50% 的市场都可以消费他的一块钱低价感冒药，直截了当。护彤说你们都是给成人吃的，小孩也会感冒，小孩的市场你们就让给我了。

卖得很火的维生素，很多人都愿意相信。有老人吃的，婴儿吃的，男人吃的，女人吃的，怀孕吃的，甚至还有更年期吃的。再比如化妆品，从功能维度分，有滋润的、美白的、祛斑的、防皱的。按用途分，有面霜、眼霜、护手霜等。很多人都用得很起劲，还有很多人花很多时间去研究各种化妆品。

广告行业的细分也是一样的。广告分为电视广告、广播广告、来电广告、地铁广告、手机广告。哪怕是再细分一个全中国所有高等院校里面的厕所广告市场，这个市场是非常巨大的，该市场的定位可以是高校厕所广告供应商。所有想把产品卖给高校的学生的商人，一定会找你做广告。因为在高校里面其他地方做广告，让学生去看的可能性都非常小。学生学习压力很大，走路速度很快。但是有一个地方，学生在那里一定会多待几分钟，不待不行，每天一定至少有两三次，这就是厕所。你就可以告诉客户，我的广告转化率是非常高的，每个人每一天一定有时间是花在厕所里面的。

11.3.2 亲子游泳行业的品牌创建案例

以当前红火的母婴市场为例，大家可能都听过游泳对于婴儿的成长、智力发育非常有帮助。婴儿脖圈游泳的广告在各个小区门口都或多或少的存在，且价格特别亲民，因为这种服务不存在稀缺性，脖圈游泳父母自己在家都能实现，有时候只是为了图方便而选择小区附近的商家。

还有一个市场是父母抱着小孩在一个小孩子特别喜欢的水环境中游泳，借助游泳建立深厚的亲子关系。亲子游泳源于欧洲，在欧洲是一件非常普遍的且主流的婴儿早教课，在最近的这几年被带入中国，受到中国家长的热捧，甚至有一岁多小孩子就能自己潜水游泳。从目前的市场情况来看，主要聚集在观念比较开放、消费能力比较强的一、二线城市。北京、上海亲子游泳行业的市场情况如图 11－2 所示。

城市	品牌	优势	缺点	收费
北京	家盒子	国内第一家，规模大，涵盖全早教，如舞蹈、音乐、美术等	全涵盖早教模式导致服务质量差	高端，350-400
	沐奇	全国规模化连锁已达10家，价格便宜	缺乏有效的连锁管理，分店之间出现价格战，泳池管理部规范	中档，200-380
	乐游	央视报道，上海、北京各有两家，水下摄影是其吸引家长的特色，价格便宜	教学水平一般，服务一般	中档，200-350
	蓝旗	与高校合作，以提供宝宝餐为差异化形成优势，价格便宜	缺点是水质管理无国际标准	中档，200-350
上海	家盒子	北京的复制版		
	金游	优势是上海第一家，价格便宜，市场传播时间长	管理、服务一般，尤其是水质重金属含量超标	中档，200-350
	龙格	优势是全国连锁，具有规模效应，扩展速度快	缺乏系统的教学体系，管理、服务有待提高	
	扑扑鲸	如果你是扑扑鲸的创始人，面对这样一个市场，要立足上海，从品牌、产品、价格等方面你会如何定位？采用何种竞争策略？		

图 11－2 亲子游泳行业的品牌比较

在北京亲子游泳行业的相关品牌有家盒子、沐奇、乐游等。家盒子的优势是涵盖了很多早教课程，包括舞蹈、音乐、美术等，它的价格定位在高端。沐奇的优势是连锁化规模效应开始形成，价格定位偏中档。乐游则比较擅长品牌运作，曾经上过央视，在上海也有分店，特长是提供附加价值，也就是亲子游泳产品本身之外的摄影服务，价格属于中档。蓝旗则与高校合作，通过为宝宝提供营养餐形成了自己的差异化优势，价格属于中档。

接下来再看上海市场的情况，家盒子在上海开的店铺，简单理解就是北京的复制版。金游是上海最早的一家，在上海的知名度比较高，主要优势就是起步比较早，抓住了微博传播时的红利期建立了影响力，价格属于中档。龙格是全国连锁性质的品牌，由于扩张速度比较快，其教学体系、管理和服务等方面很难跟上扩展的步伐，从品牌层面来看潜在危机较大。

如果让我们在上海再创建一个品牌，请问该怎么做？ 亲子游泳是一个相对高端的产品，服务的人群也是相对高端的。高端人群的特性是，对于产品的价格敏感度不高，对于产品的品质与服务有比较高的要求，对于品牌的高端塑造有比较高的期待。下面具体以扑扑鲸为例来进行分析。

扑扑鲸亲子游泳中心的广告画面是，一位妈妈在水下抱着一位宝宝，彼此双方都非常愉悦地进行了深度的情感交流，并通过亲吻来表达，关键在于彼此都很愉悦，而且在水底下眼睛都是睁开的，传递的不仅是亲子游泳这件事本身，更关键的是把整个水质的安全性也直观地呈现了出来。这个画面是对品牌塑造理解比较深刻的一种呈现，不论是它的品牌定位，或是差异化策略都非常直观地呈现出来。

从品牌定位来看，扑扑鲸亲子游泳定位的是20%的高端人群，市场定位非常明确。当我们要做高端市场的时候，最直观的体现并不是产品，也不是服务，而是价格。如果我说我的品牌非常高端，然后我的价格却比别人低，会有人信吗？ 所以说高端最直观的体现就是价格。既然是高端的品牌，产品、服务、管理等各方面的成本都会相对较高。既然成本相对较高，那市场上的价格必然就要贵一点。正常逻辑下没有人理解和相信所谓廉价高端的存在。

既然你的价格比一般的中档产品要高，接下来一定要通过产品、服务等各方面给出理由，定这样的价格，相对应的就是要提供相应的服务。例如，一个小时收500元，本来这个项目是收350元的，此时通过高端的品牌定位多收了消费者150元，假设一项服务的费用为50元，此时我们就需要为客户多提供3项服务，或者说3项具有差异化、有特色的服务，包括环境、设施、服务等各方面，总之要让人能感受到价格高的理由。另外，高端品牌对于环境有比较高的要求，环境、地段要能体现高端的气质。此外，最重要的就是产品，产品要非常的专业和高端。当这些要素全部都齐全的时候就构成了整个高端品牌。

接下来要做的事情就是如何借助广告将这些要素传递出去，如何借助一张画面就把亲子游泳这个事情说清楚。我是谁？ 我的定位是什么？ 我的技术是什么？ 如“英式亲子游泳专家”，非常简单的几个字就把上述几个复杂的问题讲清楚了。

接下来就要告诉消费者数字，因为数字影响人类的右脑。“游泳让99%的宝宝吃得更香，睡得更好，长得更高”，用数据告诉消费者游泳对于宝宝的三大核心好处，当然这个好处不是随便说的，而是经过科学的统计得出的结论。通过画面继续传递信息，既然定位高端，就一定具有不可替代的权威性，权威性体现在“英国前首相布莱尔亲子游泳教练25年经验传授”，告诉消费者这个体系是在英国被检验了25年之后输送到中国的。

亲子游泳既然是针对小宝宝的，那么产品的核心就是水质，可以说这是非常关键的要素。那么扑扑鲸是如何来解决这个问题的呢？ 除了上述的画面体现之外，还辅以直观的文字，“水立方团队打造，39度恒温，饮用水标准水质”，这就是对水质最直观、形象的保证。

最后，“10位STA认证教练”，再次用数据告诉我们高端产品的专业性如何保障，即通过10位专业的教练保障的。这个广告通过简单的一幅画面迅速形成了产品定位。

11.4 产品的定价属性

价格的确定通常有两种方式。一种是成本定价法，另一种是价值定价法。成本定价法，就是在传统产业里面，通过计算成本，然后加上利润而计算出来的价格。价值定价法，是指尽量让产品的价格反映产品的实际价值，以合理的定价提供合适的质量和良好的服务组合。扑扑鲸亲子游泳的案例使用的是价值定价法。我准备把价格定在什么位置？ 我准备定为500元。假设我的产品成本为350元，那么我中间的毛利就是150元。那我怎么样让人家愿意支付这150元呢？ 我们就需要去思考消费者愿意为我的一个理由大概付多少钱。

如果消费者愿意为我的一个理由支付50元，我提供给他3个理由，他就愿意支付这150元，所以我们要找到强有力的使他付钱的理由。这就是笔者一直在讲的，所有的交易即是认知。认知其实就是告诉消费者理由，让消费者的左右脑自己在那里博弈决策，使大脑最终做出付钱的决定。

不管是采用成本定价法还是价值定价法，直接决定价格区间的是产品的品类属性。

举个例子，大家都知道钻石，不就是几个简单的碳原子吗？ 但是它的价格非常高，这是为什么？ 因为它具备了一个品类属性，也就是所有的高定价一定要遵循一个原则。所有的品类里面，要想做高利润、高价值、高定价的策略的，一定是要做能够让消费者拿去“秀”的产业。同样，手表、钢笔、红酒等也符合这个原理。

请问茶油有没有可能卖得贵？ 非常好的茶油也不能卖得贵，因为我们请客吃饭的时候，不太可能把厨房里的油拿出来摆在桌上，即“秀”。只要在保证健康的情况下，我们一定是选择性价比高的油。请问地板能不能做成高价格？不行的，因为不能在地板上面印商标。我们无法告诉别人我家用的地板是什么品牌。请问墙纸能做得很贵吗？ 请问油漆能做得很贵吗？ 都不行。因为在上面不能印商标。

这是一条很重要的原则，只要是能够赋予属性的，特别是稀有属性的商品，就一定可以做成高价格，而且也一定要做高价值。否则产品与消费者的身份不吻合，就会被市场抛弃。

本章总结

营销的本质就是洞察人性。

没有好的产品为支撑的营销都是空中楼阁，好产品是供给侧营销的关键。

营销的世界没有真相，营销的世界只有认知。

贸易的形成一定是基于信息不对称。

相同的东西形成差异化，差异化东西形成价值化。

一个强大品牌的背后，一定有种强大的文化。

销售的达成是左右脑相互论证的结果。

仅靠价格生存和竞争，也必然因价格而灭亡。

消费者要的不是便宜，而是占便宜的感觉。

扫码获取
本章测试题

第 12 章
项目管理

项目管理是管理学思想、理论和工具与具体技术领域相结合，在项目策划、组织与实施工作中的具体运用。直观理解就是一个项目应该从哪些方面进行有效的管理，以便在特定的时间内，使用有限的、可获得的资源，如资金、人员、物料、设备、场地等，达成预设的项目目标。因此，项目管理涉及的管理学知识包括财务、人力、流程、营销、战略等诸多方面的管理学分支内容。同时需要与具体项目相对应的工程技术知识背景，如果你开展的是楼宇的建设工程项目，那么就需要建筑设计及施工方面的背景知识；如果你从事的是自动化设备开发项目，那么就需要机械及电子电气设计与加工方面的背景知识。就本书所提供的入门级需求而言，我们假定你已经了解在开始时设定的创新项目所需要的技术类背景知识，在此基础上帮助你理解并掌握针对一个学生创新创业项目进行项目管理所需要的最基本思路和方法。

12.1 什么是项目

项目是我们的管理对象，通常被定义为“为完成某一独特(Unique)产品或服务所做的一次性(Temporary)努力”。

以上的定义是开放性的，仅仅强调了项目的两个最基本属性，独特性和有限性。

独特性是指将要作为管理对象的项目并非以往工作或别人工作的简单复制。因此在项目开始之前，你无法不经策划就获得一个完全的、包含所有细节的对项目的描述以及如何执行该项目的详细模板。你可以借鉴已有的项目作为参考，但必须发现其“独特性”并据此进行相应的调整和策划。

有限性首先是指项目在内容上的有限性以及由此必然联系到的目标的具体性和可实现性，进而导致项目在时间上的有限性。也就是说，一个项目能够进行管理的第一个有限性前提是必须明确项目要达到什么目标，这个目标可以是单一的，也可以是复合型的多重目标，但必须要明确出来；其次，项目的内容也必须是“有限的”，这些内容只需要满足实现目标即可；最后，项目必须在特定的时间内完成。理论上只要符合上述两个基本特征的活动都可以作为一个项目来对待。

例如，你现在准备开发一个手机应用程序（APP），这对于你和你的小伙伴们是“独特的”。至少你们没有做过这件事，即便别人有过类似的，与你的也不完全相同。它也必须是“有限的”，你需要知道这个应用程序要实现什么目标，比如一个单一目标就是能查课程表，也可以是复合型目标，不但能查课程表还能与选同一个课程的同学线上交流。因此就能定义这个应用程序至少需要数据接口和用户界面两个开发内容，是否需要点对点通信内容要看要不要实现交流目标。然后你也知道这些工作都需要在本门课程结束之前完成，这是明确的时间限制。因此，这个活动就是一个项目。这样你就可以发现，小到组织一次同学聚会，大到把人送上太空，再大到规划建设一个新城市等诸多活动都是一个项目，都可以按照项目来策划和管理。

12.2 项目管理的内容与重点关注的问题

12.2.1 项目管理的内容及主要部分之间的关系

项目管理整体上应该包括哪些内容呢？按照当前主流说法，项目管理包括：①项目综合管理；②项目范围管理；③项目时间管理；④项目成本管理；⑤项目质量管理；⑥项目人力资源管理；⑦项目沟通管理；⑧项目风险管理；⑨项目采购管理。这些内容是在实践中管理学与项目管理工作相结合逐步完善形成的。我们重点学习的内容是项目的范围管理、成本管理和时间管理的基础部分。

项目管理的经验告诉我们，任何项目都是在范围、成本、时间和质量的约束下进行策划和开展的，而且这些约束之间互相关联，互相制约，如图 12－1 所示。

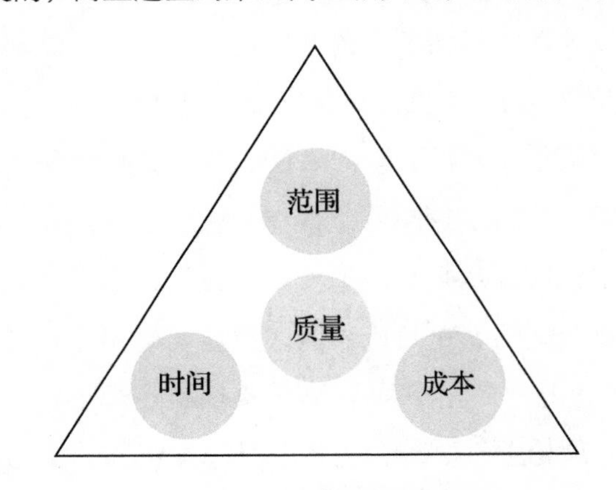

图 12－1 项目管理的约束条件

（1）范围。项目的范围关注的是一个项目需要完成的目标和内容是什么，也就是要在属于项目的内容和不属于项目的内容之间明确一条清晰的界限，要求项目完成且仅仅完成目标所需要的全部内容。因此项目的范围管理是一个从设定目标开始，到根据目标分解具体活动内容的过程。前面说过关于开发手机应用程序要不要实现选课同学相互交流的问题，就属于项目范围管理的问题。

（2）成本。项目的成本实际上是项目投入资源的货币化度量，有限成本约束实际上体现了投入项目的各类资源的有限性问题。在确定了项目的范围之后，必须根据其具体的目标和内容提出具体的资源需求，进而计算其成本。这里需要注意的是，项目的资源投入并非绝对固定的配方，资源之间是可以相互替代的，可能有多种资源投入组合都能满足项目实施的需要并达成项目目标。因此，需要进行优化和选择。但这种优化又要受到项目时间和质量要求的约束。比如开发手机应用需要写代码，一个选择是你自己写代码，这样就不用花钱了。但这样做你得会写才行，否则你需要花大量的时间来学习和练习，并且会不断犯错。一个糟糕的结果是项目在规定时间内无法完成，而且代码质量十分糟糕。因此，我们经常看到的情况是项目负责人宁可花钱请一位编程高手，也不愿意自己来做。这是因为对于商业化项目来说，时间和质量比金钱更重要。

（3）时间。项目的时间约束最直观的表现在于项目需要有明确的开始时间和结束时间。但这样理解是不够的。例如，一个项目组在特定时间只能做一件事吗？ 诸多任务能同时进行吗？ 多项任务之间是否有不能更改的前后顺序呢？因此，项目的时间管理实际上也是成本和质量约束下的规划问题，而且在时间长度不变的情况下，完成更多的任务必须要增加资源投入。

（4）质量。项目的质量包括项目工作过程的质量和项目产出物的质量两个方面，其中项目产出物的质量最终体现项目的价值，但工作过程的质量又是产出物质量有保证的前提。项目的质量管理经过多年的研究和实践已经形成了相当成熟的理论和方法体系。通常认为，项目的质量管理贯穿项目的始终，是一个包括质量计划、质量保证和质量控制三个核心环节的过程。质量计划的关键是确定质量管理的标准是什么，即在明确项目的目标过程中就需要明确需要达到的质量标准是什么；质量保证的核心问题是采用什么样的管理体系和手段，保证在项目执行过程中符合质量标准；质量控制则使用检验、分析、反馈等手段监督并发现实施中的问题。这些思想，以及脱胎于质量管理并被广泛运用的工具，如 PDCA 循环等，希望大家有时间自行学习，加深了解。

需要说明的是两个重要的观点：①项目管理关注的范围、成本、时间和质量是相互关联的。在对项目进行策划的过程中必须同时进行考虑，任何一个方面的变化都可能导致整体项目内容的重新策划；②项目管理不是孤立的，真正做好项目管理工作需要与其他工作内容密切衔接。例如，在项目开始之前的市场研究与客户需求分析，是明确项目目标与内容的最重要前提；人力资源方面的团队组建与激励，在很大程度上决定了一切策划能否真正落地执行；市场认知、技术的成熟程度、你所在的资源平台（如学校创新平台、实验室等）能够提供的支持等还会影响项目执行中的风险。

12.2.2 项目管理的一般过程

无论简单或者复杂的项目，项目管理的一般过程都可以抽象为“启动、计划、执行、监控和收尾”五个环节，其中监控是独立于主要流程之外的一项重要任务，如图 12－2 所示。项目管理的启动和计划环节是项目的策划阶段。项目首先来源于我们的创意，如果我们通过市场分析、头脑风暴认为这个创意值得我们去实现，并且通过初步判断认为我们有精力、有技术并且能够获得学校的支持去实现这个创意，也形成了认同并愿意实施这个创意的核心团队，那么我们就具备了启动这个项目的条件。我们看到，即使在启动阶段，我们已经要按照项目管理的内容和逻辑来思考问题了，只不过在这个阶段的这些工作是相当粗放的，就如同大多数同学在创新工程实践课程中的项目目前所处的阶段一样。你可能还不清楚项目的目标和范围是否足够明确，也不清楚具体需要哪些资源和预算，能否在期末结束项目以及其质量如何心里也没底。那么这些事都需要在计划阶段落实。而落实的手段就是分解、细化与统筹，其中最关键的是目标与内容的分解、时间的统筹安排以及资源预算。

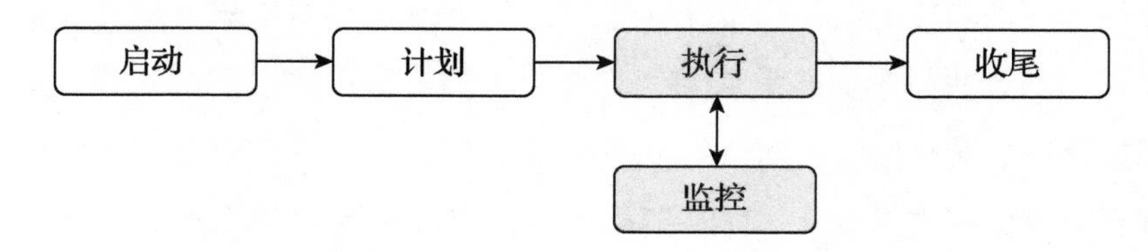

图 12－2 项目管理的过程

12.3 范围管理：如何明确并分解项目目标

12.3.1 明确项目目标的原则——SMART 模型

“预则立，不预则废”，我们都知道设定明确的目标对于任何任务都是必要的。项目管理工作始于目标的设定，终于目标的完成。此外设定目标是进行时间管理和资源预算的前提，也是负责人整合团队、激励并考核团队成员的前提。关于如何科学合理地设定目标，我们可以使用 SMART 模型来比较一下“好”的和“不好”的目标设定的区别，见表 12－1。

表 12-1　SMART 模型含义及设定目标示例

SMART	含义	不好的设定	好的设定
具体性 Specific	对于项目目标的表述要具体,不能模糊不清	这个应用程序要对客户终端设备有广泛的适应性	这个应用程序必须对 Apple iOS、Android 两类操作系统的主要移动终端设备品牌进行内测
可衡量性 Measurable	目标是否达成需要明确考核或测试的标准,最好能够量化	测试覆盖的品类要全面,工作要细致认真	需要对苹果、小米、Vivo、华为四个品牌主流手机和平板全部完成内测。内测包括接口调用、资源占用、耗电、客户操作体验四个重点内容,请技术负责人列出标杆值
可实现性 Attainable	该目标必须是现有时间和资源范围内可以实现的	尽量找找样机,越多越好,把人员尽快配齐	实验室配备了苹果、小米测试样机,缺少的 Vivo、华为样机已有预算购买,5 名测试人员已到位
相关性 Relevant	该目标与项目总体战略是相关的;目标中的二级和三级子目标与目标主体是相关的;若存在多个平行目标,则它们整合起来对战略是不可或缺且有意义的	适应性是为了以后好推广,因此兼容的平台越多越好	经调查我们的目标客户主要使用这些品牌的移动终端设备且喜欢在网上发表评论。全面测试可以避免推广过程中网络上出现太多负面评价
时效性 Time-bound	目标和各级子目标必须在限定的、明确的时间节点完成	这件事越快越好	技术部门 2 天内完成测试计划并标定各分项标杆值,此后必须在 10 个工作日内完成内测,形成报告

表 12-1 首先说明了 SMART 模型各分项的具体含义，多数情况下从字面理解虽然缺乏深度但不会产生歧义。当前资料和应用中经常出现不同理解的是“相关性”。这里集中了多种对“相关性”的常见理解并列入表格中。另外，我们在相关目标设定中使用的 SMART 模型并非一次性活动，随着项目计划工作的进行，市场分析、时间管理、人力资源、预算编制工作逐步推进，项目组会获得更多的信息。因此项目组需要定期或不定期（重要事件触发）地根据新的信息修正项目的目标设定，但这项工作不能持续不断地进行，必须有一个截止

点，否则项目会陷入死循环而无法开展。因此，项目策划阶段的信息收集工作是非常重要的。

12.3.2 制定并完善项目目标的工具——工作分解结构

当代科学研究的方法论基础之一就是分解、分类与分析，与此相对应的就是人员的技能和设备也在不断地向专业化发展。应用到项目范围管理上就要求我们把整个项目按照一定的规则进行分解，形成一个一个相互独立但联系在一起的“工作包”。如果第一次分解形成的工作包还是太大、太复杂，就继续分解为更小的工作包。理想状态下一个工作包仅需要一个人在一小段时间里（如一天或一小时）就可以完成。这样做的好处是显而易见的。首先，可以清楚地发现项目需要什么样的专业化资源，例如，需要具备什么技能的人员并消耗这个人多少工作量，应付给多少报酬，或者需要什么样的专用设备或工具，采购或租用要花多少钱等，这是开展资源预算的基础；其次，明确每个工作包之间的物理联系和逻辑联系，比如哪些工作包之间必须按照前后顺序排列等，这是进行时间管理的基础；再次，可以不断地使用 SMART 模型验证每一个工作包是否对项目有不可或缺的贡献，或者是否遗落了哪一项重要的工作内容，进而修改完善项目目标及其子目标。

把以上的朴素思想系统化、工具化，就形成了—工作分解结构（WBS，Work Breakdown Structure）。工作分解结构是以交付成果为导向的项目各组成部分的一种分解结构，是对项目范围的明确界定，未列入工作分解结构图中的工作不属于项目范围内的工作。

如何把一个项目进行分解可以遵循两种典型的思路，一个是面向结果的分解方式，另一个是面向过程的分解方式。面向结果的分解方式以项目的最终产出物的物理结构或功能进行逆推，把最终交付的物理结构或功能模块逐步分解为更小的“工作包”。例如，建设一栋建筑物可以分解为地基、主体结构、内外装修、上下水、采暖、强电弱电等物理上的“工作包”。这些“工作包”还是太大了，于是继续分解，比如内装修分解到某一个房间的铺设地板这个最小“工作包”。面向过程的分解方式则是基于项目的工作过程，按照各阶段的先后顺序进行分解。我们通常建议对同一个项目采用两种方式分别进行分解，以便达到互为补充、互为验证、避免遗漏的效果。

下面以学生团队为开发一种手机应用程序进行 WBS 分解的习作为例，看一看 WBS 分解的过程。

某学生团队准备开发一款面向极限运动爱好者的手机应用程序，其重要功能包括极限运动训练指导、极限运动大咖秀、相关赛事预约报名、参赛选手现场秀以及专业运动装备商城等。首先按照功能模块进行分解，如图 12 -3 所示。

从这个示例可以发现，所谓的功能并非仅仅包括物理功能，比如示例中的商务与文本、赛事及商家合作以及运营与推广，这些并不是一个软件的物理功能，而是这个项目应该包括的功能。示例只是分解了两层，实际运用时还要继续向下分解，比如“商务与文本——策划”之下还要分解为“市场调查报告”“商业计划书”和“线上推广 H5 文案”等更加详细的下层工作包。

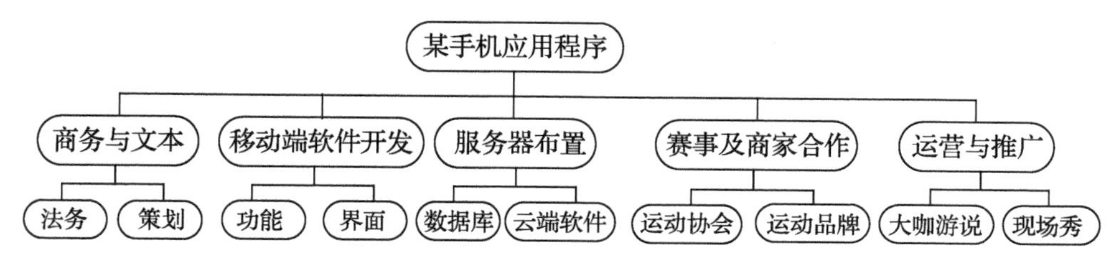

图 12 -3　面向结果的 WBS 分解示例

同样是这个项目，我们也可以尝试着应用面向过程的分解方式，如图 12 -4 所示。

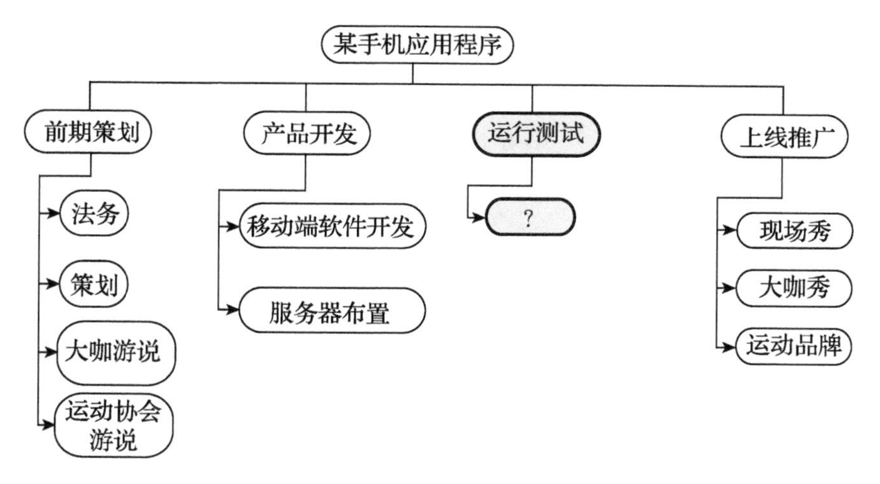

图 12 -4　面向过程的 WBS 分解示例

对比以上两种分解方式，可以发现一个突出的问题：面向过程的分解方式提示我们要有一个运行测试的环节，但是我们在面向结果的分解方式中却没有安排相关的内容。这是学生团队进行项目管理活动中会经常出现的问题。也揭示了两种分解方式具有一定的互补性。

应用 WBS 进行项目分解还需要注意以下几个要点。

- 分解到最底层的每一个工作包必须符合 SMART 模型的要求，即明确描述任务目标、标准、对项目的作用以及时限。
- 同一层级的工作包之间是相互独立的。
- 每一个工作包即使需要多人参与也只能有一个负责人。
- 每个工作包的时限不能太长
- 项目必须实现 100%拆解，同时全部工作包的反向加总也必须等于全部项目内容。
- 一般小型项目分解到 4~6 层基本可以达到要求，但需要保证最小工作包符合前述各项要求。

基于对项目任务内容的分解，我们可以形成 WBS 工作包任务描述（如图 12－5所示）和人员分工计划作为这部分工作的结束（如图 12－6 所示）。

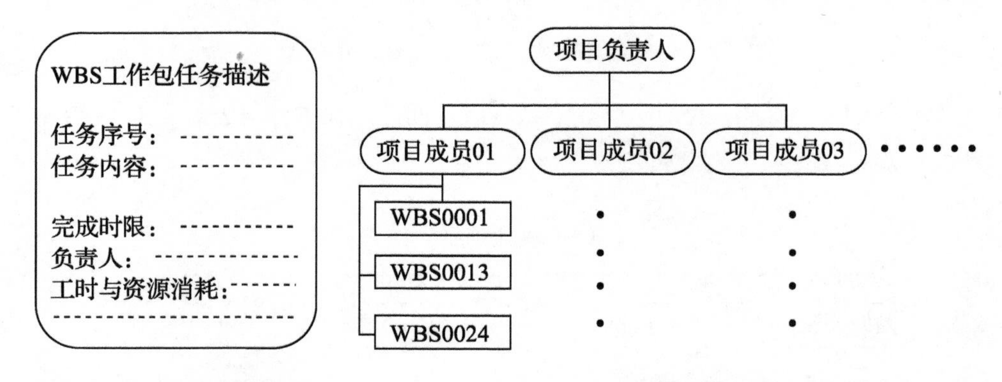

图 12－5　WBS 任务描述示例　　图 12－6　项目人员分工示例

在完成项目 WBS 分解的同时，通常设定编码规则对所有的各层级工作包进行编码。对于大型项目来说，编码工作非常重要，任务编码是后续时间管理、资源分配以及风险控制等各项工作的重要依据。对于学生团队的项目来说，我们也建议尽量采用编码管理的方式进行训练，为以后走上工作岗位做好准备。

12.4　项目的时间管理及其工具

项目管理中时间管理问题的关键在于按期完成任务。

如果项目的 WBS 已经完成并得到确认，就要把这一结果作为项目时间管理的基础。需要特别注意的是，能够用于时间管理的 WBS 必须包含每个工作包的工时测算，这需要一定的工作经验通过类比来完成。

12.4.1 项目任务排序的一般原则

项目的各项活动内容哪个先进行，哪个后进行并不是随意的，这需要基于他们之间的物理联系、现有的资源条件和工作内容的逻辑关系进行合理的安排。

关于项目任务之间的排序，前人总结了几种典型关系类型。

完成－开始（Finish-Start）。某项任务必须完成，另一项任务才能开始。比如建筑物的主体结构与装修工程之间的关系，主体结构没有完成装修工程不可能开展。

开始－开始（Start-Start）。只有某项任务开始，另一项任务才可以开始。你准备参加一场面试，而你的面试一定要在考官全部到位的条件下才能开始。

完成－完成（Finish-Finish）。只有某项任务完成，另一项任务才能完成。比如你的任务是作为志愿者为某个会议提供现场指引服务，那么只有当会议完成，你的工作才能完成。

开始－完成（Start-Finish）。只要某项任务开始，另一项任务才能完成。比如你送某人去乘坐高铁，列车开车了，你的任务就完成了。

按照项目内容之间的相互关系，我们可以尝试着画一个项目任务顺序前导图（如图 12－7 所示），用来说明项目任务之间的逻辑关系。

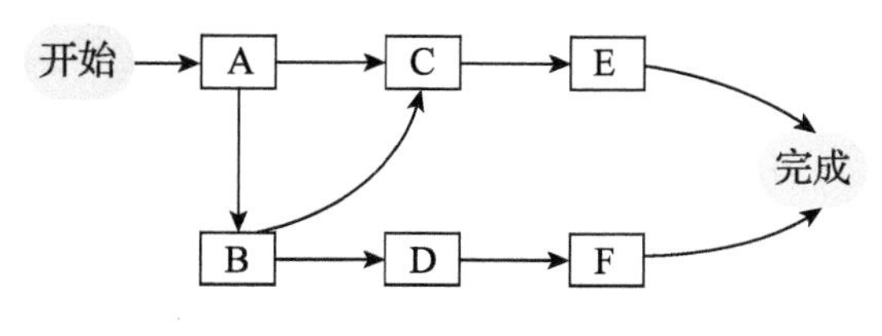

图 12－7　项目任务顺序前导图

这个示例试图表述这样一种逻辑关系：最先开始的是任务 A，在任务 A 开始之后可以开始任务 B，任务 C 需要在任务 A 和 B 都完成的情况下才能开始，任务 D、E、F 都要在上一个任务完成之后才能开始，必须要任务 E、F 全部完成后项目才能完成。

12.4.2 项目时间管理的常用工具——甘特图

先导图虽然能够帮我们理清各项任务的逻辑关系，但是却不能进行精细的时间安排，这里我们介绍一种常用的工具——甘特图（又称为横道图、条状图）来帮助我们更加精确地进行项目任务的时间规划。甘特图是现代管理学的先驱之一亨利 · 甘特在 1917 年左右发明的，其特点是在时间轴的辅助下，用条形图的长短及相互位置关系，表达任务、任务持续时间，以及任务之间的顺序关系。我们可以用一个简单案例来了解甘特图的作用和基本原理。

假如我要做一顿简单的晚餐，包括米饭、烤肉串和番茄鸡蛋汤，我需要如何安排才能尽早吃到呢？ 我们可以用表 12-2 来完成这件事。

我把制作晚餐这个项目分解为做米饭、烤肉串和制作番茄蛋汤这三项任务，前两项任务又做了进一步的分解。我发现这三项任务是可以安排平行开展的，条件是我必须有电饭锅、微波炉和电烤箱作为资源基础。18:00 先把肉串放进微波炉开启解冻模式（我自由了）；马上开始淘米（认真点儿），然后放进电饭锅开始自动煮饭模式（我又自由了）；这时候可以把解冻好的肉串从微波炉里面拿出来整理一下了，然后把它们放进电烤箱定时 20 分钟（我又自由了）；剩下的时间我可以轻松地制作一碗番茄鸡蛋汤了，到 18:40 的时候这三样会同时完工，我可以享受我的晚餐了。

表 12-2 晚饭制作甘特图

甘特图示例			项目名称:我的晚餐					
ID	任务名称	开始时间	完成时间	2019 年 11 月				
				18:00	18:10	18:20	18:30	18:40
1	做米饭	18:00	18:40					
1.1	淘米	18:00	18:10					
1.2	煮饭	18:10	18:40					
2	烤肉串	18:00	18:40					
2.1	解冻	18:00	18:10					
2.2	烤制	18:20	18:40					
3	番茄蛋汤	18:20	18:40					
4	完成验收							▲

以上这件生活中的小事就已经具备了使用甘特图的基本元素：任务编号、名称、起止时间以及相互间的关系，都可以清楚地展现出来。另外，这件事提

醒我们注意一个问题，如果我没有微波炉、电饭锅和电烤箱还可以这样做计划吗？ 如果没有这些设备，我还想在18:40 吃到这顿晚饭该怎么办。解决这样的问题就需要我们对项目的资源需求进行计划和测算。

12.5 项目资源需求与项目预算

我们所有的活动都是要消耗资源的。就如前面做一顿晚饭的例子，如果没有那些电器设备，我一个人无论如何也不可能在40 分钟之内吃上饭，那么再加上一个人和我一起做呢？ 完全有可能。但有一件事要搞清楚，这个人帮我做要报酬吗？ 我是愿意支付报酬来保证完成时间，还是宁可延长项目完成时间，而省下这笔钱，或者我是不是可以把购买电器设备的钱纳入预算呢？ 这些问题都需要我们在进行资源需求策划时通盘考虑，甚至基于项目的资源限制不得不回过头来重新考虑项目的范围和时间进度安排。

项目的详细资源需求也要根据 WBS 进行分析。如前所述每一个分解到底层的“工作包”都必须标明需要什么资源，以及需要多少，把这些需求汇总起来并且根据时间进度计划看看一部分资源是否可以共享利用，就可以编制两个重要的报表——物料需求清单（见表 12－3）和项目资源需求表（见表 12－4）。

表 12－3　物料需求清单示例

序号	物料名称	单位	数量	单价(元)	小计(元)
1	物料 A	延长米	10	20.00	200.00
2	物料 B	个	50	100.00	5000.00
3	物料 C	千克	20	165.00	3300.00
4	物料 D	桶	1	230.00	230.00
					合计:8730.00 元

项目需要的资源包括物料（开展项目过程中的消耗品）、设备、人员以及其他条件。物料需求清单集中解决需要采购的物料问题。各类物料的种类、规格、数量来自 WBS 工作包中提出的物料需求的汇总。由于物料是消耗品，一般不存在共享利用的问题，因此不但不能减少，而且考虑到操作过程中的意外损失，在汇总的基础上还要增加一定的比例（如 5%~10%）。表中的价格来自市

场询价。现在电子商务非常发达，那些著名的电商网站都能提供很好的参考，只不过要注意，实验阶段的小批量采购和企业级大量采购的价格会有很大差异，而且需要到不同的平台去查询。

除了物料，**项目对于设备、人员以及其他资源条件的需求要靠项目资源需求表来汇总和表达。**

表 12－4　项目资源需求简表示例

资源需求	内容	使用时间和费用	备注
1. 物料采购	物料采购资金 8730 元	各类物料采购完成时间	来自物料需求清单
2. 人力资源	软件工程师 2 人 结构工程师 1 人 市场及管理 2 人 其他　　　　人	各类人员工时及薪酬标准(如 100 元/小时)	是否需支付薪酬
3. 设备	A 设备 3 台 B 设备 4 台 C 设备 1 台	设备工时，采购价格或租金	是否需要重新采购
4. 软件环境	请定义软件开发环境	采购或服务价格	是否需要重新采购
5. 其他			是否租用场地等
预算金额合计	元		

项目资源需求简表也是通过 WBS 工作包中提出的除物料之外的资源需求经过汇总得到的。与消耗性的物料不同，无论人力资源还是设备，都是可以重复使用的资源，其获取方式也并非只有采购这个渠道。例如，项目需要一台专业级 3D 打印机，直接采购可能需要 2 万多元。要采购吗？ 首先看看项目中各个 WBS 工作包需要多少 3D 打印工时，如果属于频繁使用的设备，且总的工时数接近这种 3D 打印机的寿命，可能真的要考虑购买。如果只是很少的工时，租用别人的设备，或者争取利用学校实验室的设备就是更好的选择。**在学校开展双创活动，对于资源我们需要贯彻“拼凑”的原则——“能借不租、能租不买”，用节俭的精神开展活动。**

在以上工作的基础上，再考虑物料、人员和设备与各个 WBS 工作包的时间维度，我们就可以建立大略的项目预算，见表 12－5。

表 12－5　项目预算表示例

单位：元

类别	第一个月	第二个月	第三个月	合计金额
物料采购	5200	3300	230	8730
劳务费	4000	8000	3000	15000
场地费	0	0	0	0
设备采购	8000	0	0	8000
设备租赁	1000	1000	1500	3500
软件或服务采购	0	0	0	0
其他	0	0	0	0
合计金额	18200	12300	4730	35230

以上表格中的数据仅为示例作用，创新创业项目需要根据实际情况填写。这个示例没有为各个项目列出明细，在实际工作中还是需要的。应该注意到每一类支出，除了总金额，还要分解到每个时间点上发生的支出。对于一个短期项目（如不超过 1~2 个月）这可能不太重要。但对于执行时间较长的项目，管理者（如学校）一定要按照进度拨付资金。因此按照 WBS 工作分解和时间计划列出预算明细是十分必要的。

12.6　项目管理策划阶段的 PDCA 循环

本书涉及的项目管理知识只是有关项目管理专业领域的一点皮毛，而且我们详细介绍的内容更多地集中在项目策划阶段，从范围管理到时间管理，然后是资源需求和预算。项目管理的其他方面，特别是在项目执行过程中的管理问题这里都没有涉及。一方面受制于创新工程实践课程的容量，另一方面也在于我们不能仅通过这一个单元把大家培养成项目管理方面的专家。先把大家领进门感受一下，把最基础的东西运用到实践中体会一下，建立项目管理的思维习惯，以后有兴趣可以继续深入研究。

即便我们当前的内容仅限于项目管理的策划阶段，我们也需要大家理解项目管理是一个动态的、不断调整的过程。回顾本章的内容，我们可以发现，在确定项目目标和进行 WBS 分解的过程中，已经需要我们对项目各部分大概的时间进度和资源需求有相当的了解。否则确定目标以及 WBS 分解实际上是寸步难行。这对于刚刚接触项目的人可能是一个难解的问题。但实际上任何项目管理在策划阶段并非完全“白手起家”，总是有相似的项目可以借鉴和模仿。这些借鉴来的经验就成了我们进行第一轮目标策划的基础，并且通过时间管理和资源需求分析进一步发现缺陷和问题，回过头来还要修改项目的目标和具体的 WBS 分解方案。这种反复是一种常规操作。这里借用质量管理中的常用工具 PDCA 循环来说明这个问题。

PDCA 循环是美国质量管理专家威廉·戴明博士提出的，因此又称戴明环。其原始含义是将质量管理分为四个阶段，即计划（Plan）、执行（Do）、检查（Check）、处理（Action）。

根据数据、模型和经验制订工作计划，在执行该计划的过程中不断检查并记录发生的问题，根据发现的问题分析原因并提出下一步的行动计划，这就启动了下一轮循环。

应用这个工具来分析，项目管理的策划阶段可以理解为这样一个 PDCA 循环过程，如图 12－8 所示。

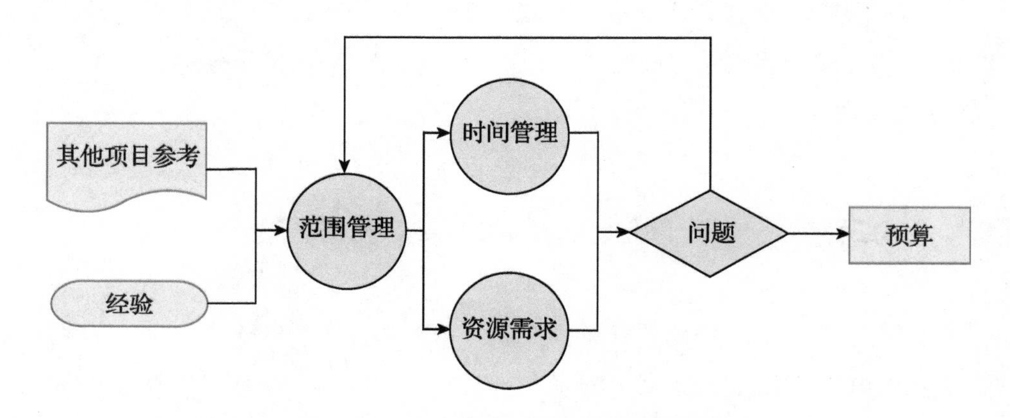

图 12－8　项目管理策划阶段的修正过程

因此项目的策划过程对于大家来说也是一个不断深入理解项目内容，不断提高自身水平的过程。希望大家通过本门课程的学习，博采众长，成为一个实现创新创业理想的复合型优秀人才。

本章总结

项目管理是创新创业活动中常用的管理思想和管理工具之一。本章的学习目的在于满足大学生从事创新创业活动的基本需要，掌握项目管理最基本的思路和最常用的工具，帮助读者实现入门级的要求。因此，本章主要介绍的内容是项目管理中的范围管理、时间管理和成本管理的基础部分。范围管理的重点是采用S. M. A. R. T. 模型和WBS分解相互配合明确项目总体和项目各部分的目标以及内容，为进一步的时间管理和成本管理打下基础；时间管理的重点是厘清项目各个部分之间在物理上和逻辑上的前后配合关系，学习使用甘特图进行时间规划；成本管理的重点是建立项目计划与执行的财务预算概念，学会基本的物料和资源需求测算。

项目管理来自实践经验的总结，因此最好的学习方式就是结合创新工程实践课程的项目策划，在实践中主动运用这些思想和工具，逐渐把这些内容化为自己工作和学习的习惯。

扫码获取
本章测试题

第 13 章
创新项目的路演表达

经过漫长的学习与实践，相信你已对技术、数据、产品特性、前景规划了然于胸，但要将这些繁花建成花园，充满魅力地呈现在大众面前，却并不如想象般简单。对一些“技术控”来说，也许仅仅提到“公共表达”几个字，都足以令其眩晕。可是，在哈佛大学肯尼迪学院任教多年的布鲁克·威克斯提醒我们：等待他人发掘自己的时代已经过去，这是一个主动者制胜的时代，没有人等待着你的“破茧成蝶”。如何让你的路演有效、精准、巧妙地实现观念输出、引发兴趣、同情共感、实现影响？ 这既是创新工程实践的必修一课，也往往是成就创新项目的“临门一脚”。

本章将聚焦五种路演表达中的常见病类型，为你开出十个对症下药的药方。这些问题既普遍易犯又遁于无形，一不留神就会出来“砸场子”，笔者称之为“惯犯”。但就像罪恶最怕暴露于阳光之下一样，一旦意识到并有能力抓住它们，你就比别人拥有了更大的赢面，因为往往“你最大的问题就是没有意识到这是个问题”。

13.1 病例一：登台恐惧

请想象这样一个场景：能容纳500人的会场坐满了观众，十余位专业投资评审严肃地审阅着资料，网络直播同步进行中，上一名选手的项目刚刚融资失败，手中攥着20页PPT讲稿的你突然听到主持人念出一个熟悉的名字——该你上场了！

这，就是创业路演的现场；而你，此刻可能大脑一片空白。

有人说这是“填鸭教育”的必然结果：会做不会说。其实不然。英国一本心理学期刊曾调研美国人最恐惧的事，结果让人倍感意外：第五名是深海恐惧，往前依次是恐高、绝症……第一名正是“公共表达”！难怪美国著名喜剧演员宋飞会说：“如果让我在我的葬礼上亲自念我的悼词，我宁愿当场从坟墓里爬出来。”登台恐惧既非中国特色，也非个人问题，而是中外一致、古今皆然。可见，**会说话不代表会表达，会表达不见得会公共表达。公共演讲本是件难度极高的事，当然也就成了竞争力的体现。**

恐惧比世上任何事物都更容易击垮人的心理防线。那么，如何攻克它？如其他章节一样，对于障碍，你要认知它、跨越它、征服它，请先从调整观念和惯性思维做起。因为一旦遇到某个问题，说明这个问题和你是有缘的。

首先，为什么会产生登台恐惧？**很多人之所以害怕公共表达，是因为将这件事个体化了。**你也许会控制不住地这样想：我是人群中口才最差的那个，上台的感觉和上刑差不多，肯定又要“车祸现场”了……

真是这样吗？请先知晓五个事实：

- “表达”与“紧张”就像狂风吹过卷起沙尘，是连带而来的。公开调查指出，80%～90%的人都会对公众表达产生畏惧。
- “紧张”和“紧张感”是两件事。职业演说家也无法完全克服登台的恐惧，但他们能通过一套高效的方法让自己看起来不紧张，即不呈现紧张感。这种“云淡风轻”是训练的结果，而并非天赋异禀，你也能做到。

- 感到恐惧不意味着你内心不够强大，它是人对未知和不确定感的抵抗。
- 紧张不一定是阻力，正确利用反而能促进现场效果。
- “源于未知，始于心态，终于认知”。如果无法战胜恐惧，下次面对公共表达时，恐惧感仍会袭来；一旦你认知到恐惧的产生机制并能正面面对它，下次表达便会更为容易。

诚然，在路演中，人很难做到像平时一样自如呈现、细致思考，但如果你总采用逃避的方式、躲闪的态度，你就永远在困局之中。把本可用来提升自我的机会变成了“先应付过去再说”，这是典型的输家思维。请给自己一点时间、一些信心，深呼吸，站上台去，试试下面两个“药方”能否帮到你。

13.1.1 药方一：呈现呼吸感，找到“核心观众”

美国著名心理学家威廉·詹姆斯说：“行动看似紧随于感觉之后，但事实上，行动与感觉是并行并存的，因此，感觉勇敢起来，并表现出你的勇敢，勇气很可能会取代你的恐惧感。”生理可以对心理产生影响，反之，语速和节奏一旦混乱，所有人就都看得出来你的紧张。

建议你可以从两种方法开始练习。

第一，呈现文字的呼吸感。

有没有发现，很多人在路演中好像是在背稿？一旦观众发现演讲者在生硬地背诵或念稿，聆听的欲望便会立刻下降。这是因为多数人在写完稿后少做了一件重要的事：找到语感和节奏，让文字充满呼吸感。

语感是对语言文字分析、理解、体会、吸收全过程的高度浓缩，它可以帮助人在接触语言文字时产生正确、多方位、丰富的直感，感知语义，体味感情，领会意境，甚至能捕捉到言外之意、弦外之音。表达者不仅自己应具备一定的语感能力，更要使对方轻松地领会语义信息。缺乏语感与呼吸感，便很容易让观众产生“听不下去”之感。

为了达成这一效果，**写完稿后应第一时间把文稿打印出来，用一系列标记提醒自己该如何表述**。例如，用“√”符号表示“气口”，哪里需要短暂停顿？哪里需要刻意暂停？哪里是能让观众感受文字在呼吸的地方？除此之外，常用符号见表13－1。

表 13-1 常用符号

符号	意义	符号	意义	符号	意义
……	强调	/	逻辑断句	√	停顿
○	易错字	~~~~~~	连读	________	词组

请结合这些符号慢慢演练，在文字中找到呼吸感、节奏感，像说话一样去表达，你的状态也就会更显自然、放松了。

第二，确立观众的形象和位置。

不少演讲者会在现场越讲越快，声音越来越低，节奏越来越乱。这是因为演讲开始时，人人都知道务必让每个观众都听得清。但很快，潜意识就会把你拉回人际交往的领域，你便习惯性地和前两排观众聊天了。既然是聊天，当然会语速变快、声音降低，哪还管什么节奏啊。

如果你出现过类似症状，说明头脑中可能没有形成一个清晰的观众形象。即便有，位置也不对。你应该假想出一个兴趣盎然的观众坐在离你 20 米之外，而非那些坐在前排的迷弟迷妹，20 米外的这个人若能听得清晰明了，你的语调、语态、节奏就都不会太差了。

你可能会问："怎么保证他真听到了？"若不是很重要的表达场合，你可以试着在演讲中突然放下麦克风，不改变任何表达状态，问离你 20 米左右的观众："你们听得清我在说什么吗？"如果对方点头呼应，这招你就算学会了。但切记，这个技巧不是让你提高嗓门、张牙舞爪，而是通过表达状态的调整，让对方清晰地接收到你的内容。

13.1.2 药方二：用好眼神和动作，塑造台风

看到这个药方你可能有些奇怪：控制好眼神和动作，就能塑造台风吗？

研究表明，除了用思维训练面对恐惧感，身体也是好帮手。哈佛医学院瑞迪教授写的《运动改造大脑》一书，通过美国高中体育改革计划的案例，切实证明身体运动可以改造心智，如使人更快乐、更聪明、更幸福。所以，不妨试试用身体辅助梳理思维、控制感情、稳住台风。

虽然紧张和恐惧无法根治，但台风却可以通过不断自省和练习达成。稳健的台风可以帮助表达者呈现"云淡风轻"的状态，而要做到这点，首先你得知道如何判断自己的台风是否合格。方法很简单：多做复盘。

下次路演请务必为自己全程录像。估计回看视频时，你的脑中就一个声

音：这绝不是我！ 那些下意识的小动作、莫名失焦的眼神、奇怪夸张的表情、没必要的肢体动作……问题真是层出不穷、暴露无遗。其实，你不用焦虑，更没必要上纲上线，因为专业人士也很难完美地控制台风，他们不是“不怕、不乱”，而是经过长期的刻意训练，“忍住了”。

所谓技巧就是让你“看起来还不错”的方法。所以，如果你欣赏某种台风，不光要学人家如何有范儿，更重要的是研究他怎样自我管理，直至养成习惯。

第一，在心法上，忽略观众是最大的愚蠢。

“紧张没关系，把观众当木头人、大白菜、大萝卜，别管他们不就好了？”你可能听过类似的说法，可惜这是完全错误的。先问一个问题：“你觉得什么是‘表达’？”可能大部分人都会说，表达就是“我说什么”。这个说法只对了一半。

我曾总结过一套“公共表达的五障碍和三模型”，其中“四叶草模型”讲的是“公共表达四要素”。从这个模型出发，**“我说什么”只占一半，另一半要素是“受众”和“语境”。表达，不光是你说出了什么，更重要的是对方听到了什么。**读到这里，你可能已经发现了，很多“交流无奈”的背后不仅是沟通方法的问题，更是思维盲区造成的：没有真正思考过对方能否听进去就贸然开口，效果能好吗？

所以，“木头人理论”当然是大错特错：放弃了对受众的关注，表达可以直接被归于无效，缺失了对象感的公共表达，还算“公共”表达吗？ 如果你没有经过专业、系统的表达训练，请在心里默念三遍：忽略观众是最大的愚蠢。这是一种思维硬伤，一旦养成习惯，技巧再多也于事无补。

第二，在方法上，控制好眼神和动作，台风就不会太差。

理解了对方的重要性，你就应该明白：台风是用来和观众发生连接的纽带，而非自顾自地表演、起范儿。所以，眼神的使用标准就十分简单了：**“不只是看，而是看见”**。当你和观众四目交接时，不要让他觉得你是看了他，而是“看见”他。在你们发生交流的那一刻，请让他感知到你的表达中真诚地有他的存在。不要妄想欺瞒观众，你的表达是否为他而来，几乎是一瞬间便能感知到的。

动作的使用标准同样是八个字：**“自己舒服，别人无感”**。每次当演讲比赛的评委，我都特开心，因为总能从参赛者的动作中看出喜剧大片的感觉：突然使出，戛然而止，生硬僵化，莫名喜感。表达者的基础能力之一，就是让观众把注意力聚焦在语言信息上，而非使出突兀的动作让他们吓一跳。其实，你做的动作顺势而为、自然而然，别人又觉得理所应当，甚至完全没被注意到，这种动作才是好动作。

总结下第一个病例：登台恐惧。莎士比亚曾说：“想象中的恐怖远胜于实际。”登台前出现惧怕心理十分正常，你可以承认害怕，怕出错、怕冷场、怕观众笑话，但那又怎样呢？ 其实人人都这样，但他们最终不也讲完了吗？ 别人能做到的，你一样也能做到。具体到准备细节上，希望你能在以下五个方面多做练习，台风一定就会慢慢成形。

设计开场，脑中进行段落性彩排。
站定位置，不要摇摆，看向观众。
目光有神，坚定，少眨眼不游移。
停顿沉着，让声音在安静中响起。
开嗓响亮，徐徐道来，沉稳大方。

13.2 病例二：表述苍白

你也许觉得平时自己挺能说，但一进入公共演讲就似乎没什么好讲的，内容也很容易变得索然无味、空洞苍白。这是为什么？

学习新事物一般要经历三个阶段：输入—吸收、转化—输出。缺少输入，很难言之有物；吸收、转化不足，学而不思则罔；少了输出，学完还是用不上。这就是“听了那么多道理，仍过不好这一生”的原因所在。知行合一，何其难也！所以，当你有表述苍白的问题时，起码有四个维度可供自查：是平时阅读、经历太少，还是思考、反省能力较弱？ 或仅仅是由于不表达造成的“闭口不谈”？ 或是三者转换出了问题？

言之有物、深入人心，这是公共表达的“内功”，日久功深需以力行之。下面的两个药方可算作“外法”，帮助你在内容筛选之余，尽量做到引人入胜。

13.2.1 药方三：口语讲述

首先，演讲既不是朗诵也不是汇报。

你可能会问，不是朗诵可以理解，汇报怎么也不算表达？ 是的，低头念稿在我看来确实不算表达。你一定听过会议上的领导念稿吧？ 效果好吗？ 不止一次，有的领导在课后向我提出这样的问题：“为什么我把文件都念得这么清楚了，还是有人不去做？ 你问责，人家却说压根没听见，反问我什么时候说的。”请思考：问题出在谁身上？ 领导还是下属？

在我看来，这主要是领导的表达观念出了问题。热衷于“一言堂”的人往往都没有理解“表达”其实是两件事：**“表”是方式，“达”是目的。**根据“四叶草”模型，就是忽略了“观众”和“语境”，甚至连“信息内容”都可以不要：只要是我在说话，你们就给我记住。效果会如其所愿吗？ 如果“达”是目的，未被对方接收到的内容，还算表达吗？

除了观念误区，还有一件事常会将我们拖入“满堂发呆”的窘境——表达腔调。想一想，如果发言者通篇是朗诵腔、汇报腔等非口语状态，你容易听得进去吗？

做个小实验：你是一家初创公司的CEO，产品研发成功却遭遇艰难处境：营销惨淡、工资拖欠、债务四起，急需一笔救命的融资。现在有一个机会摆在面前：参加一档创业路演节目，表现优异者甚至可在现场获得真金白银的投资，但表达时间只有3分钟。

请静下来想想：你会怎么设计这段表达？ 你的表达状态又会怎样？

如果已有了设计雏形，请和我一起复盘一个案例，2015年，北大博士后宋子健同学在CCTV-2的一场路演，并思考一个问题：他的表达状态和你设想的一样吗？

【人物介绍】

宋子健：我叫宋子健，是一名创业者。其实我的创业目的也特别简单，就是希望我老婆不要再吃苦，能过上好点的日子。那个时候我在读大三，马上读研究生。当时她给我发了一个短信，说查出了心脏有问题，以后可能很难去组织一个幸福美满的家庭。我给她发了一条短信：如果说没有人要你，我要你。就这一句话、一个承诺，我们俩在一起了。2010年，那个时候我们就想结婚，但是遭到了双方家长的一致反对。当时为了跟我在一起，她把公务员身份抛弃掉，跟她父亲大吵了一架，第二天就把家里的户口本偷出来，我们两个人是含着泪去拍了一张所谓的结婚证上的照片。我还有什么理由不去努力为她打造一个好的生活呢？有一天，我爱人突然问我：“你有没有什么理想？”我说：“媳妇，我的梦想就是实现你所有的梦想。”

【产品路演】

宋子健：我和我爱人相爱十一年了，其实我特别知道她最大的梦想就是早日在北京有一个家，有一个可爱的宝宝。为了实现她这个梦想，在2012年我办理了休学手续，向我的亲戚朋友筹集了48万，投身到智能穿戴的创业之中。最开始的创业过程是非常艰苦的，因为背负着家庭的压力，而且又有那么多债务，我的脾气开始越来越坏。有一天，我爱人再也受不了这种两地分居以及这种生活状态，于是她提出跟我离婚。

我爱人给我写了一封信，信里有这样一句话："我原本以为在经历了这么多事后，没有人值得比我还更拥有幸福。可是现实却狠狠甩了我一巴掌，你那一句'我的梦想就是实现你所有的梦想'似乎还在耳边回响，可是在生活中我们却越走越远了。"当时读完这封信后，我就哭着给我爱人打了个电话，我说："亲爱的，我说的话我都记得。但是请你一定要坚持，不管现在和未来的日子有多么艰苦，我都会拼了命地去实现我们的梦想。"

就是这样一份对爱的承诺和对梦想的坚持，我和我爱人硬是熬过了最难熬的三年时光。我们公司最困难的时候有八个月的时间发不下来工资，而那个时候我爱人用她3000块的工资支撑着我们全部的生活。就这样一路坚持到了2015年，产品研发成功了。当时我的兄弟告诉我："老大，你们结婚六年了都不敢要孩子，咱们的产品就是你们的孩子，它就叫小蛙"。那么，我希望能够有请我爱人带着我们的"孩子"一同上场！

这么重要的央视舞台，又是一场可谓定生死的路演，但子健的表达状态是不是像聊天一般自然？ 你刚刚设计的表达状态也是这样的吗？ 会不会是传统的汇报腔："尊敬的各位评委、亲爱的观众朋友们，接下来为大家带来的是本公司最新产品：微跑小蛙！"

但子健怎么开场的？ "我和我爱人相爱11年了，我知道她最大的梦想就是在北京早日有一个家，有一个可爱的小宝宝……但因为创业，她要和我离婚。"这哪是在展示项目呀？ 分明是在讲故事。如果你对他的创业故事有兴趣，不妨上网搜搜完整案例，或在《创新思维与表达艺术》的课程公众号中查阅（公众号在本章结尾）。剧透一下：这段3分钟的路演最终在央视《创业英雄汇》融资9800万元，五年过去了，仍是单场融资冠军。怎么做到的？ 其实和"另类"的表达状态有很大关系——想让对方入耳而心，口语化是前提条件。

这就带来了第二个启发：学术腔本质上是一种炫耀。

你喜欢听官腔吗？ 讨厌学术腔吗？ 反感学生腔吗？ 你听到朗诵腔会一身鸡皮疙瘩吗？ 在表达领域，带“腔”这个字的都不是褒义词。什么是“腔”？通过给自己打标签的方式，彰显我和你不一样，从而确立在表达中的优势地位，最终造成只有你听我的、我影响你的效果。这种表达状态往往伴随着一种思维方式：你不想听可以离开，但我不会因为要“讲给你听”而改变自己。

这已近乎暴力。

希望在任何表达场合你都不要“拿腔拿调”，尤其要克服学生腔和学术腔。同时，如果遇到“拿腔拿调”的表达者，也许他身处高位，也许他无动于衷，也期待你可以善意地提醒他：请用口语状态、日常状态，用大家都听得懂、听得舒服的状态演讲，这是种难得的修养。

两个小技巧帮你更好地做到口语化。

第一，先用口语记录，再转化为稿件。

人在想问题时一定是口语化的。你可以先用思维导图拟好大纲，再用录音软件记录展开内容，最后才是形成文字稿件。经过“口语记录—稿件转化—口语呈现”这三步，表达内容就不会太佶屈聱牙。你可能注意到了：这和平时的写稿习惯恰好相反。

第二，录音排演，修改不舒服之处。

稿件一旦完成，请第一时间为自己全程录音。你听着不舒服的地方，别人一定不舒服。连你都觉得某一段好无聊、好晦涩、好混乱，别挣扎了，赶紧改吧，这是唯一出路。

13.2.2 药方四：故事思维

你觉得跟小朋友讲道理有用吗？ 你得学会讲故事。对于成年人，故事也让人欲罢不能，要不怎么电影票越来越贵，人却越去越多？

故事是埋藏在人类基因中的兴趣所在，因此是表达的最高级。一个会讲故事的人，表达力绝对不差；一个创业团队会讲故事，项目一定会传播得更远。品牌的背后即故事，因此乔布斯才会说：“优秀的艺术家复制，伟大的艺术家借鉴”。因为优秀的故事并非完全的真实，而是逼真——故事是浸泡在想象力中的真实。

你可能要问了：“这是在教我们瞎讲乱编吗？”当然不是，乔布斯所说的

“借鉴”，是设计、增补、删减之意。以宋子健的路演为例，是不是仅用两分钟就浓缩了这个小家庭近十年的历史？ 如果按部就班地讲成长经历，还有戏剧性吗？ 还能吸引人吗？

举个例子，你早上心血来潮起得早了一些，提早十分钟出了门，路上却遇到了久未谋面的大学同学。他还是那么讨厌，一路上变着法儿地戏弄你、侮辱你，还把你的丑照发到同学群，导致你一整天都没精神，下班前挨了老板的骂，扣了绩效、罚了奖金。这么讲述下来就是乔布斯说的“复制”，而非“借鉴”。故事需要设计感，你可以换个方式讲：好不容易快下班了，却挨了老板一顿骂，罚了奖金不说，这一个月的付出看来都白干了。但他骂的对，这一整天我确实都在神游，如果早知道会在路上遇到那个讨厌的大学同学，我绝不会心血来潮提早出门。如果老天爷让我再选一次，我一定要赖床 10 分钟！

同一件事，讲述方式变了，效果便截然不同了。重申一遍，故事思维不是教你虚假编造，而是在强调：故事自有其规律、逻辑，要使表述不空洞、不枯燥，甚至拥有最强说服力，你可以去讲一个属于自己的创业故事，这是事半功倍、快速提升表达能力的一记妙招。

可从两个药方练起。

第一，不要过多的支线情节和铺陈。

讲故事毕竟只是手段，可别搞成了故事会，喧宾夺主。而且在路演中，就算故事讲得一波三折、引人入胜，若干货撑不起这份精彩，反而是一种伤害。

第二，设置一个遭遇问题的人物。

故事之所以是表达的最高级，在于它有一项其他技巧无法比拟的优势：代入感。故事的魅力也正在于它能“在我的讲述中，听到你自己”。

请思考一个现象：为什么“好人好事”难刷屏？ 因为它不是故事。一旦我们把事件定义为好人好事，他做的一切就成了顺理成章。丧失了代入感，也就丧失了让观众在故事中继续跟随的意愿。另外，好人好事常伴随着“宏大腔”，事迹中缺少冲突、危机、障碍和悬念，便很难真正引发兴趣。

举个例子：你正在过马路，左边一人在扶老奶奶，“大妈您小心脚下啊”，右边突然传来一个声音：“干吗呢！ 踩我脚了！ 我……”你会看向哪边？ 这就是戏剧性的来源，也是人性使然。故事思维必然诉诸危机、障碍、悬念、冲突，剧中人一定要深陷“问题”之中。

如果你想掌握更高阶的故事理论，罗伯特·麦基的《故事》被誉为好莱坞编剧界的圣经，推荐给你。

13.3 病例三：思想打结

我相信你会期待自己能像超人一般，拉开衬衣就可以风度翩翩地登台演讲，收获掌声和鲜花。但我们在准备期却往往是一副要死不活、寂寞无助、渴望高人相助的怂样。

怎样完成转换？ 在公共表达和演讲口才领域有位鼻祖级的人物——卡耐基。虽然他讲的东西现在看来近乎鸡汤，但他确实靠口才训练营成了世界级的培训大师，赚得盆满钵满。但你可能不知道，卡耐基常在培训前对学员说："你的演讲糟糕透了，你可真是个笨蛋。不过还好，你有思想，只是不会讲而已。"你是不是觉得自己有救了？ 太好了！ 我最不缺的就是思想。可你的思想什么样？ 就是毛线缠成一坨的样子嘛。

剪不断，理还乱，这可怎么办？ 这就是病例三：思想打结。

首先要清楚，**大多数情况下，"理不清"不一定源于思绪复杂**。我认为，大多数人的思想都很像手机的耳机线，每次掏出来是不是得解半天？ 看似复杂，实则只是缠住而已，仍是那简简单单的一根线。同理，如果你常出现思想打结的困境，建议你不要好高骛远地寻求外力辅导，比如研读十本辩证法的书，再补一个学期的《批判性思维导论》。你首先要做的应该是审视自我，回归简单：**找到你表达中的那根主线**。

于是两个药方就顺势出现了：要么当下剪断，要么重新理顺。

13.3.1 药方五：善用减法

电影《我的1919》中，陈道明饰演著名外交家顾维钧先生有个华彩片段：1919年巴黎和会，日本要求无条件接收一战战败国德国在山东的权利。怎么劝说列强不要占我们的土地？ 这不是与虎谋皮吗？ 顾维钧上前发表演讲，其中有这么一句话："中国的孔子有如西方的耶稣，中国不能失去山东，正如西方不能失去耶路撒冷。"顾先生用了什么策略呀？ 类比。山东的事儿你们不了解，那我用耶路撒冷做类比，你们哪家占一个试试？ 所以发言结束后，当时的"三巨头"——美国总统、英国首相及法国总理——均上前与顾维钧握手，大家都知道中国有个厉害的外交家，叫顾维钧。

虽是戏说，但一句话戳中“同理心”，确是公共表达的殿堂级技巧。想达到这个境界，得先从前半句学起：能不能做到“一句话提炼内容”？

不少人问过我“完成稿”的标准是什么？ 我的回答都是：“极致”不是还能加什么，而是无法再减去什么了。如果稿子写完，你觉得还要两个观点可以加，这就不算完成稿；完成稿是一个字都减不下去了。

当然，你一定懂得“会删稿是会写稿的一部分”，但轮到自己，是不是就有些舍不得？ 这里有两个帮助你做删减的方法。

第一，稿子写完直接删掉 1/3，做完口语排演、录音复盘，再删掉或修改 1/3。

你可能会问：“那才剩下多少啊？”没办法，删减是通往“完成稿”的必经之路。如果能减到文稿中的每个字都是你凝练过、极想讲，甚至是唯你能讲的独特内容，表达很难不成功。

第二，连词、副词、形容词过多，改成短句子。

长句子很容易让观众走神。把长句子改短，才能让观众跟着你的思维同步行进。

“善用减法”是在提醒我们：万万不要为投其所好就上一大桌子硬菜，让观众费力取舍；你应该提前完成筛选，然后精致地、有效地呈上艺术品一般的佳肴，看似毫不费力，却大有文章。重申一次，表达不仅是你说出了什么，更是对方听见了什么。表达的“宿命”不是呈现自己的所有，而是呈现自己的最好。

13.3.2 药方六：结构思维

路演现场常会遇到需要即兴表达的时刻，这也是公共表达中比较难应对的课题。

首先，根本不存在即兴表达。如果你理解的“即兴表达”就是拍脑袋便讲得精彩，这只能是幻觉。即兴表达的核心需要刻意练习，而核心心法在于“善用结构思维”。若表达者掌握一些结构模板并能在现场灵活运用，基本可以保障内容在“轨道”内运行，甚至能做到“张口就来”。

碍于篇幅，介绍两个基础型的结构模板：

第一，“我、你、他”结构模板。

在《我是歌手》的总决赛现场，汪涵面对孙楠的突然退赛有一段即兴表达，当时在网上被誉为“教科书级别的神救场”。这段表达确实很棒，但这种反应速度和表达效果并非不可复制。你要有兴趣，可以先在网上找到视频并思考：汪涵的“神表达”有结构吗？ 结构是什么？

看过视频，我们来复盘一下这段表达背后的技巧。

首先，这就是一个简单表达模板的应用：我、你、他。依次往下说即可。

第一段，先讲“我的经历”（来到湖南广电，不惹事也不怕事，但这次是遇上大事了）；第二段，引向观众，“你们还在”（但是我不担心，因为观众还踏踏实实地坐在这里，期待着歌王的诞生）；第三段，建议孙楠，“欢迎他：一位新观众”（楠哥可否不要离场，像兄长般看着诸位冲击歌王宝座）。中间用两个“不信，你听”来做分层处理，使内容明晰地分为三层：我、你、他。即兴表达顺利完成。

你看，这个结构模板只是主持人平日训练中的基础方法，但用好了也能造就“神救场”。那么你也可以利用此模板进行最为简洁的逻辑铺陈：我的产品项目是什么，如何满足受众用户需求，对未来市场的开拓意义在哪儿。三个层次，清晰明了，简单有效，不妨试试。

第二，“黄金圈”结构模板。

“黄金圈”是营销学中经常使用的模板，用在公共表达上同样奏效。如乔布斯在斯坦福大学的毕业演讲和扎克伯格在清华大学的演讲，都运用了“Why—How—What”的黄金圈结构：先讲“我为什么创业”，然后是“我怎么做的，遇到了哪些挑战”，最后是“你们该做什么、社会需要什么”。你完全可以借鉴此结构并用于商业路演：先讲“目的使命”，再讲“过程方法”，最后以“成果预期”结束。

如果你对路演效果有更高的要求，即兴表达将会成为你一生的修炼。像这样的模板还有数十种之多，可在本章结尾的课程公众号中查看。

13.4 病例四：枯燥无趣

至此，你已经在本章学习了六种方法，但可能依然无法解开你心头困惑：为什么我表达时用心用力，观众却冷漠无感？ 有没有一些时刻站在台上，连你自己都不太想接着往下讲，觉得索然无趣？

两个技巧帮你化解枯燥无趣的表达困境。

13.4.1 药方七：适度幽默

有一次，林肯正在演讲，有人递给他一张纸条便离开了。林肯打开纸条，只见上面写着“傻瓜”两字。观众都盯着林肯，看他如何处理挑衅。林肯只是微微一笑：“本人收到过许多匿名信，只有正文，不见署名，今天正好相反，这张纸上只有署名，却没有正文！”话音刚落，会场便响起了雷鸣般的掌声，气氛反而更加热烈了。

这个故事，一看就是假的。相似的回应，我还见过丘吉尔等名人的各种版本。但幽默确实是化解尴尬的最佳药方。还记得《奇葩说》第六季中的“猫画之辩”吗？论深刻，李诞的表达也许并不如黄执中，但为何最终赢得了更多人的掌声？

在我看来有两个原因。深一点来谈，辩论的基本原则是，双方不是为了赢对方，而是在影响观众。黄执中的表达代表了知识分子气息浓厚的远方，李诞则是市井味儿十足的脚下，对观众来说，“你真牛”和“好像我”，会更偏爱谁呢？而从技巧来看，李诞其实是用脱口秀的技巧赢了辩论赛：先抑后扬，设置包袱，利用笑料。如你有兴趣，可以逐句分析，并结合《脱口秀大会》《吐槽大会》和《今晚80后脱口秀》的常见手段做做对比。在这里，我们仅讲一点，幽默既能让场面变得热络润滑，还有一个“特异功能”——能让对方卸下心理防御和理性判断。往往在哈哈一笑中，距离靠近了，观点传递了，说服成功了。李诞的论点虽不比黄执中高级，但在“落地性”和“趣味性”上却胜出好几档。观众在笑声中兴奋起来，哪还管什么逻辑谬误、远方哭声？

也许你认为自己没有李诞的人设和口才，难以完成幽默的表达。其实不然，幽默是有方法的，推荐两个“立等可取”的技巧。

第一，幽默 = 铺垫 + 包袱。

幽默的基本公式是铺垫加上包袱，在相声里叫“三翻四抖”。

第二，从自嘲自黑自审开始。

拿自己开点无伤大雅的玩笑，往往就能收获对方善意的回应。请看一个知乎上的案例：演讲者叫刘念，他说这是一段失败演讲的成功开场。请思考，他是如何运用自嘲自黑达成幽默效果的？怎样做铺垫，哪里抖包袱？还有哪些配合幽默的技巧？

看着一个200斤大胖子要上台讲“约会”，台下一阵骚动。而我只是一手拿麦克风，一手扶着讲台，眼睛看着我自己的脚尖，就腼腆而清晰地开讲了：

谢谢华科大给我这个机会分享一个大胖子艰难的情场之路。

十几年来，我在感情这条道路上，从屡败屡战，到屡屡得手（台下起哄），也算是积累了不少经验。今天分享给大家。

在曾经某些艰难的时候，我特别希望自己能像吴彦祖一样帅。那样的话，我就不会遭受很多无谓的挫折，在情场这条道路上，撞得头破血流。而到了今天，我才明白，这就是我的生活，我并没有失去什么。如果我真跟吴彦祖一样帅，我就不会积累这么多感情经验，也就没有资格站在这里，为大家演讲。所以，如果今天你再让我做出选择……我还是希望我长得像吴彦祖！(台下大笑)

（讲到这里，才抬起头来）读中学的时候，我就是一个孤独的、寂寞的、忧伤的大胖子。你们知道的，每个班都会有一个这样的大胖子。学习成绩一般，篮球打得也不好，从来就没有一个女生青睐我，喜欢我。我每天看着自己的同学们出双入对，嫉妒得不得了！于是，你们知道我做了一件怎样奇葩的事情吗？(停顿，全场安静)

我把全班女生的照片都搞了过来，我把它们全部贴在我的床头！（台下起哄)。每天睡觉前和起床后，我都会对着她们的照片凝视很久！(台下嘘声一片)然后，对自己说：(慷慨激昂）刘念，如果你考不上大学的话，你就只能娶她们了！(一秒钟后，台下反应过来，大笑鼓掌)。

(然后，我的正式演讲开始了。)

发现了吗？ 他为什么低头？ 为什么自嘲？ 为什么加入对比？ 统统都是设计。

幽默是可以学习的。

13.4.2 药方八：可视信息

随着海量信息时代和多渠道传播的到来，人们常常被淹没在信息洪流之中。如何迅速获取、理解和传播有效的商业信息，已是现代企业和个人影响力输出的重要部分。

人是视觉化的动物，大脑处理图像信息的能力是文字信息的 6 万倍。因此，在公共表达的技巧中，有一条关于可视化信息的准则：**能做出来的设计，就不必再说了。**善于让观众“看见”你的内容，是让路演事半功倍的重要技巧。

对于创新路演而言，更是如此。通过“可视化”，表达者可将枯燥的文本和数据转化为层次清晰、生动形象的表述，让复杂的商业信息变得简单、有趣。想一想那些闪耀着科技色调的发布会现场、图文并茂的产品介绍、让人血脉贲张的开场视频……因此，这一技巧早已成为商界领袖传播观点、实现影响的“标配”。放眼中外商业路演现场，几乎没有人不在“可视化”上大做文章。但是，因为商业路演大多都涉及专业领域和知识，在接受度上对外行并不算友好。如何让对方迅速理解、同频思维、当场消化？

例如，有些路演的视觉设计似乎处处是信息、满眼是效果，反而让形式感喧宾夺主；有些则浮光掠影、避重就轻，并没有给观众留下深刻的印象。“可视化”是途径，目的是凸显表达信息。所以，要真正理解这个技巧，请以两大功用为目的设计信息的可视化：变抽象为具体生动、变陈述为引导思维。

下面，从一反一正两个维度开出药方。

第一，PPT 不是放大的文稿。

PPT 制作有一个常见误区：字多就是丰富。其实，一旦看到满屏是字的 PPT，人们往往不是专心去看，反而会选择忽视。很多人这时就会拿出手机拍照，然后就觉得以后再看也来得及嘛。实际上，下次和这些照片再次见面是什么时候？ 大概率是删照片时吧？ 而那时，我们早已对这些内容全无印象。所以，千万不要把 PPT 做成放大的文稿，它是用来引导思维的。

第二，善用动作、道具和精巧的设计。

“可视化”不光指路演 PPT，表达者在台上呈现出的一切可被观众看到的信息，都属于可视化范畴。

比尔·盖茨曾做过一场特别的路演：为消灭蚊子募集 400 万美金。在路演中，他表示希望通过基因技术让蚊子互相残杀，从而让它们彻底灭绝。或许因为理念超前，或许因为心存怀疑，现场观众并没有显示出浓厚的兴趣，应者寥寥。这时，盖茨拿出个玻璃罐子，对大家说：“各位请看，里面关的就是非洲那种带疟疾的蚊子，一旦被它叮了，你就有大麻烦了。”正当观众打量这些飞舞着的致命杀手时，盖茨突然就把盖子打开了！ 观众立刻被吓得魂飞魄散、四散而逃，盖茨这才笑着说：“和你们开个玩笑，这只是普通的蚊子。但我想问，你们现在觉得灭蚊这件事重要了吗？”几分钟前还无动于衷的观众立刻像变了一个人，认真地聆听、不住地赞同，当然，也愿意与他同行。一个动作，就让全场的人们理解了饱受蚊患之灾的非洲人民面对的恐惧感——这就是“可视化”的力量。

13.4.3 药方九：设计开场

一般而言，开场会占到总时长的1/5到1/10，而创新路演因信息密度较高，整体时长最好不要超过20分钟。那么，留给开场只有2分钟左右，如何在如此有限的时间内抓住人心，自然需要设计。

开场的首要原则是直接呈现精彩，不要绕来绕去，不要拖泥带水，不要事无巨细，不要面面俱到。开场目的有三：拉近距离，建立信任，引发兴趣。而其中最重要的是让观众产生继续听下去的浓烈欲望。这也是大学生在路演中最易进入的误区：冗长的自我介绍，枯燥的主题表达，无用的客套、废话。请早早避开这些陷阱，它会让观众呵欠连天，“顺便”也丧失了对你久久不露面的神秘项目的兴趣。

两个开场设计的药方如下。

第一，运用好首因效应。

首因效应是由美国心理学家洛钦斯提出的，它是指首次认识客体而在脑中留下的第一印象，往往出现在互不相识的陌生人之间，它是一种先入为主的刺激，给人留下的印象是最鲜明、深刻的，牢牢地留在人的脑海里。**为了让人印象深刻，提问和金句都是好方法。**

人性之中有一个很奇妙的反应：别人一旦提出了问题，我就不由自主地想应答。提问，可以促使对方自主思考，从而不经意地进入你预设的方向。例如，1980年里根竞选美国总统时就用提问来结尾：“过去四年，你们的生活是更好还是更坏了？ 你们买东西更方便了吗？ 你们感受到美国在世界范围内更受尊敬了吗？ 你们希望下一个四年和之前一样吗？”有没有注意到，很多竞选演说、战争动员其实都是这个思路？ 在你的创新路演中，如何利用提问的力量呢？

第二，处理好戏剧因子。

爱听故事是人的本性，**利用好故事或戏剧性动作，也是开场设计的有效技巧。**我亲身经历过一次中学生演讲比赛，在最后的对决中，很多选手抽到了一道即兴表达题：“我是一个受欢迎的人吗？”。多数选手直接就讲“我是”“我不是”，然后展开原因、经历，基本都比较枯燥。但有两位同学在开场时就赢得了满堂彩，让评委记忆犹新——利用的正是讲故事和戏剧性。

第一位同学从台侧拖了一把椅子上台，这样开场：

我是一个受欢迎的人吗？初一这一年，我都没有同桌。每次我往旁边看过去，就是这一把空空的椅子。老师说怕我影响其他同学学习，我也问了几个我的朋友，他们好像也不太愿意和我做同桌。

这位同学受欢迎吗？ 不到一分钟，就生动地点了题。

第二位同学的效果更厉害，他拿了一瓶矿泉水上台，面无表情地就把水从头浇了下去。头发滴答滴答滴着水、上衣都湿透了，开口说道：

有一天，北京下了一场大暴雨，我没有带伞。但是让我惊讶的是，全班有46个同学，竟然没有一个人愿意和我撑一把伞送我回家的。当我打开家门时，看到玄关的镜子里映照出来的就是这个样子：一个狼狈的落汤鸡。在那一刻，我问自己：你是一个受欢迎的人吗？如果不是，我希望你从今天就开始改！

这段话说完，已经有评委打分了，自然是高分。确实，对于路演表达来说，好的开始不是成功的一半，而是成功的一大半。但请注意，千万不要把开场设计和耸人听闻、故作高深、跳梁小丑等进行混淆。我们不是让大家去简单地模仿拖椅子或浇水，而是去深刻地理解这背后的规律和方法。其实，只要平日多从以下三个心法入手，开场设计能力一定会有所提升。

开场设计的有效性，实际是争夺关注的游戏。
开场设计的到达率，实际是诉诸感性的结果。
开场设计的方法论，实际是克服从众的依赖。

13.5 病例五：完美主义

最后一个创新路演的常见病是完美主义。

很多演讲者在演讲结束之后会陷入失望或焦躁，因为学了这么多，效果却没有想象的好，甚至某个精心设计的环节直接完全忘了讲……每当出现这种情况，我都劝他们不用重新来过，首先，全世界只有你知道你忘记了什么；第二，高达八成的专业演讲者在结束后都会猛然发现：刚刚有什么忘记说了……

所以，比总惦记着“忘说什么”更重要的，是“应该说什么”。这就是最后一个药方，也是创新路演中最重要的、原则性的方法：确立表达目的。

药方十：确立表达目的

你为什么做路演？ 也许是为了宣讲产品，也许是为了拿到融资，也许是为了传播理念、结识合伙人，或者就是想彰显个人魅力……这些都是目的，但请一次路演只有一个目的，并基于此目的建立属于当场的问题清单：

我为什么要做这个演讲？

听众需要什么？

我可以用什么内容来影响和改变听众？

这三个问题，希望你每次进行路演表达前都问一问自己。具体到药方上，请把目的凝练为一句话，反复使用，深化印象。

请在下次路演后做一个试验，问问观众是否能清晰地讲出你的表达主题。估计80%的观众都回答不出来。这就说明你的表达设计出了问题：主题不清、立意不明、缺乏走进人心的力量。所以，路演表达的目的务必要清晰，表达者应提前提炼好主题并利用技巧反复强调，观众就比较容易有印象了。

乔布斯当年发布 Macbook Air 时，是把笔记本放在一个信封里然后在台上拿出来的，结合本药方思考：除了可视化的效果之外，他为什么这么做？ 如果乔布斯本来设想了一个舞蹈开场，但一紧张给忘记了，你认为他真的会在意吗？当然不，他的表达目的是什么？ 一个字："卖"；什么东西被反复强调？ 又是一个字："薄"。只要两个字就足以构建一个商业帝国。所以，提炼目的性，将表达内容润物无声地植入观众心中，是创新创业者应具备的能力，需要多想多用，经常演练。

本章总结

本章为你梳理了五种路演常见病，并推荐十个技巧来攻克它们。至此，你也许已经学到了一些技巧。但技巧就像降落伞，打开才有价值。一位企业家说过：这个世界上没有一件事能像创业一样快速推动社会的发展，也没有一件事能像创业一样激发一个人的全部潜能。那么具备什么样的能力才能够成为一个成功的创业者呢？答案因人而异，但我想，输出观点、实现影响的"表达能力"一定是其中之一。创新创业者如今面对的不是“酒香不怕巷子深”，而是“酒香才怕巷子深”，因此，利用路演讲好项目、有效发声、真诚表达，既是创新实践闭环中的“临门一脚”，也是我们人生精进的又一门“必修课”。

北大《创新思维与表达艺术》

为更好地修习这门课程，日用之功必不可少。为你推荐一些学习资料与公共表达视频平台，希望你能带着对表达的热爱，创新迭代、通往卓越。

扫码获取本章测试题

参考文献

[1] 张海霞，金海燕. iCAN 创新创业之路 [M]. 北京：机械工业出版社，2015.

[2] 张海霞. 奇思妙想的物联网：2013 年中国大学生物联网创新创业大赛获奖作品集锦 [M]. 北京：北京大学出版社，2014.

[3] 熊彼特. 熊彼特:经济发展理论 [M]. 邹建平，译，北京：中国画报出版社，2012.

[4] 罗杰斯，拉森. 硅谷热 [M]. 朱迪思，等译. 北京：经济科学出版社，1985.

[5] 钱颖一. 做机器不能做的事，才是人工智能时代的教育方向 [J]. 清华大学教育研究，2018.

[6] 刘志阳，张劲松. 汇聚“创新创业创造”强大动力 推动实现伟大中国梦 [N]. 光明日报，2019-08-09 (05).

[7] 李凯. 科研和创新不是一回事 [N]. 中国青年报，2015-01-05.

[8] 克里斯坦森，等. 创新者的基因 [M]. 曾佳宁，译. 北京：中信出版社，2013.

[9] 鲁百年. 矛与盾的平衡：全面企业绩效管理 [M]. 北京：北京大学出版社，2012.

[10] 鲁百年. 创新设计思维：设计思维方法论以及实践手册 [M]. 北京：清华大学出版社，2015.

[11] 鲁百年. 创新设计思维：创新落地实战工具和方法论 [M]. 北京：清华大学出版社，2018.

[12] 米哈尔克. 商业创意全攻略 [M]. 曹凯，译. 北京：中国人民大学出版社，2010.

[13] 布朗. IDEO，设计改变一切 [M]. 侯婷，译. 沈阳：万卷出版公司，2011.

[14] 张海霞，等. 创新工程实践 [M]. 北京：高等教育出版社，2016.

[15] 钱丽娜. IDEO 教你开头脑风暴会 [J]，商学院，2013 (Z1).

[16] 徐斌. 创新头脑风暴：方法、工具、案例与训练 [M]. 北京：人民邮电出版社，2009.

[17] 陈红柳，等. TRIZ 和头脑风暴对创造性思维的促进作用研究 [J]，机械设计与制造，2013.

[18] 阿奇舒勒. 创新算法:TRIZ、系统创新和技术创造力 [M]. 谭培波，茹海燕，等译. 武汉：华中科技大学出版社，2008.

[19] 赵敏. TRIZ 进阶及实战：大道至简的发明方法 [M]. 北京：机械工业出版社，2015.

[20] 高常青. TRIZ 产品创新设计 [M]. 北京：机械工业出版社，2018.

[21] 加德. TRIZ：众创思维与技法 [M]. 罗德明，王灵运，姜建庭，等译. 北京：国防工业出版社，2015.

[22] 金昊宗. 实用 TRIZ 研究与实践 [M]. 张俊峰，译. 北京：中国科学技术出版社，2014.

[23] MARSH J. UX for Beginners：A Crash Course in 100 Short Lessons [M]. California：O Reilly Media. 2016.

[24] ALLANWOOD G，BEARE P. 国际经典交互设计教程:用户体验设计 [M]. 孔祥富，路融雪，译. 北京：电子工业出版社，2015.

[25] ROSENFELD L，MORVILLE P，ARANGO J. 信息架构:超越 Web 设计 [M]. 樊旺斌，师蓉，译. 4 版. 北京：电子工业出版社，2016.

[26] GREENBERG S， CARPENDALE S，MARQUARDT N，et al. 用户体验草图设计工具手册 [M]. 李嘉，孙锦龙，译. 北京：电子工业出版社，2015.

[27] GOODMAN E，KUNIAVSKY M，MOED A. 洞察用户体验：方法与实践 [M]. 刘吉昆，等译. 2 版. 北京：清华大学出版社，2015.

[28] KRUG S. 点石成金：访客至上的网页设计秘笈 [M]. DREAM D，译. 2 版. 北京：机械工业出版社，2006.

[29] 尚俊杰， 曲茜美，等. 游戏化教学法 [M]. 北京：高等教育出版社， 2019:34.

[30] 胡伊青加. 人：游戏者 [M]. 成穷，译. 贵阳：贵州人民出版社， 1998.

[31] 董虫草. 胡伊青加的游戏理论 [J]. 浙江大学学报(人文社会科学版)，2005(3)：48－56.

[32] RICHARD. 游戏设计——原理与实践 [M]. 尤晓东，译. 北京：电子工业出版社，2003.

[33] CSIKSZENTMIHALYI M. Beyond boredom and anxiety [M]. San Francisco：Jossey-Bass Publishers， 1975:36.

[34] MALONE TW，LEPPER M. Making learning fun：A taxonomy of intrinsic motivations for learning [J]. Hillsdale:Erlbaum，2005.

[35] 达根，舒普. 商业游戏化：从入门到精通实战指南 [M]. 王海荣，译. 北京：中国工信出版集团， 2015.